電子情報通信レクチャーシリーズ **D-17**

VLSI 工学
―― 基礎・設計編 ――

電子情報通信学会●編

岩田　穆　著

コロナ社

▶電子情報通信学会 教科書委員会 企画委員会◀

- ●委員長　　　　　　　　　原島　　博（東京大学教授）
- ●幹事　　　　　　　　　　石塚　　満（東京大学教授）
  （五十音順）
  　　　　　　　　　　　　大石　進一（早稲田大学教授）
  　　　　　　　　　　　　中川　正雄（慶應義塾大学教授）
  　　　　　　　　　　　　古屋　一仁（東京工業大学教授）

▶電子情報通信学会 教科書委員会◀

- ●委員長　　　　　　　　　辻井　重男（情報セキュリティ大学院大学学長／中央大学研究開発機構教授／東京工業大学名誉教授）
- ●副委員長　　　　　　　　長尾　　真（情報通信研究機構理事長／前京都大学総長／京都大学名誉教授）
  　　　　　　　　　　　　神谷　武志（大学評価・学位授与機構教授／東京大学名誉教授）
- ●幹事長兼企画委員長　　　原島　　博（東京大学教授）
- ●幹事　　　　　　　　　　石塚　　満（東京大学教授）
  （五十音順）
  　　　　　　　　　　　　大石　進一（早稲田大学教授）
  　　　　　　　　　　　　中川　正雄（慶應義塾大学教授）
  　　　　　　　　　　　　古屋　一仁（東京工業大学教授）
- ●委員　　　　　　　　　　122名

（2004年4月現在）

刊行のことば

　新世紀の開幕を控えた1990年代，本学会が対象とする学問と技術の広がりと奥行きは飛躍的に拡大し，電子情報通信技術とほぼ同義語としての"IT"が連日，新聞紙面を賑わすようになった．

　いわゆるIT革命に対する感度は人により様々であるとしても，ITが経済，行政，教育，文化，医療，福祉，環境など社会全般のインフラストラクチャとなり，グローバルなスケールで文明の構造と人々の心のありさまを変えつつあることは間違いない．

　また，政府がITと並ぶ科学技術政策の重点として掲げるナノテクノロジーやバイオテクノロジーも本学会が直接，あるいは間接に対象とするフロンティアである．例えば工学にとって，これまで教養的色彩の強かった量子力学は，今やナノテクノロジーや量子コンピュータの研究開発に不可欠な実学的手法となった．

　こうした技術と人間・社会とのかかわりの深まりや学術の広がりを踏まえて，本学会は1999年，教科書委員会を発足させ，約2年間をかけて新しい教科書シリーズの構想を練り，高専，大学学部学生，及び大学院学生を主な対象として，共通，基礎，基盤，展開の諸段階からなる60余冊の教科書を刊行することとした．

　分野の広がりに加えて，ビジュアルな説明に重点をおいて理解を深めるよう配慮したのも本シリーズの特長である．しかし，受身的な読み方だけでは，書かれた内容を活用することはできない．"分かる"とは，自分なりの論理で対象を再構築することである．研究開発の将来を担う学生諸君には是非そのような積極的な読み方をしていただきたい．

　さて，IT社会が目指す人類の普遍的価値は何かと改めて問われれば，それは，安定性とのバランスが保たれる中での自由の拡大ではないだろうか．

　哲学者ヘーゲルは，"世界史とは，人間の自由の意識の進歩のことであり，…その進歩の必然性を我々は認識しなければならない"と歴史哲学講義で述べている．"自由"には利便性の向上や自己決定・選択幅の拡大など多様な意味が込められよう．電子情報通信技術による自由の拡大は，様々な矛盾や相克あるいは摩擦を引き起こすことも事実であるが，それらのマイナス面を最小化しつつ，我々はヘーゲルの時代的，地域的制約を超えて，人々の幸福感を高めるような自由の拡大を目指したいものである．

　学生諸君が，そのような夢と気概をもって勉学し，将来，各自の才能を十分に発揮して活躍していただくための知的資産として本教科書シリーズが役立つことを執筆者らと共に願っ

ている．

　なお，昭和55年以来発刊してきた電子情報通信学会大学シリーズも，現代的価値を持ち続けているので，本シリーズとあわせ，利用していただければ幸いである．

　終わりに本シリーズの発刊にご協力いただいた多くの方々に深い感謝の意を表しておきたい．

2002年3月

電子情報通信学会　教科書委員会

委員長　辻　井　重　男

まえがき

　1948年のトランジスタの発明を起源とする超大規模集積回路（very large scale integrated circuit，VLSI）は1970年のマイクロプロセッサやメモリの製品化に始まり，50年の歴史を経て，21世紀になっても急速な進歩を続けている．シリコンチップに集積化されるトランジスタや配線の最小サイズが100 nm以下に微細化され，集積規模が10億個に拡大し，動作速度が3 GHzに到達した．また，センサデバイスの集積化，新原理のメモリデバイスの研究も進んでおり，機能面でも進歩が期待されている．そして，情報，通信，家電，生産，医療などのあらゆる分野で使われるようになり，将来のグローバルな情報化社会において不可欠なものとなっている．

　最小サイズが90 nm，65 nm，45 nmと微細化が進むナノメータデバイス技術を活用するためには，新しい回路とアーキテクチャ及び大規模に対応できる設計技術が必要である．10 GHz以上の超高速回路動作，1 μW の超低電力動作，0.5 V の超低電圧動作というように超のつく性能領域が開拓されている．また，微細化と大規模化に伴って，素子の偏差，特性変動を考慮した設計が必要となっている．また，アナログ・ディジタル（AD）混載VLSIでは，アナログ回路の精度をディジタル回路で補う技術などディジタルとアナログを統合化した技術が着目されている．

　本書は，このような技術動向に対応できるように，設計の立場から，VLSIの基礎から先端を述べている．大学院レベルでディジタルからアナログ回路を総合的に理解できるようにしている．しかし，紙面の都合で各項目では記述不足の部分も多い．必要な部分を文献や専門書でより深く理解する必要があるであろう．また，VLSIのデバイス，製造プロセスに関しては本シリーズの本書と対になる「VLSI工学——製造プロセス編——」があるので併用していただきたい．

　2006年8月

岩　田　　穆

目 次

1. VLSIの特徴とその役割

- 1.1 VLSIの概念と基本技術 …… 2
  - 1.1.1 VLSIの基本技術と発明 …… 2
  - 1.1.2 学問体系 …… 3
- 1.2 VLSIの種類 …… 4
  - 1.2.1 機能による分類 …… 4
  - 1.2.2 デバイスによる分類 …… 6
- 1.3 半導体技術ロードマップ …… 7
- 1.4 システムへのインパクト …… 8
  - 1.4.1 コンピュータシステム …… 8
  - 1.4.2 通信ネットワークシステム …… 9
  - 1.4.3 ディジタル家電システム …… 10
- 本章のまとめ …… 10
- 理解度の確認 …… 10

2. VLSIのデバイス

- 2.1 VLSIの構成要素 …… 12
- 2.2 MOSトランジスタ …… 12
  - 2.2.1 MOSの基本構造 …… 12
  - 2.2.2 MOSの動作原理と動作領域 …… 14
  - 2.2.3 MOSの電流電圧特性 …… 14
  - 2.2.4 MOSのデバイスモデル …… 15
  - 2.2.5 MOSの等価回路モデル …… 18
- 2.3 ダイオード …… 20
- 2.4 抵 抗 …… 20

  2.5 容　　　量 …………………………………………………… 22
  2.6 インダクタンス ……………………………………………… 23
  2.7 素子間分離構造 ……………………………………………… 24
  2.8 配　　　線 …………………………………………………… 25
    2.8.1 多層配線 ……………………………………………… 25
    2.8.2 配線容量 ……………………………………………… 25
  2.9 VLSI 技術のスケーリング ………………………………… 27
  本章のまとめ ……………………………………………………… 28
  理解度の確認 ……………………………………………………… 28

3. 論理回路

  3.1 CMOS 論理回路 …………………………………………… 30
    3.1.1 インバータ …………………………………………… 30
    3.1.2 NAND ゲート ……………………………………… 31
    3.1.3 NOR ゲート ………………………………………… 32
    3.1.4 トランスミッションゲート ………………………… 33
    3.1.5 セレクタ ……………………………………………… 34
    3.1.6 排他的論理和ゲート ………………………………… 35
    3.1.7 CMOS 複合ゲート ………………………………… 36
    3.1.8 クロックド CMOS 論理回路 ……………………… 37
    3.1.9 ダイナミック CMOS 論理回路 …………………… 37
    3.1.10 電流モード論理回路 ……………………………… 38
  3.2 CMOS 論理回路の動作速度 ……………………………… 39
    3.2.1 ゲート遅延時間 ……………………………………… 39
    3.2.2 配線による遅延時間 ………………………………… 40
  3.3 CMOS 論理回路の消費電力 ……………………………… 42
    3.3.1 CMOS 論理回路の消費電力の要因 ……………… 42
    3.3.2 CMOS-VLSI の消費電力 ………………………… 43
  3.4 制御回路 ……………………………………………………… 45
    3.4.1 レジスタ ……………………………………………… 45
    3.4.2 同期システム ………………………………………… 46
    3.4.3 カウンタ ……………………………………………… 48

本章のまとめ	49
理解度の確認	50

4. 論理 VLSI

4.1	ディジタル演算回路	52
	4.1.1 加算回路	52
	4.1.2 減算回路	54
	4.1.3 乗算回路	54
4.2	クロックの発生と分配	56
	4.2.1 クロックの発生	56
	4.2.2 クロックの分配	57
4.3	制御方式	58
	4.3.1 ハードワイヤ方式	58
	4.3.2 プログラム制御	58
	4.3.3 パイプライン制御	58
	4.3.4 インタフェース回路	60
4.4	アーキテクチャレベルの低電力化技術	61
4.5	マイクロプロセッサ	62
	4.5.1 アーキテクチャ	62
	4.5.2 MPU の開発例	67
	4.5.3 ディジタルシグナルプロセッサ	68
4.6	専用 VLSI	69
	4.6.1 画像処理 VLSI	69
	4.6.2 通信 VLSI	69

本章のまとめ ……………………………………………… 70
理解度の確認 ……………………………………………… 70

5. 半導体メモリ

5.1	メモリの種類と基本構成	72
5.2	SRAM	74

- 5.3 DRAM ……………………………………………………………… 77
- 5.4 マスク ROM ………………………………………………………… 80
- 5.5 浮遊ゲートメモリ ………………………………………………… 81
  - 5.5.1 プログラマブル ROM ……………………………………… 81
  - 5.5.2 フラッシュメモリ ………………………………………… 82
- 5.6 強誘電体メモリ …………………………………………………… 83
- 5.7 メモリ混載 VLSI …………………………………………………… 85
- 本章のまとめ …………………………………………………………… 86
- 理解度の確認 …………………………………………………………… 86

6. アナログ VLSI

- 6.1 CMOS アナログ基本回路 ………………………………………… 88
- 6.2 演算増幅器 ………………………………………………………… 91
  - 6.2.1 シングル出力演算増幅器 ………………………………… 92
  - 6.2.2 全差動演算増幅器 ………………………………………… 94
- 6.3 コンパレータ ……………………………………………………… 95
  - 6.3.1 基本機能 …………………………………………………… 95
  - 6.3.2 インバータチョッパ型コンパレータ …………………… 96
  - 6.3.3 ラッチ型コンパレータ …………………………………… 96
- 6.4 アナログスイッチ ………………………………………………… 97
- 6.5 A–D，D–A 変換の基本動作 ……………………………………… 98
- 6.6 D–A 変換器 ………………………………………………………… 99
  - 6.6.1 容量アレー D–A 変換器 …………………………………… 99
  - 6.6.2 抵抗ストリング D–A 変換器 …………………………… 100
  - 6.6.3 電流加算 D–A 変換器 …………………………………… 100
- 6.7 A–D 変換器 ………………………………………………………… 101
  - 6.7.1 サンプルホールド回路 …………………………………… 101
  - 6.7.2 逐次比較 A–D 変換器 …………………………………… 101
  - 6.7.3 並列比較 A–D 変換器 …………………………………… 102
  - 6.7.4 直並列 A–D 変換器 ……………………………………… 104
  - 6.7.5 パイプライン A–D 変換器 ……………………………… 104
  - 6.7.6 オーバサンプリング $\Delta\Sigma$ A–D 変換器 …………… 105

　　　　　　　　6.7.7　開発例とシステム応用 ……………………………… 108
　6.8　アナログフィルタ ……………………………………………… 109
　　　　6.8.1　時間連続フィルタ …………………………………… 109
　　　　6.8.2　スイッチトキャパシタフィルタ …………………… 111
本章のまとめ …………………………………………………………… 113
理解度の確認 …………………………………………………………… 114

7. 無線通信回路

　7.1　無線通信回路 …………………………………………………… 116
　　　　7.1.1　無線通信方式 ………………………………………… 116
　　　　7.1.2　無線回路のブロック構成 …………………………… 116
　　　　7.1.3　低雑音増幅器 ………………………………………… 119
　　　　7.1.4　ミ ク サ ……………………………………………… 120
　　　　7.1.5　中間周波回路 ………………………………………… 121
　7.2　電圧制御発振回路 ……………………………………………… 122
　　　　7.2.1　LC型VCO …………………………………………… 122
　　　　7.2.2　リングオシレータ型VCO …………………………… 124
　7.3　位相同期ループ ………………………………………………… 125
　　　　7.3.1　位相同期ループの概要と応用 ……………………… 125
　　　　7.3.2　位相同期ループの構成 ……………………………… 126
　　　　7.3.3　位相同期ループの要素回路 ………………………… 126
　　　　7.3.4　位相同期ループの特性 ……………………………… 127
　7.4　ディレイロックドループ ……………………………………… 128
　7.5　RF回路混載システムVLSIの開発例 ………………………… 129
本章のまとめ …………………………………………………………… 129
理解度の確認 …………………………………………………………… 130

8. VLSIの設計法と構成法

　8.1　VLSI設計法と開発の流れ ……………………………………… 132
　　　　8.1.1　システム設計（動作レベル記述） ………………… 137

8.1.2　機能設計（RTL 記述） ……………………………………… *137*
　　　8.1.3　論理設計（ゲートレベル記述） …………………………… *138*
　　　8.1.4　機能/論理検証 ………………………………………………… *138*
　　　8.1.5　回 路 設 計 ……………………………………………………… *139*
　　　8.1.6　レイアウト設計 ………………………………………………… *140*
　　　8.1.7　素子の偏差を考慮した設計 ………………………………… *141*
　　　8.1.8　AD 混載 LSI におけるクロストーク雑音 ………………… *142*
　8.2　VLSI 設計方式 ……………………………………………………………… *144*
　　　8.2.1　フルカスタム方式 ……………………………………………… *144*
　　　8.2.2　セルベース方式 ………………………………………………… *145*
　　　8.2.3　ゲートアレー方式 ……………………………………………… *145*
　　　8.2.4　フィールドプログラマブルゲートアレー ………………… *145*
　　　8.2.5　システム実現法の比較 ………………………………………… *147*
本章のまとめ ……………………………………………………………………… *147*
理解度の確認 ……………………………………………………………………… *148*

9. VLSI の 試 験

　9.1　試験の目的 …………………………………………………………………… *150*
　9.2　試験の種類 …………………………………………………………………… *151*
　　　9.2.1　DC 試 験 ………………………………………………………… *151*
　　　9.2.2　AC 試 験 ………………………………………………………… *151*
　　　9.2.3　機 能 試 験 ……………………………………………………… *152*
　9.3　研究・開発段階での試験（評価） ………………………………………… *152*
　9.4　量産における選別試験 ……………………………………………………… *153*
　9.5　試 験 装 置 …………………………………………………………………… *153*
　　　9.5.1　論理 VLSI テスタ ……………………………………………… *153*
　　　9.5.2　電子ビームテスタ ……………………………………………… *155*
　9.6　テスト容易化技術 …………………………………………………………… *155*
　　　9.6.1　スキャンパス …………………………………………………… *155*
　　　9.6.2　レベルセンシティブスキャンデザイン ……………………… *156*
　　　9.6.3　バウンダリスキャン …………………………………………… *156*
　　　9.6.4　組込み自己試験 ………………………………………………… *157*

| 本章のまとめ | 158 |
| 理解度の確認 | 158 |

引用・参考文献 ……………………………………………… *159*
索　　　引 …………………………………………………… *164*

VLSI工学 ── 製造プロセス編 ── の目次

1. LSI製造プロセスとその課題
2. 集積化プロセス
3. リソグラフィ
4. エッチング
5. 酸　　化
6. 不純物導入
7. 絶縁膜堆積
8. 電極・配線
9. 後工程・パッケージング

1 VLSIの特徴とその役割

　超大規模集積回路（very large scale integrated circuit, VLSI）は，集積化されるトランジスタや配線のサイズが10〜100nm以下に微細化され，集積規模が拡大し，動作周波数がGHzを超えている．そして，VLSIは情報，通信，家電，生産，医療などのあらゆる分野で使われるようになり，将来のグローバルな情報化社会において一層重要なものとなっている．本章ではVLSIの基礎となる技術の歴史とその学問体系，VLSIで実現される情報処理機能と性能，システム応用と社会へのインパクトについて述べる．なお，本書では集積回路に関する基礎知識を習得していることを前提にしているので，入門の教科書[1]†により学習されることを望む．

---

† 肩付き数字は，巻末の引用・参考文献の番号を表す．

1.1 VLSIの概念と基本技術

1.1.1 VLSIの基本技術と発明

　集積回路が出現する以前には，電子回路はトランジスタ，抵抗，コイル，コンデンサなどの個別素子をプリント板にはんだ付けして組み上げていたので，大きく，重く，動作速度が遅く，消費電力が大きく，そして信頼性が低いという多くの欠点を持っていた．これに対して集積回路はシリコンチップ上に多数のトランジスタや抵抗を形成し，これらを酸化シリコンで絶縁して，チップ上の金属配線層で相互接続したものである．個別素子に比べて，素子のサイズや配線は3桁小さいので，動作速度を速く，消費電力を少なくできる．これはトランジスタが小さいほどスイッチングが速いためである．また，クリーンな環境でトランジスタと配線が接続されるので，はんだ付けに比べて接続点の信頼性は非常に高い．絶縁層の窒化シリコン膜は外部かの水分などからチップに侵入することを防止するので，微細な素子でも特性変動がほとんどない．これらの特質によって1億個という膨大な数の素子を1GHz以上の周波数で安定に動作させることが可能になった．

　1948年に，真空管に代わる基本素子としてトランジスタがショックレーらによって発明され，固体中の電子を使って電気信号を増幅し，スイッチングすることが可能になった．トランジスタなどの多数の回路素子を1枚の基板上に形成し，一括した工程で接続するという集積回路の概念がキルビーによって1959年に発明された．この概念を実用的なものにしたのがプレーナ技術である．これは半導体の平坦な表面に素子を形成し，各素子を電気的に絶縁する，更にシリコン酸化膜で表面を覆い，その中に配線を形成することを特徴としている．集積回路の集積度を向上させ，LSI，VLSIと進歩させたのは，微細な素子や配線を製作するための微細加工技術であった．それは，微細なパターンを形成するフォトリソグラフィ技術，高品質の半導体材料の薄膜形成技術，エッチングなどの微細加工技術，不純物導入技術などである．

　初期の集積回路はアナログ回路から始まったが，素子の精度や雑音が問題になるので，大規模集積には向かなかった．一方で，ディジタル回路は"1"，"0"の2値で動作するので特性変動や雑音に対して強いため，大規模集積に適していた．特に，ディジタル回路による

コンピュータは集積回路と切り離せない関係にあり，コンピュータの高性能化がディジタルLSIの進歩を牽引した．また，アナログ信号をディジタル信号に変換して処理するディジタル信号処理（digital signal processing, DSP）技術もLSIを大きく発展させた．一方で，個々の素子に高精度が要求されないため，LSI化に適したアナログ回路技術も大いに進歩した．

マイクロプロセッサやメモリは，あらゆるシステムに適用できる汎用LSIとして大量生産されている．大量生産するほど製造コストが低下するという量産効果が発揮される．一方，システム専用のLSIを開発すると汎用LSIと比較して性能が向上し消費電力が低下する．このようなLSIをカスタムLSI（custom LSI）と呼ぶが，生産量が少ないので開発費用を抑えて，かつ短期開発が必要となる．更に，LSIの大規模化によりシステム全体が1個のLSIに集積可能になった．これをシステムLSIあるいはシステムオンチップ（system on chip, SOC）と呼ぶ．これは部品というより，システムそのものであり，論理回路，メモリ，アナログ回路を混載し，ソフトウェアも搭載されている．

1.1.2　学問体系

VLSIは先端的な総合技術であり，基礎となる学問と関連する学問は以下に示すとおり非常に広いので，体系的な学習が必要である．

- **基礎理論**：電磁気学，回路理論，過渡現象論，ディジタル電子回路，アナログ電子回路，情報理論，通信理論
- **物理学**：固体物理学，量子力学，固体物性論，半導体物性論，熱統計力学
- **材料工学**：半導体材料，誘電体材料，金属材料，表面工学
- **デバイス工学**：電子デバイス，光デバイス，量子効果デバイス，デバイスモデリング
- **集積化プロセス工学**：微細加工・製造プロセス，製造装置，表面・界面制御
- **回路・設計工学**：論理回路，メモリ，アナログ回路，RF回路
- **応用システム**：コンピュータ，通信・ネットワーク，ディジタル家電，自動車，ロボット，セキュリティ，医療システム

1.2 VLSIの種類

1.2.1 機能による分類

機能によるVLSIの分類を表1.1に示す．論理VLSIとメモリVLSIは"0"，"1"の2進符号（binary code）を扱うので，トランジスタは単にスイッチとして動作する．したがって，大規模なシステムが安定に動作し，信頼性が高いのでVLSIに向いている．一方，アナログVLSIは時間連続情報を電圧や電流で表現し，オームの法則などを直接使って動作させるので，少ない素子で回路を実現できる．

表1.1 機能によるVLSIの分類

LSI	具体例
論理VLSI	・マイクロプロセッサ（MPU） ・ディジタルシグナルプロセッサ（DSP） ・画像処理VLSI
メモリVLSI	・ダイナミックランダムアクセスメモリ（DRAM） ・スタティックランダムアクセスメモリ（SRAM） ・不揮発メモリ
アナログVLSI	・A-D変換器 ・D-A変換器 ・通信用VLSI ・イメージセンサ

〔1〕**論理VLSI**　汎用の論理VLSIとしてマイクロプロセッサ（micro processing unit, MPU）がパソコンなどに広く用いられている．MPUの素子数とチップサイズの進展を図1.1(a)に示す．MPUの集積規模の増加は著しく，1971年に出現以来，25年間で7 000倍に増加した．プログラムやデータの語長（ビット数）も4，8，16，32，64 bitと拡大された．クロック周波数は最初1 MHz以下であったが，1997年には500 MHzに達し，2003年には4 GHzに達した．30年間で5 000倍に高速化された．集積素子数は30年間で30 000倍になった．この向上にはデバイスや配線の微細化とともに，アーキテクチャと回路技術の寄与も大きい．これからは大規模化とクロック高周波化による処理能力向上と省電力を両立させることが課題である．

〔2〕**メモリVLSI**　メモリには多くの種類がある．最も多く使われるのはダイナミックランダムアクセスメモリ（dynmic random access memory, DRAM）であり，パソコン

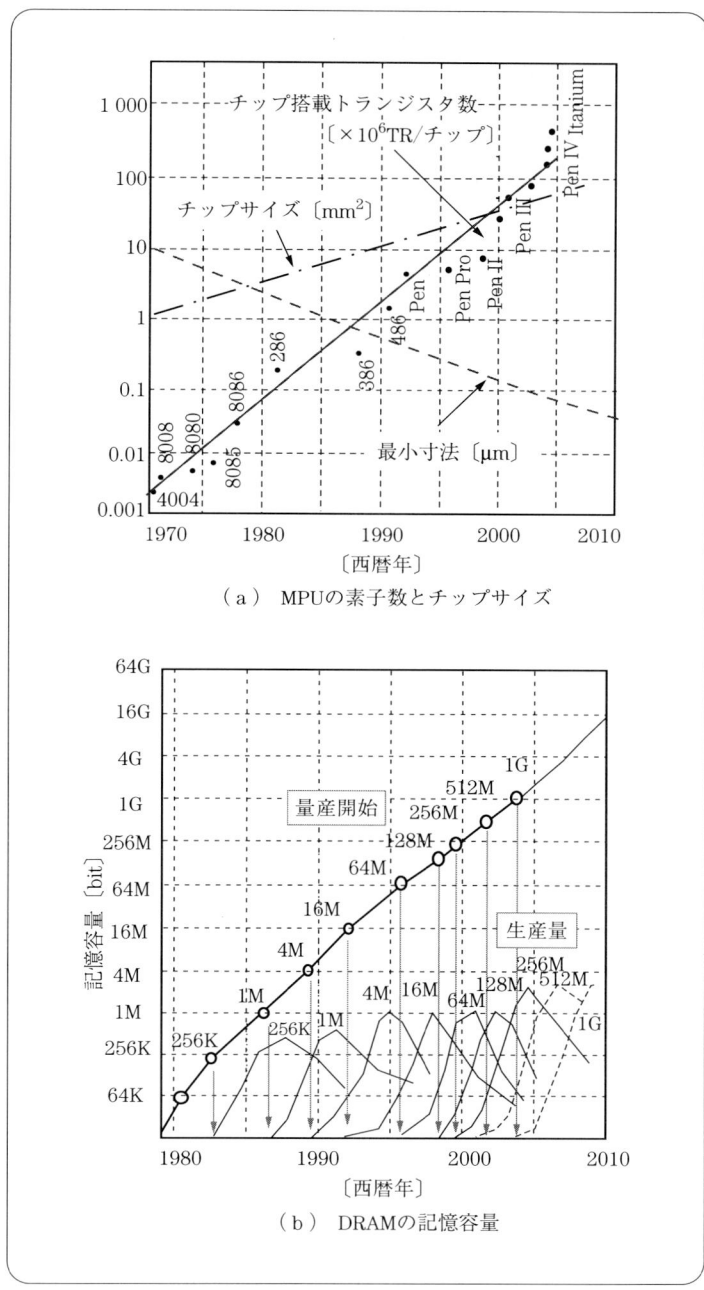

(a) MPUの素子数とチップサイズ

(b) DRAMの記憶容量

図1.1 集積規模の進展

の主記憶に用いられている．DRAM の記憶容量の進展を図(b)に示す．記憶容量は 64 K，256 K，1 M，4 M，16 M，64 Mbit というように，およそ 4 年ごとに 4 倍に拡大されてきた．これらを**メモリの世代**と呼び，図に各世代の生産量の推移の様子も示す．この記憶容量

の増加は，最小パターン寸法の縮小とチップ面積の増加により実現されてきた．2005年に512 Mbit の DRAM が主流になった．90 nm 技術を用いた 1 Gbit DRAM，更に極微細な技術を用いた 4 Gbit DRAM と進歩していく．

〔3〕 **アナログ VLSI**　自然界の情報の多くはアナログ量であり，VLSI では電圧や電流の大きさと時間変化の両方が連続量で表される．これを処理するアナログ回路には，アンプ，フィルタ，等化回路，ミクサ，変復調回路，駆動回路（ディスプレイ，アクチュエータ用）がある．アナログ信号をディジタル信号に変換して処理することが LSI に適しているが，このためにはアナログとディジタルの相互変換回路が必要である．このために，A-D，D-A 変換回路，識別器，ディジタル変復調回路，位相同期ループ（phase-locked loop，PLL）などがある．また，無線通信システム用の携帯無線端末機を CMOS（complementray metal-oxide-semiconductor）技術で1チップ化することが目標の一つになっている．

1.2.2　デバイスによる分類

VLSI で使われる半導体材料にはシリコン，ゲルマニウム，ガリウムひ素（GaAs），インジウムりん（InP）などの化合物が用いられる．図1.2に種々のデバイスの集積度と動作周

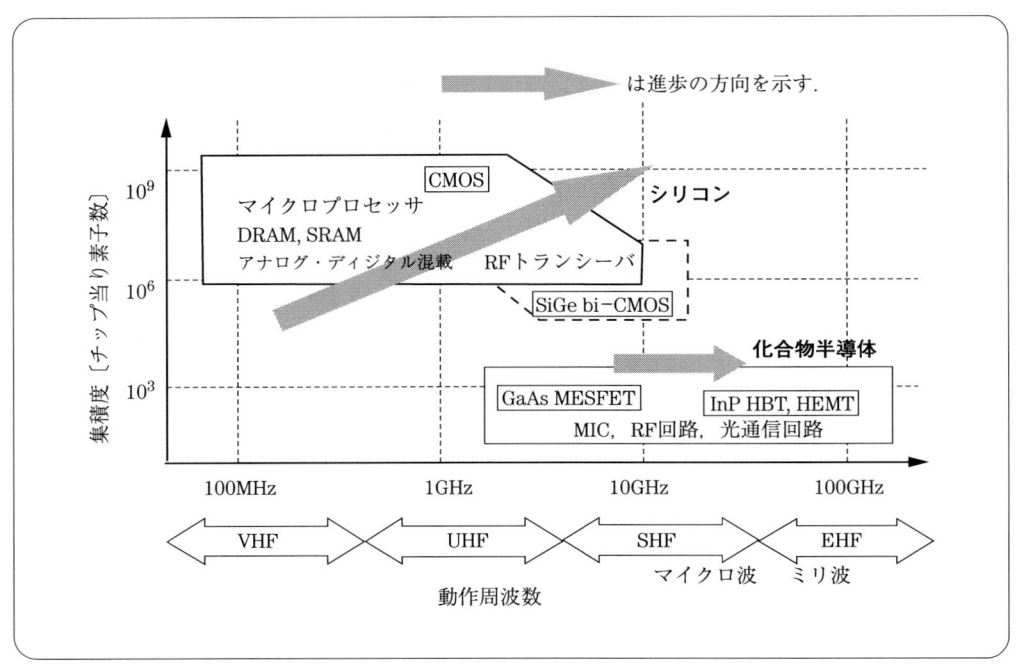

図1.2　デバイスの集積度と動作周波数

波数を示す．大規模回路を同一チップに集積して，低電力・高速動作させるにはシリコンが最も適しており，CMOS 論理回路は他の回路に比べて，低消費電力，高速動作が特長である．シリコン bi-CMOS は CMOS の特徴にバイポーラトランジスタの高速，大電流動作という特長を合わせ持たせるものである．バイポーラトランジスタの性能はシリコンの物性で決まる限界に到達している．一層の高速化のためにベース部にゲルマニウムを使った Si-Ge ヘテロバイポーラトランジスタ（hetero bipolar transistor，HBT）が開発され，Si-Ge bi-CMOS-VLSI が GHz 帯の無線通信用チップに用いられている．ガリウムひ素（GaAs）のような化合物半導体はキャリヤの移動度（mobility）が Si より大きく，高速動作が可能である．しかし，材料の安定性，均一性などが Si より劣るため小規模の超高周波の無線通信用回路，マイクロ波集積回路（microwave integrated circuit，MIC）に用いられる．

1.3 半導体技術ロードマップ

　LSI 技術の開発指標として，国際的な半導体産業界の共同活動で半導体技術のロードマップが作成されている[2]．同じチップ面積当りの集積素子数が 2 倍になる技術進歩を世代とし

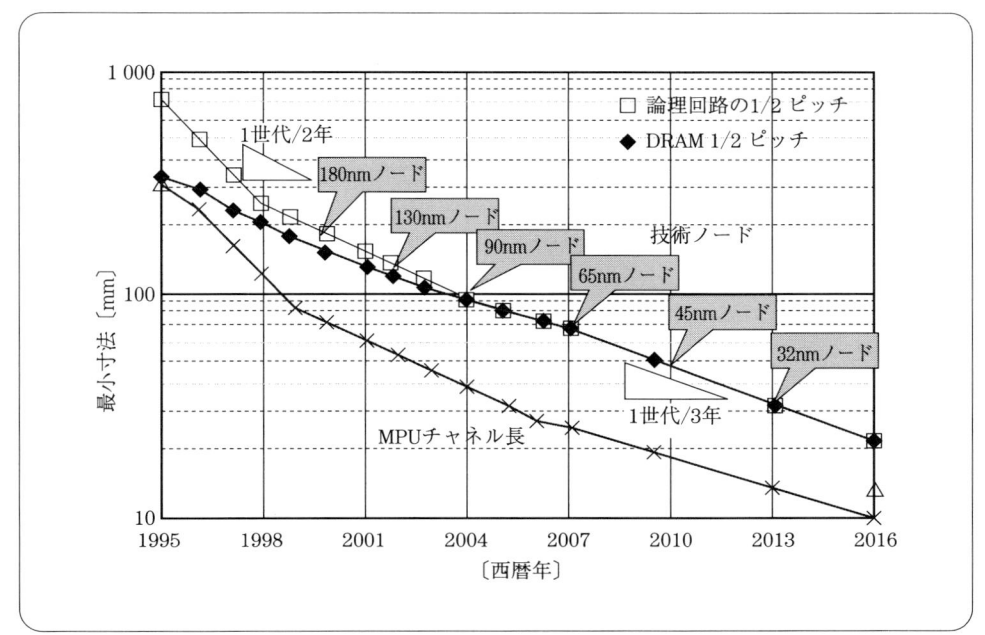

図 1.3　半導体技術ロードマップ

ており，素子の最小サイズを $1/\sqrt{2}$ に縮小する必要がある．この世代は**技術ノード**と呼ばれる．**図1.3**に示すように現在は 90 nm ノードの世代であり，今後3年ごとに 65 nm ノード，45 nm ノード，32 nm ノードと世代が進むことが予想されている．

1.4 システムへのインパクト

20世紀後半のエレクトロニクスの驚異的な発展は LSI 技術の進歩によってもたらされた．集積回路技術の進歩と各種のシステムの進歩の様子を**図1.4**に示す．

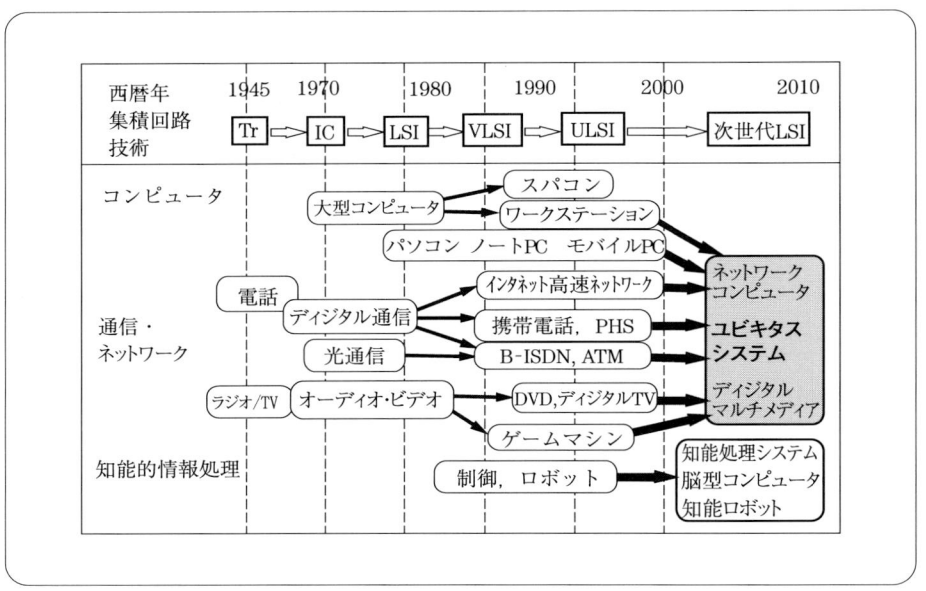

図1.4 集積回路とシステムの進歩

1.4.1 コンピュータシステム

コンピュータは大型コンピュータからワークステーション，パソコン（personal computer，PC）の時代になった．この変遷は**ダウンサイジング**と呼ばれる．1980年代の大型コンピュータは 1 K ゲート規模の高速バイポーラ LSI を 1 000 個程度使用して実現されていた．そのため消費電力が kW オーダと大きくなるので，放熱能力の高い実装が必要なために，非常に高価なものであった．MPU が 1970 年に出現して以来，LSI の進歩とともに

性能が急速に向上して，CMOS デバイスによる MPU チップ1個でコンピュータの中枢を実現し，大型コンピュータに匹敵する性能を 10 W オーダの電力で実現できるようになった．これにより価格や消費電力が 1/100 に減少して，高性能コンピュータが身近なものになった．

MPU のクロック周波数が 4 GHz に達している．高い処理能力を得るためにクロック周波数の向上，パイプライン処理による命令並列処理能力の向上，独立したベクトル演算用のユニットで，グラフィックス，ビデオ，オーディオといったマルチメディア分野の処理能力も飛躍的に向上している．このような先端の MPU では機能ブロック間をつなぐ配線がチップ面積と動作速度を支配するようになり，最先端の MPU では 7〜10 層の多層配線が使われている．

MPU の動作クロックの高速化により DRAM の動作が追いつかなくなったので，高速 SRAM によるキャッシュメモリを搭載している．また，画像処理では大容量のメモリが必要なため，DRAM を混載した MPU も開発されている．

将来のコンピュータは通信とネットワーク技術と融合してモバイル化が進むであろう．

1.4.2 通信ネットワークシステム

携帯電話や PHS（portable handy phone system）は若者のニーズに適合して急速に普及した．2005 年で世界全体の携帯電話の台数は 8 億台に達した．携帯電話の元になった自動車電話の初期モデルは自動車のトランクの半分ぐらいを占めるサイズで，重さも 10 kg 程度もあったが，技術の進歩によって大幅に小型化・軽量化された．携帯機器では電池の小型化が重要であり，このために LSI の低電力化が必須である．無線通信方式は初期のアナログ変調方式から LSI に適したディジタル変調方式に変遷した．この方式では DSP を用いて，無線キャリヤ信号のディジタル変調と音声の高能率符号化を行っている．携帯電話器は動作周波数によって無線周波数（radio frequency, RF），中間周波数（intermediate frequency, IF），ベースバンド（音声符号化・制御）の三つの部分に分けられる．周波数の範囲は，RF では 800 MHz〜1.5 GHz，IF では 450 kHz〜10 MHz，音声帯域では 4 kHz というように 6 桁の幅を持っている．携帯電話はおもに 800 MHz 帯，1.8 GHz 帯の無線周波数を用いる．2000 年の携帯電話のチップ構成を見ると（7 章参照），高周波部分の低雑音増幅器や電力増幅器には，高い遮断周波数と低い雑音特性を持つ GaAs トランジスタが用いられている．周波数シンセサイザ，変調，復調などは CMOS-VLSI が用いられている．チップ数を減らして一層の小型化・経済化を図るために，GHz 帯の送受信回路を中間周波数を用いないで CMOS-VLSI で実現する研究が進んでいる．集積回路以外の構成部品は，

表面弾性波（surface acoustic wave, SAW）フィルタ，水晶振動子，液晶パネル，及び Li 二次電池である．

1.4.3　ディジタル家電システム

高精細画像の空間分解能を 1 000×1 000 画素とし，カラー画像を RGB（red, green, blue）の三原色で表し，おのおのの強度分解能を 8 bit，フレームレートを 30 フレーム/s とすると，動画像信号のビットレートは 720 Mbit/s と非常に大きな値である．この情報を圧縮しないと記憶容量 1 Gbit のメモリを使っても 1 s 分しか記憶できない．また，画像を送るのに広帯域が必要になる．したがって，記憶や通信コストを下げるのに情報圧縮する必要がある．画像情報の冗長性と人間の視覚性能を利用して，大幅な圧縮が可能である．標準的な方式（moving picture experts group II, MPEG II）では，フレーム間の差分の利用，離散的コサイン変換（discrete cosine transform, DCT）による帯域圧縮，動き検出などの高度な処理アルゴリズムを用いて情報量を 1/100 以下に圧縮している．更に高い圧縮率を実現するために高速な論理処理と大容量のメモリが必要となっている．

本章のまとめ

❶ VLSI は，トランジスタと集積回路の発明，シリコン酸化膜によるプレーナ技術，ナノメータ微細加工技術及びディジタル・アナログ回路技術の開発によって実現された．

❷ VLSI を機能で分類すると，論理 VLSI，メモリ VLSI，アナログ VLSI があり，デバイスはシリコン CMOS が主流となっている．

❸ システムへのインパクトは，ディジタル技術によるコンピュータ，通信機器，家電機器の高性能化，低電力化，小型化であり，今後適用領域は一層拡大する．

●理解度の確認●

問 1.1　VLSI の特長を四つ以上あげ，それらをもたらした技術を述べよ．

問 1.2　VLSI を機能で分類し，おのおのの代表的なチップとシステムへの応用例を述べよ．

問 1.3　コンピュータのダウンサイジングにおける VLSI の役割について述べよ．

2 VLSIのデバイス

VLSIで使われるデバイスの主流であるMOSトランジスタの構造，動作原理，電気的特性，設計に用いる回路モデルについて述べる．また，アナログ回路で用いられるオンチップのコンデンサ，抵抗，インダクタなどの受動素子及び多層配線についても述べる．

2.1 VLSIの構成要素

　集積回路を構成する素子は，能動素子，受動素子及び配線である．能動素子は直流電源などからエネルギーを変換して信号エネルギーを増加させる機能を持ち，電界効果トランジスタ，バイポーラトランジスタ，ダイオードなどがある．受動素子はエネルギーを蓄積あるいは消費して，電圧，電流，周波数，時間を決める役割を持つ．これらの各素子間を接続するのが配線の役割である．特にVLSIでは膨大な数の配線が必要になるので，5〜10層の多層配線技術が用いられる．信号伝搬の遅延時間は配線のRC時定数で決まるので，これを短くするために低誘電率の絶縁体と低抵抗の金属材料が必要である．一方，電源用配線にはチップ全体で10 A級の大電流を流す必要が生じている．

2.2 MOSトランジスタ

2.2.1 MOSの基本構造

　半導体の上に薄い酸化膜を形成し，その上に金属を形成した基本構造[1]を**MOS**（metal oxide semiconductor）と呼び，金属を**ゲート**，酸化膜を**ゲート酸化膜**と呼ぶ．半導体表面の電荷状態には①蓄積，②空乏，③反転の3状態がある．p型半導体の場合を考えよう．
① ゲートに負の電圧を加えると多数キャリヤである正孔が半導体表面に引き寄せられ蓄積される．これが**蓄積状態**である．
② ゲート電圧を上げていくと，表面付近の正孔がなくなり負にイオン化したアクセプタが残り，**空乏状態**ができる．このキャリヤが存在しない領域が**空乏層**である．
③ 更にゲート電圧を上げると，少数キャリヤである電子が表面に引き寄せられ，表面にn型の**反転層**が形成される．反転層はキャリヤが存在するので電流が流れる．

　このようにゲート電界によってシリコン表面の反転層の有無が制御され，シリコンの導通・非導通が切り換わるのがMOSの動作原理である．ゲートとシリコンとの間の静電容量

をMOS容量と呼び，本質的に必要なものであるが，応答特性を制限する要因でもある．

ゲート電圧が0Vでもゲート金属と半導体の仕事関数の差，界面準位の電荷，ゲート酸化膜中の準位に存在する電荷などの影響で，半導体表面付近のエネルギーバンドは平坦になっていない．これを平坦にするために必要なゲート電圧を**フラットバンド電圧**と呼ぶ．

MOSトランジスタ（MOSと略す）にはnチャネル型MOS（n-MOS）とpチャネル型MOS（p-MOS）の2種類がある．MOSの基本構造と電圧電流特性を**図2.1**に示す．ソースとドレーンの間にゲートが形成された3端子素子である．また，集積回路で使われる構造を**図2.2**に示す．MOSの領域を**活性領域**（active area）と呼び，それ以外のシリコンは酸化され，MOSどうしを分離する．表面反転層を**チャネル**，ソースとドレーンとの間隔を

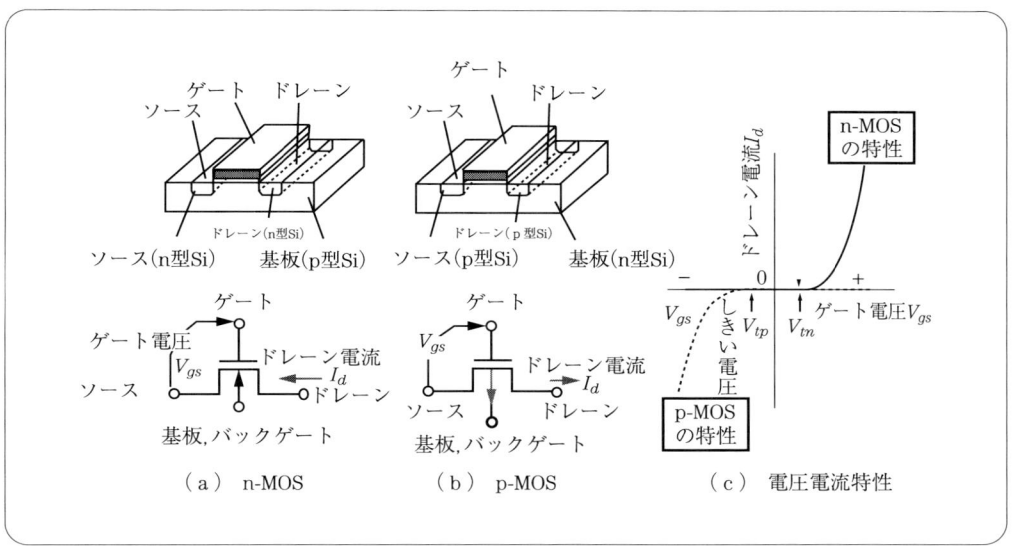

図2.1　MOSトランジスタの基本構造と電圧電流特性

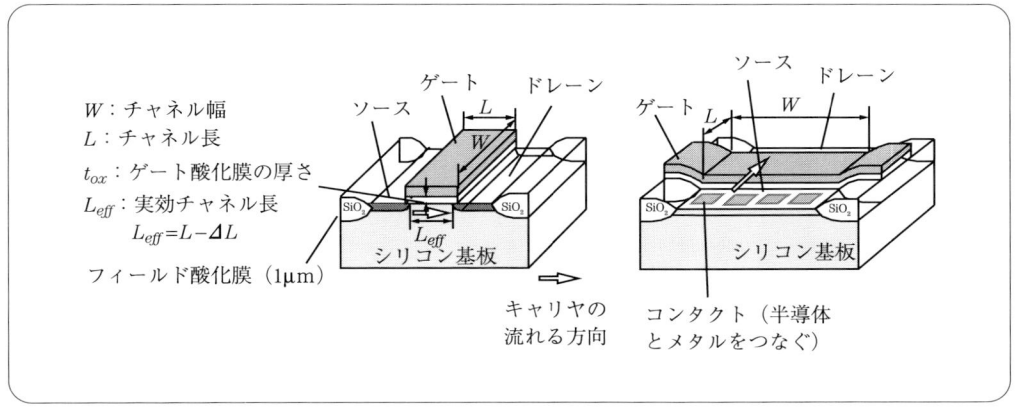

図2.2　集積回路で使われるMOSトランジスタの構造

チャネル長と呼び，これはゲートの寸法 L で決まる．ソースとドレーン形成の拡散時に不純物が横方向に拡散するので，実効チャネル長 L_{eff} は L より短くなる．チャネル幅 W は活性領域の幅で決まる．チャネル長 L とチャネル幅 W は図に示すように定義される．

2.2.2 MOS の動作原理と動作領域

　n-MOS の動作を説明する．ゲート電圧が 0 V 程度であればゲート直下の半導体は p 型のままであり，ソースとドレーン間は逆バイアスされた pn 接合で分離されているので，ソースとドレーン間には電流は流れない．この動作領域を**遮断領域**と呼び，スイッチがオフの状態である．MOS のゲートにしきい電圧（threshold voltage）以上の正の電圧を加えると，ゲート酸化膜をはさんで p 型基板の表面に電子が誘起され，電子を多数キャリヤとする n 型層（反転層）が形成される．これを **n チャネル**と呼ぶ．ドレーンにかける電圧を上げるとソースからドレーンへ電子がキャリヤとして流れる．チャネルは抵抗でつながった状態であり，電流はドレーン電圧に比例するので，**線形領域**と呼ばれる．更にドレーン電圧を増加させると，ドレーンからの電界によって，ドレーン付近には電子が存在できなくなってチャネルが消滅する．この状態を**ピンチオフ**と呼ぶ．これ以上のドレーン電圧では，チャネル端とドレーンの間にドレーン電圧がかかり，この領域に大きな電界がかかる．この領域に移動してきた電子は加速され高速にドレーンに到達する．ドレーン電流はチャネル端の電子濃度で決まり，ドレーン電圧に依存しない一定値になるので**飽和領域**と呼ばれる．

　p-MOS は n-MOS に対して n 型と p 型を反対にした構造である．ゲートにしきい値以下の負の電圧を加えると，n 型シリコン基板の表面に正孔が誘起され，p 型の反転層（p チャネル）が形成され，ソースからドレーンへ正孔が流れ，電流も同方向に流れる．n-MOS と p-MOS の両者を用いた回路が **CMOS 回路**である．

2.2.3 MOS の電流電圧特性

　〔1〕**ドレーン電流-ドレーン電圧特性**　図 2.3(a) に，0.35 μm CMOS プロセスの n-MOS のドレーン電流-ドレーン電圧特性（I_d-V_{ds} 特性）の実測値を示す．パラメタはゲート電圧（V_{gs}）であり，基板はソースに接続されているので基板電圧（V_{bs}）は 0 V である．V_{gs} の変化に対する I_d の変化を伝達コンダクタンス（transconductance，g_m）と呼ぶ．これはゲート電圧がドレーン電流を制御する能力を表すパラメタである．ドレーンコンダクタンス g_{ds} は，V_{ds} の変化に対する I_d の変化分であり，正確には微分ドレーンコンダクタンスである．ドレーン抵抗 r_{ds} はその逆数である．

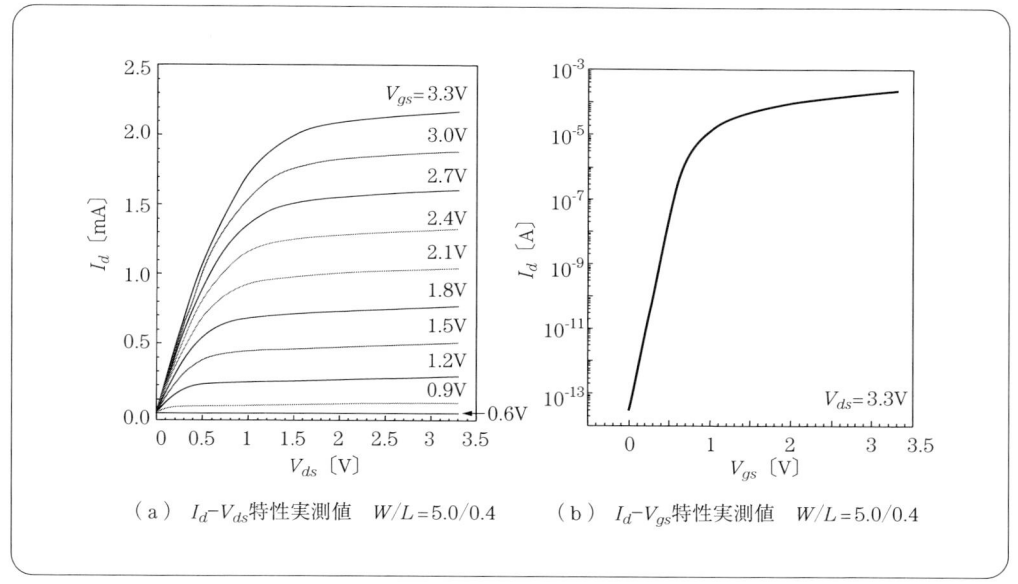

図 2.3 MOS の電流電圧特性

〔2〕 **ドレーン電流-ゲート電圧特性** ドレーン電流-ゲート電圧特性（I_d-V_{gs} 特性）を図（b）に示す．V_{gs} が 0 V では I_d は流れないが，しきい電圧 V_t 以上になると流れはじめる．この V_t は最も重要な MOS のパラメタである．V_t の定義には各種の方法があるが，最も基本的な方法は I_d がチャネル幅/チャネル長 $(W/L) \times 0.1$ 〔μA〕となるときの V_{gs} である．V_t 以下の V_{gs} では $\log I_d$ は一定の傾きで変化しており，I_d は $\exp V_{gs}$ に比例していることが分かる．この領域を**サブスレッショルド領域**，この電流を**サブスレッショルド電流**（subthreshold current）と呼ぶ．

2.2.4　MOS のデバイスモデル

〔1〕 **電流モデル** 遮断領域，線形領域，飽和領域の電流近似式としきい電圧のモデル式を**表 2.1** に示す．サブスレッショルド領域では反転チャネル層が形成されないので，npn 構造のバイポーラトランジスタのように動作する．ドレーン電圧が耐圧以上になると pn 接合の空乏層が広がってパンチスルー電流が流れ，ドレーン電流がゲート電圧で制御できなくなる．

表 2.2 に，伝達コンダクタンス g_m，バックゲートの伝達コンダクタンス g_s，ドレーンコンダクタンス g_{ds} などの特性パラメタの式を示す．g_s は基板電位の変化によるドレーン電流の変化の比例係数であり，**基板効果**と呼ばれる．飽和領域の g_{ds} はチャネル長変調効果によって決まる．

表2.1 MOSのドレーン電流としきい電圧のモデル式

ドレーン電流の式	パラメタ説明
遮断領域　$I_d = 0$ 線形領域　$I_d = \mu C_{ox} \dfrac{W}{L}\left\{(V_{gs}-V_t)V_{ds} - \dfrac{V_{ds}^2}{2}\right\}$ 飽和領域　$I_d = \dfrac{1}{2}\mu C_{ox}\dfrac{W}{L}(V_{gs}-V_t)^2$ 　　　　　$I_d = \beta(V_{gs}-V_t)^2(1+\lambda V_{ds})$	μ：キャリヤ移動度 ゲート酸化膜の容量 　$C_{ox} = \dfrac{\varepsilon_0 \varepsilon_{ox}}{t_{ox}}$ λ：チャネル長変調係数

しきい電圧の式	パラメタ説明
$V_t = V_{t0} + \gamma\left\{\sqrt{V_{sb}+|2\phi_F|} - \sqrt{|2\phi_F|}\right\}$ 　　　　　　　　ゲートとシリコンの仕事関数差 $V_{t0} = \phi_{ms} - 2\phi_F - \dfrac{1}{C_{ox}}(Q_{B0}+Q_{ox}+Q_l)$ 　　　　　　　　　　チャネル領域の不純物の電荷 　　　　　　シリコンとSiO_2界面の固定電荷 空乏層中のイオン化した不純物の電荷	ソース基板電圧 　$V_{sb} = V_s - V_b$ 基板のフェルミ準位 　$\phi_F = -\dfrac{kT}{q}\ln\left(\dfrac{N_A}{n_i}\right)$ 基板効果係数 　$\gamma = \dfrac{\sqrt{2q\varepsilon_{si}N_A}}{C_{ox}}$

表2.2 特性パラメタ

伝達コンダクタンス	$n = 1 + \dfrac{C_{ox}}{C_d}$
飽和領域，アクティブ領域（強反転領域）	サブスレッショルド領域（弱反転領域）
$I_d = \dfrac{\beta}{2}(V_{gs}-V_t)^2 \quad \beta = \mu C_{ox}\left(\dfrac{W}{L}\right)$ $g_m = \beta(V_{gs}-V_t) = \sqrt{2\beta I_d} = \dfrac{2I_d}{V_{gs}-V_t}$ $\dfrac{g_m}{I_d} = \dfrac{2}{V_{gs}-V_t} = \sqrt{\dfrac{2\beta}{I_d}}$	$I_d = I_{d0}\left(\dfrac{W}{L}\right)\exp\left(\dfrac{qV_{gs}}{nkT}\right)$ $g_m = \dfrac{qI_d}{nkT}$ $\dfrac{g_m}{I_d} = \dfrac{q}{nkT}$

バックゲート効果によるドレーン電流変化
$g_s = \dfrac{\partial I_d}{\partial V_{sb}} = \dfrac{\partial I_d}{\partial V_t}\cdot\dfrac{\partial V_t}{\partial V_{sb}}$ 　　$= -g_m \dfrac{\gamma}{2\sqrt{V_{sb}+|2\phi_F|}} \fallingdotseq 0.2 g_m$

ドレーンコンダクタンス
$g_{ds} = \dfrac{\partial I_d}{\partial V_{ds}} = \beta(V_{gs}-V_t)^2\lambda = \lambda I_d$

　g_mのドレーン電流依存性を図2.4に示す．ドレーン電流の大きさによってg_mが決まり，電流が大きいほどg_mは上がるが，ある電流で飽和する．g_m/I_dはドレーン電流当りのg_mであり，低電力の回路設計に重要なパラメタとなる．弱反転と強反転の中間領域は両者の遷移領域であり，精密なモデル化は難しい[2]．n-MOSのキャリヤ（電子）移動速度の横方向ドレーン電界依存性を図2.5に示す．ゲート長が1μm以下になると，ゲート電界によってキャリヤの散乱が増加して，移動速度が低下し，ついには移動速度が飽和する[1]．

　しきい電圧の寸法依存性の二次的効果として，チャネル長が短くなると，しきい値が低下する短チャネル効果が現れ，逆にしきい値が上昇する逆短チャネル効果もある[3,4]．

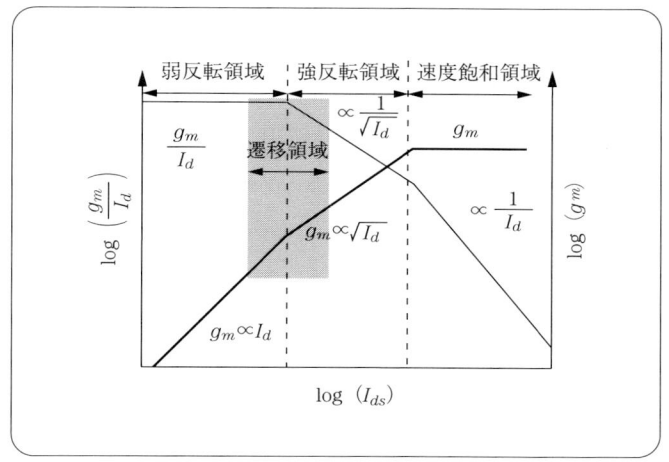

図2.4 MOSのg_m, g_m/I_{ds}のドレーン電流依存性

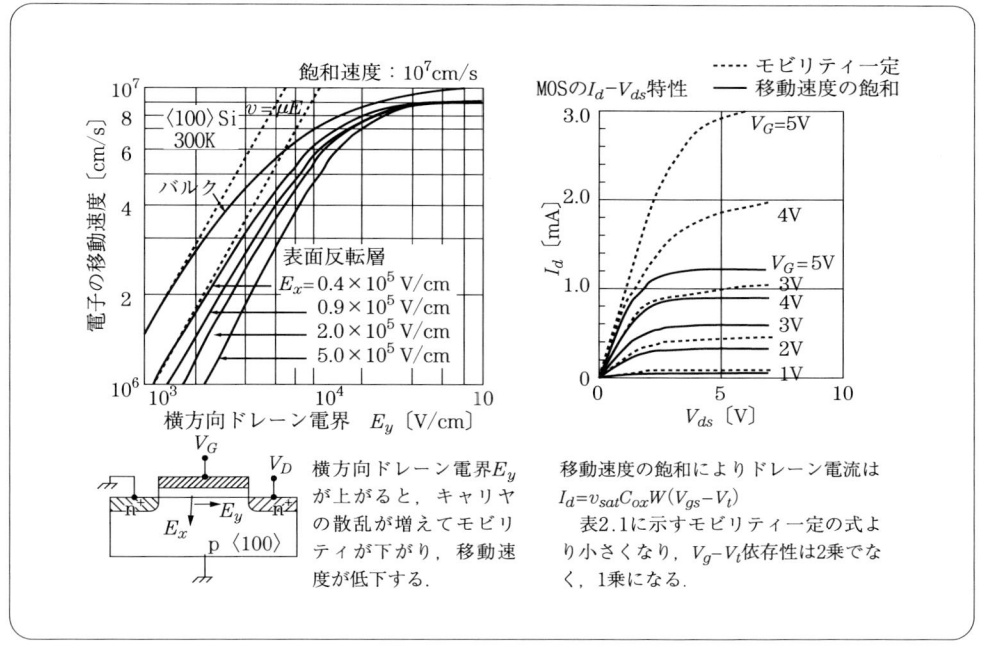

図2.5 サブミクロンMOSにおけるモビリティの低下，移動速度の飽和，ドレーン電流の飽和

〔2〕 **容量モデル** 図2.6にMOSの断面構造と寄生容量を，表2.3にMOSの寄生容量の式を示す．ゲート端子に接続される寄生容量として，ゲート-ソース間容量C_{gs}，ゲート-ドレーン間容量C_{gd}，ゲート-基板間容量C_{gb}がある．チャネルが形成されている場合にはゲート-チャネル間容量C_{gch}が存在し，C_{gs}に並列に接続される．C_{gs}, C_{gd}はチャネル幅Wに比例し，C_{gb}はチャネルの面積に比例する．通常の論理ゲートではゲート端子が入力になるので，これらの容量は前段のゲートの負荷容量となり，大きいほど動作が遅くなる．

18　2. VLSIのデバイス

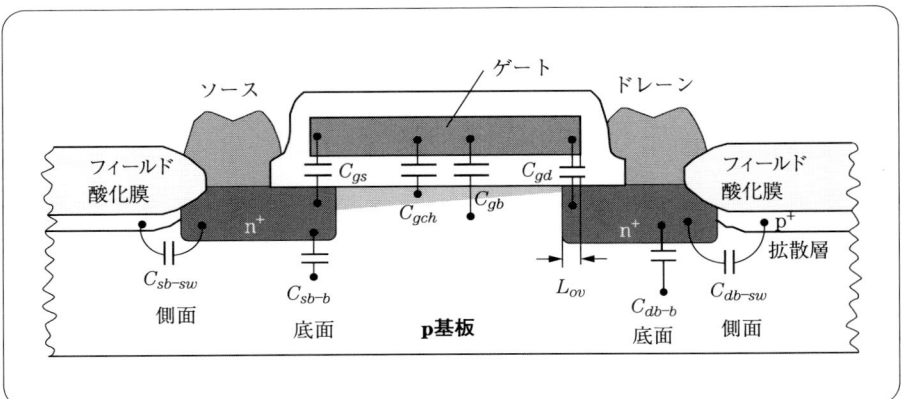

図 2.6　MOSの断面構造と寄生容量

表 2.3　MOSの寄生容量の式

線形領域	容量の式
ゲート-ソース間容量 ゲート-ドレーン間容量	$C_{gd} = C_{gs} = \frac{1}{2}WLC_{ox} + WL_{ov}C_{ox}$ 　　　　チャネル　　　オーバラップ
ソース-基板間容量	$C_{sb} = \left(A_s + \frac{1}{2}WL\right)C_{js} + P_sC_{j-sw}$
ドレーン-基板間容量	$C_{db} = \left(A_d + \frac{1}{2}WL\right)C_{js} + P_dC_{j-sw}$ 　　　　底面　　チャネル　　　　側面
飽和領域	容量の式
ゲート-ソース間容量	$C_{gs} = \frac{2}{3}WLC_{ox} + WL_{ov}C_{ox}$
ゲート-ドレーン間容量	$C_{gd} = WL_{ov}C_{ox}$
ソース-基板間容量	$C_{sb} = (A_s + WL)C_{js} + P_sC_{j-sw}$ 　　　　底面　　チャネル　　　側面
ドレーン-基板間容量	$C_{db} = A_dC_{js} + P_dC_{j-sw}$ 　　　　底面　　　側面

底面 pn 接合容量
$$C_{js} = \frac{C_{jso}}{\sqrt{1+\dfrac{V_{sb}}{\Phi_0}}}$$

側面 pn 接合容量
$$C_{js-sw} = \frac{C_{jso-sw}}{\sqrt{1+\dfrac{V_{sb}}{\Phi_0}}}$$

ソース-ドレーン間には拡散容量として，ソース-基板間容量 C_{sb}，ドレーン-基板間容量 C_{db} が存在する．これらはソース，ドレーンの拡散層の底面の容量 C_{sb-b}，C_{db-b} と周辺の容量 C_{sb-sw}，C_{db-sw} からなる．前者は底面面積に比例し，後者は周辺長に比例する．これらは論理ゲートの出力端子の寄生容量であるので，動作速度を遅くさせる．

2.2.5　MOSの等価回路モデル

MOSの大振幅非線形モデルを図 2.7（a）に示す．出力電圧が V_{dd} とグランドの間で大き

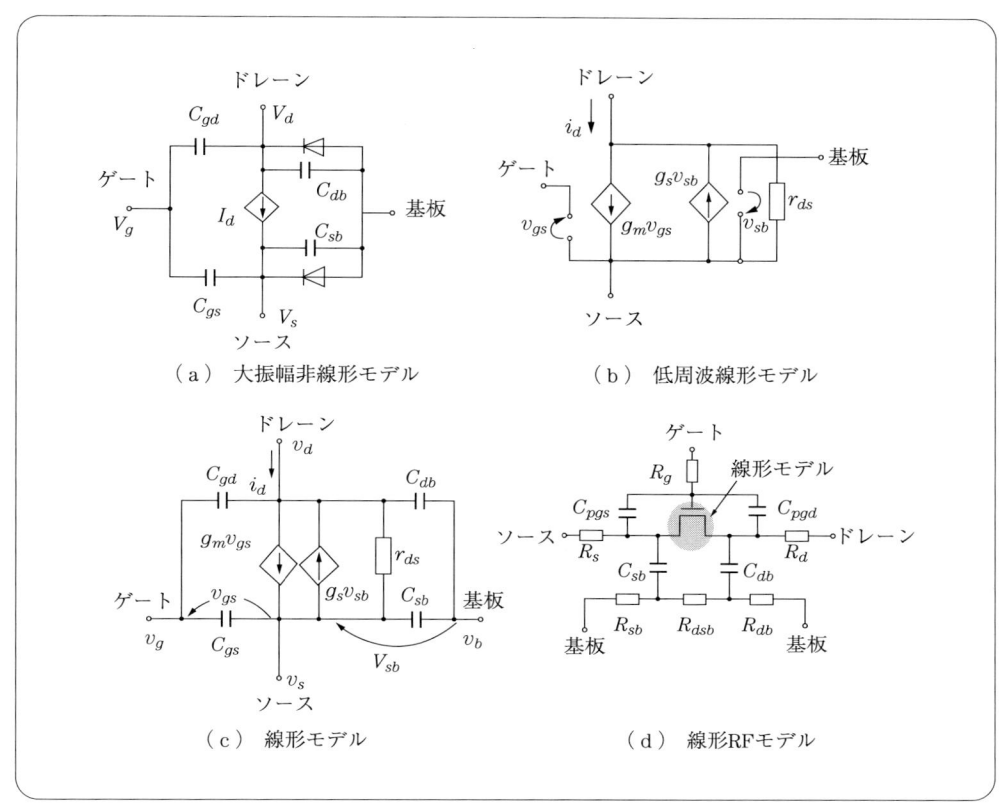

図2.7 MOSの等価回路

く変化する回路では，MOSは遮断領域，線形領域，飽和領域にまたがって動作するので，入出力特性は非線形になり，非線形性を考慮した解析が必要である．非線形モデルでは，線形領域と飽和領域のドレーン電流式を V_{gs} と V_{ds} の値によって切り換えて使用する．

一方，小信号線形モデルを図(b)に示す．MOSの電流電圧特性は非線形であるが，増幅器などでは微小な電圧を増幅する回路では，直流動作点で線形近似した線形モデルを用いることができる．ゲート電圧による縦続電流源が g_m，ソース-ドレーンの抵抗が $r_{ds} = 1/g_{ds}$，基板電圧による従属電流源が g_s である．図(c)は寄生容量を考慮したモデルで，1 kHz〜100 MHz程度で用いられ，図(b)は寄生容量を無視した1 kHz以下の低周波におけるモデルである．更に，図(d)に示すように，GHz以上の高周波回路のためにゲート抵抗，基板の抵抗を導入したRF-MOSモデルが用いられる[5,6]．ゲートでの信号伝搬遅延と，チャネル電荷の移動遅れをゲート抵抗で使ってモデル化できる（**非準静的効果**と呼ばれる）[7]．MOSの高速性を表す遮断周波数 f_T はMOSのチャネル長 L に反比例して f_T は上昇し，50 GHz以上に達した．この高速性を活用してCMOSでGHz帯無線回路が実現された．

2.3 ダイオード

VLSI では pn 接合ダイオード，MOS ダイオード，ショットキーダイオードが用いられる．MOS-VLSI では，ドレーンとゲートを接続した MOS トランジスタのソース-ドレーン間の電圧電流特性はダイオード特性を示すので，ダイオードとして使われ，**ダイオード接続 MOS** と呼ばれる．また，ソース-バルク間，ドレーン-バルク間回路の pn 接合ダイオード，ソース-ウエル間，ドレーン-ウェル間回路の pn 接合ダイオードも用いられる．回路的には MOS ダイオードはレベルシフト回路，ピーク検出回路，負荷抵抗として用いられる．また，pn 接合は静電気保護回路に用いられる．ショットキーダイオードは半導体表面に金属を形成した際に形成されるもので，少数キャリヤの蓄積が起きないので，順方向から逆方向に高速に切り換わるという特徴をもっている．したがって，高速なスイッチ回路やクランプ回路に用いられる．

2.4 抵 抗

図 2.8 に VLSI で使う抵抗の抵抗値の算出を示す．抵抗層の厚さは，製造プロセスによって決まるので，幅と等しい長さの抵抗体の抵抗値を**シート抵抗**と呼び，単位は $\Omega/\square$（スケアー）で表される．抵抗体の長さを L，幅を W とすると，抵抗値 $R = \rho_s L/W$ となる．抵抗素子の断面構造と平面パターンを図 2.9 に示す．抵抗素子にはポリシリコン層とシリコン拡散層が用いられる．ゲートポリシリコン層は抵抗を下げるためにシリサイド化されるので，シート抵抗は数 $\Omega/\square$ と低い．$10\,\mathrm{k}\Omega$ 以上の抵抗を作るにはノンドープポリシリコン層が用いられる．これらの抵抗素子の特性を**表 2.4** に示す．このように抵抗値の絶対値は 10% 程度の製造偏差を持つ．しかし，チップ上に隣接した同寸法の抵抗の比精度は高い．単位抵抗のエッチングによる加工誤差による偏差はすべての単位素子に対して同方向になるので，比精度低下にはならない．また，単位抵抗の数を増やすほど偏差を抑圧できる．

高線形のアナログ回路では抵抗値の電圧依存性が低いことが要求される．拡散層抵抗では

2.4 抵抗

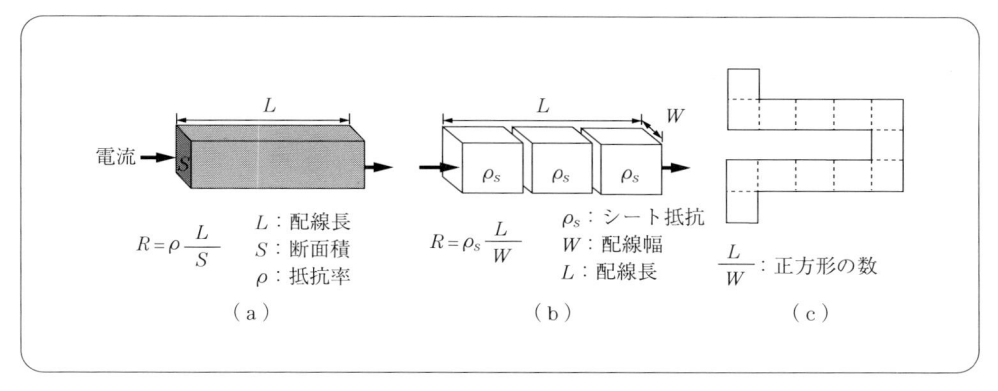

図 2.8 抵抗値の算出

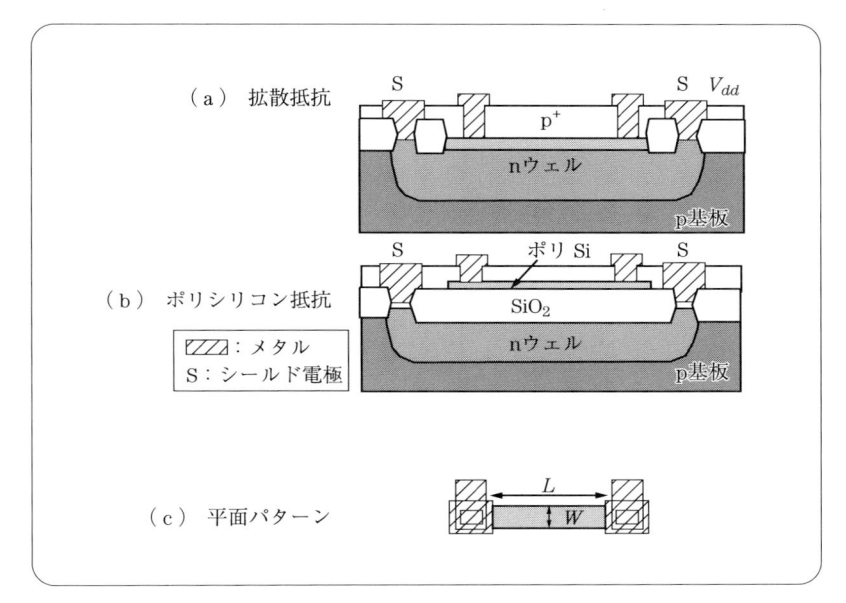

図 2.9 抵抗素子の断面構造と平面パターン

表 2.4 抵抗素子の特性

	シート抵抗〔Ω〕	絶対精度〔％〕	相対精度〔％〕
拡散抵抗	20〜100	10	0.2〜2
ゲートシリコン層	20〜50	10	0.2〜1
ノンドープシリコン層	100〜1 000	10〜20	1〜2

空乏層の厚さが抵抗と基板の電位差によって変化するので，電圧依存性が大きい．ポリシリコン抵抗では電圧依存性は小さい．また，抵抗下部の基板の電位が変動すると寄生容量を通して基板から抵抗に雑音が漏れる．これを防ぐ方法ために，下部にウェルを形成して，これを安定な電圧に接続することによりシールドできる．

2.5 容　　　　　量

図 2.10 の容量素子の構造に示すように，ゲート容量，二層ポリシリコン容量，二層メタル容量（metal insulator metal, MIM）が使われる．アナログ回路では電圧依存性のない線形容量が必要であり，0.35 μm までの CMOS プロセスでは二層ポリシリコン容量が用いられたが，ポリシリコンの抵抗のために Q が下がるので，0.25 μm 以下の CMOS プロセスでは，MIM 容量が主流になった．MOS 容量は製造工程の追加が必要ないので，線形性や精度が不要なパスコンとして論理 VLSI に用いられる．容量素子の特性を表 2.5 に示す．容量値の絶対精度も 10～20% と低いが，同寸法で比較すると容量の比精度は 0.1% 程度と高いので，容量比で特性が決まる回路が適している．電極面積を S，絶縁膜の誘電率を ε，

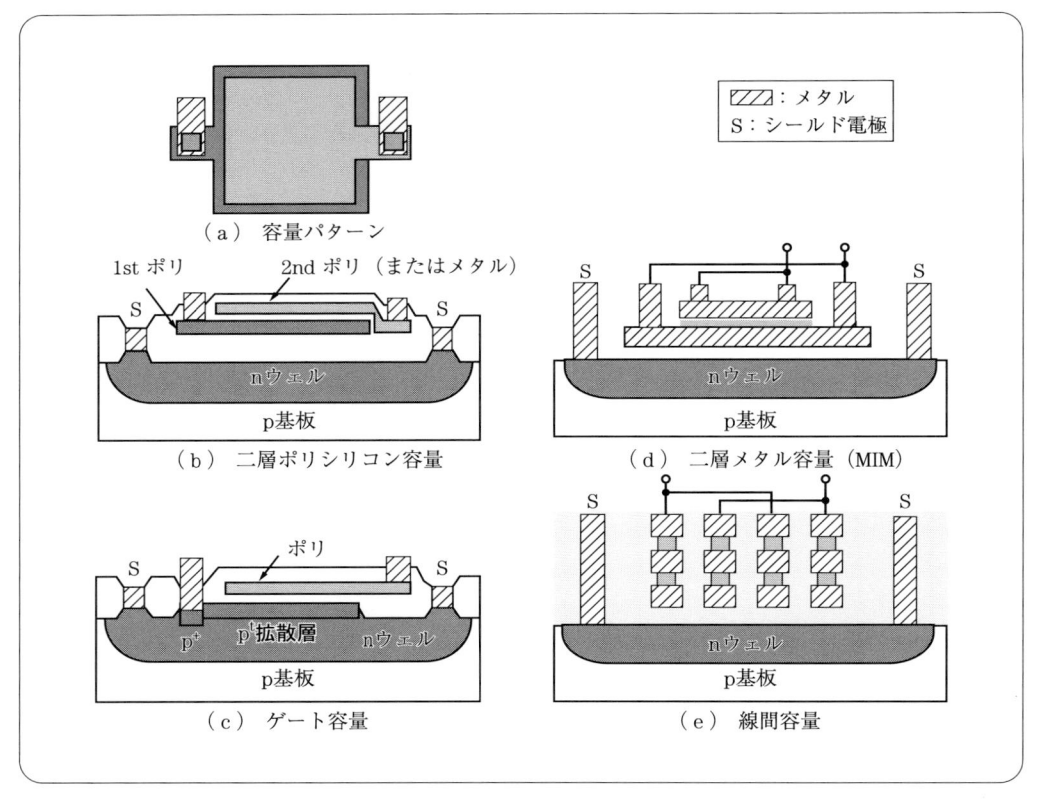

図 2.10　容量素子の構造

表 2.5　容量素子の特性

容量素子	容量値〔fF/μm^2〕	絶対精度〔%〕	相対精度〔%〕
MOS 容量	2〜5	2〜5	0.05〜0.2
二層ポリシリコン容量	1.5〜2	5〜10	0.05〜0.2
MIM 容量	1〜1.5	5〜10	0.05〜0.2

厚さを d とすると，容量値 C は $C=\varepsilon S/d$ となる．電極面積はエッチング精度によって決まる．比精度を向上させるには，最小の容量値の単位素子を n 個並列接続して n 倍の容量素子を作れば，すべての単位素子は同じ容量値の偏差をもつので，比精度が向上する．また，基板間の寄生容量は基板電位変動のクロストーク雑音の経路となるので，シリコン基板に n ウェルを設けてシールドする．プロセスの追加なしでアナログ回路用の高精度の容量素子として，図 2.10（e）のように多層配線の線間容量を用いる方法が提案されている．容量比精度や高速性能が MIM 容量以上であることが確認されており，論理 VLSI 用の技術でアナログ混載が実現できるので，90 nm 以降はこの容量が主流になっている．

2.6　インダクタンス

GHz 帯の高周波増幅器や発振器の集積化が進み，LC 共振による同調特性や低雑音性のためにインダクタンスが用いられる．Q の高いインダクタンスを集積化することが重要になっている．図 2.11 に示すように金属配線をスパイラル状に形成したインダクタ（コイル）が用いられる．シリコン基板の導電性のために，静電誘導及び電磁誘導によって基板に高周

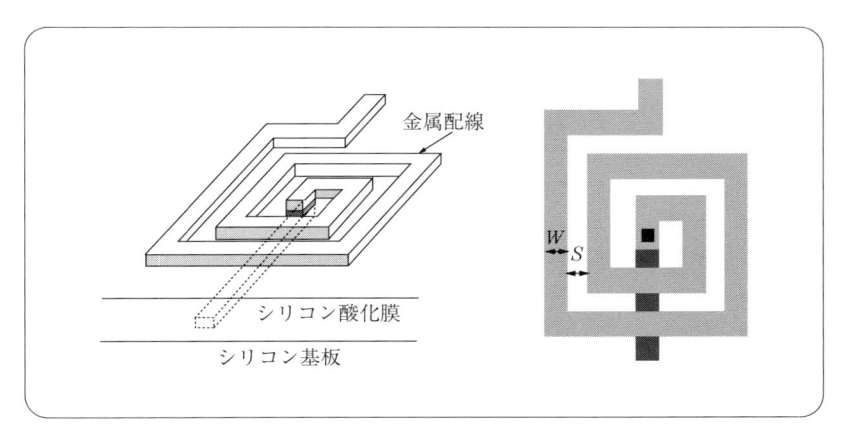

図 2.11　スパイラル状のインダクタ

波電流が流れエネルギー損失が発生する．このために，高い Q を実現しにくい．そこでインダクタの下部に電界シールドを設ける方法，基板に絶縁体のトレンチを入れる方法，基板を取り除く方法（エアーアイソレーション）がある．SOI（silicon on insulator）技術などを用いて厚い誘電体の上にインダクタンスを形成する方法も効果がある．

2.7 素子間分離構造

チップ上の素子分離技術と基板構造を図 2.12 に示す．素子の微細化に対応して，集積度，動作速度，製造工数，信頼性など総合的に検討する必要がある．バルク CMOS と SOI に分けられる．バルクは半導体単結晶基板上にすべての素子形成するもので，逆方向バイアス pn 接合による分離が基本になる．分離部に寄生する接合容量が動作速度を制限する．これを減らすために横方向の分離には絶縁体を用いる LOCOS（local oxidization of silicon）が用いられた．分離距離を短くして集積密度を上げるために，トレンチを形成して絶縁体を充填(てん)する STI（shallow trench isolation）が開発され，現在主流になっている．バルク

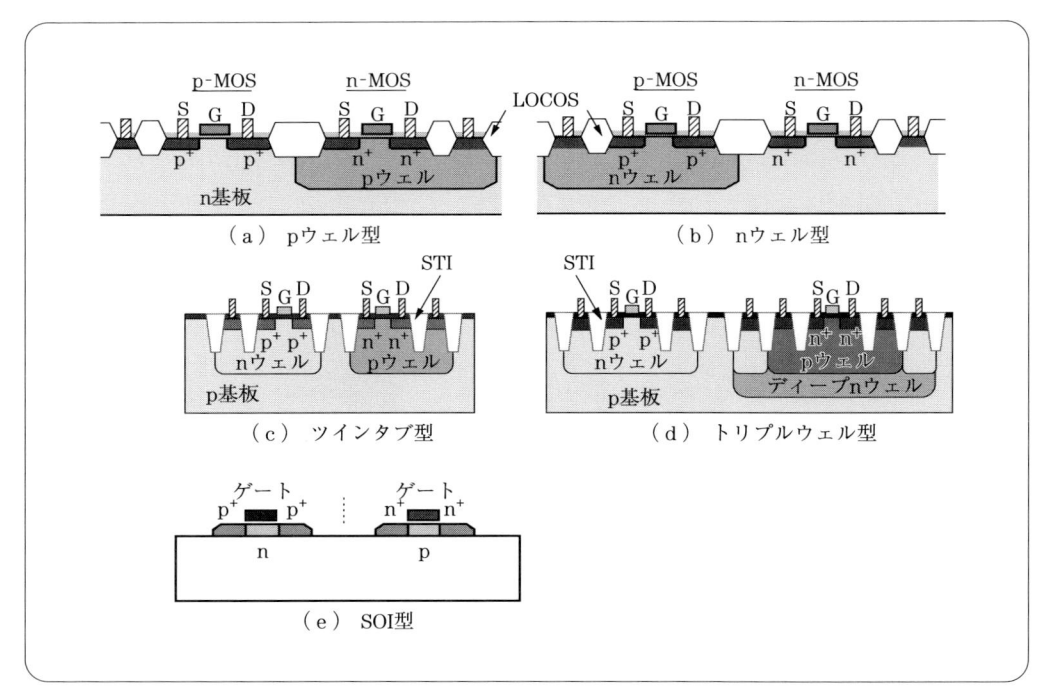

図 2.12 CMOS-LSI の基板構造

CMOS では同一チップに n 型と p 型の領域を形成するためにウェル構造が用いられる．シングルウェル，ツインウェル，トリプルウェルがある．n ウェル型では p 基板はすべて接続されているが，ディープ n ウェルを追加して，その中に p ウェルを形成して p 基板から分離する方法である．n-MOS，p-MOS ともにバックゲートが基板と分離されるので，基板電位雑音が漏れないので，AD 混載 VLSI で標準になっている．一方，SOI (silicon on insulator) では絶縁体の上に Si の島を形成して MOS を形成する．SOI にはシリコン基板の張り合わせによる方法がおもに用いられる．pn 接合分離ではないので寄生容量が小さく，バルク CMOS に比べて論理回路が 20% 程度高速に動作する．高性能の MPU，低電力のシステム LSI に採用されはじめている．

2.8 配　線

2.8.1　多層配線

多層配線は金属の配線層，配線層間の絶縁層，配線層間を接続するスルーホール（ビアホール）から構成される．多層配線の断面構造を図 2.13 に示す．配線層は下から第 1 層配線，第 2 層配線と呼ばれる．第 1 層配線はシリコン直上の絶縁膜の孔を埋める金属で MOS のソース，ドレーンと接続される．この接続部を**コンタクト**と呼ぶ．配線層間の絶縁膜を研磨により平坦化する CMP (chemical mechanical polishing) 技術により，容易に多層化が実現でき，VLSI では 5～10 層の多層配線が用いられている．

信号線には寄生容量が小さく伝搬速度が速いこと，配線幅や間隔が小さいことが要求される．電源，グランド配線には大電流が流れると配線抵抗で電圧降下が起き，電源電圧が変動する．これを防ぐには配線抵抗を下げ，回路の高周波化に対してはインダクタンスを低下させる必要がある．

2.8.2　配線容量

配線容量として図 2.14 に示すように配線と基板間の容量と，配線間容量を考慮する必要がある．前者は並行平板容量 C_{pp} とフリンジ容量 C_f の和である．ここで，配線幅を W，スペースを S，配線厚さを T，配線と基板間の絶縁膜の厚さを H，$T=H$ は一定とし，

26　　2. VLSIのデバイス

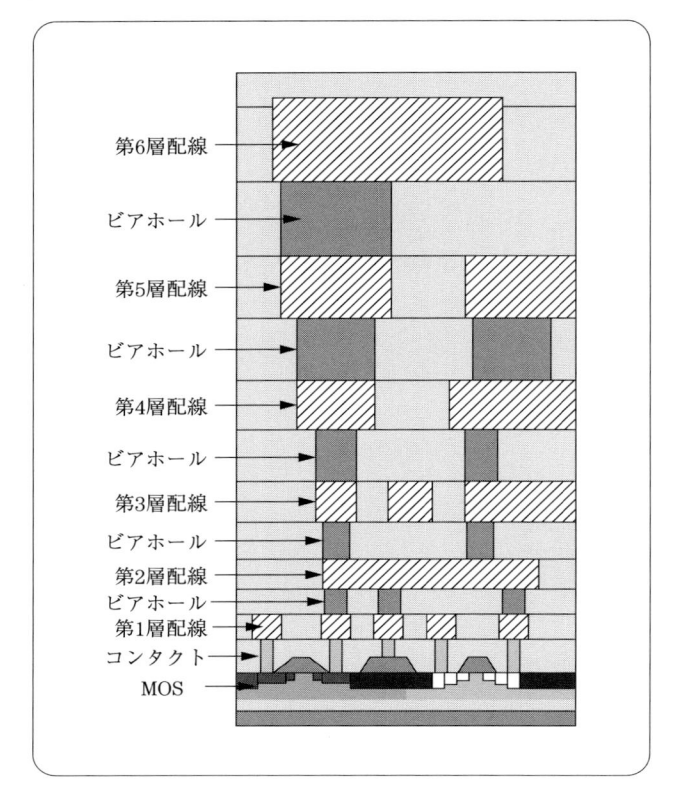

図 2.13　VLSI の多層配線の断面構造

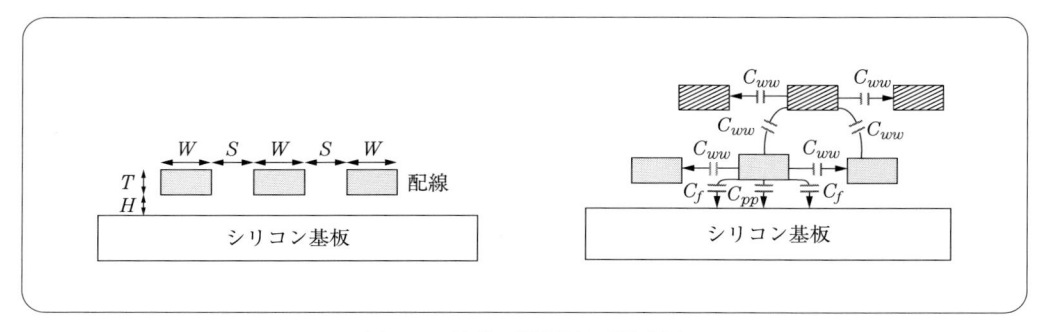

図 2.14　配線の断面図と配線容量

　$W=S$ の条件で可変した場合の配線容量を考える．基板間容量は，W が大きい場合は並行平板容量 C_{pp} で決まり，配線幅に比例して小さくなる．W が小さくなると C_{pp} が減少して，フリンジ容量 C_f が支配的になる．C_f は W に依存しないで，電界の広がりで決まる一定値になる．一方，配線間容量 C_{ww} は T が一定であるから，スペース S が小さくなるほど大きくなる．したがって，配線容量の配線幅依存性は特定の配線幅で最小になる．

　配線遅延時間の配線の寸法依存性と配線材料依存性を図 **2.15** に示す．最小寸法 $0.25\,\mu\mathrm{m}$

までは配線材料にはアルミニウム（$\rho=3\mu\Omega\cdot cm$）と酸化シリコン（$\varepsilon=4.0$）が用いられたが，$0.25\mu m$ 以下では配線遅延が長くなるので，低抵抗率の銅（$\rho=3\mu\Omega\cdot cm$）とふっ素入り誘電体材料，ポーラスシリコン（$\varepsilon=2.0$）などの低誘電率（Low-k）材料を用いた高速配線技術が開発された．遅延最小となる配線の寸法を $0.2\mu m$ 以下にシフトできる．

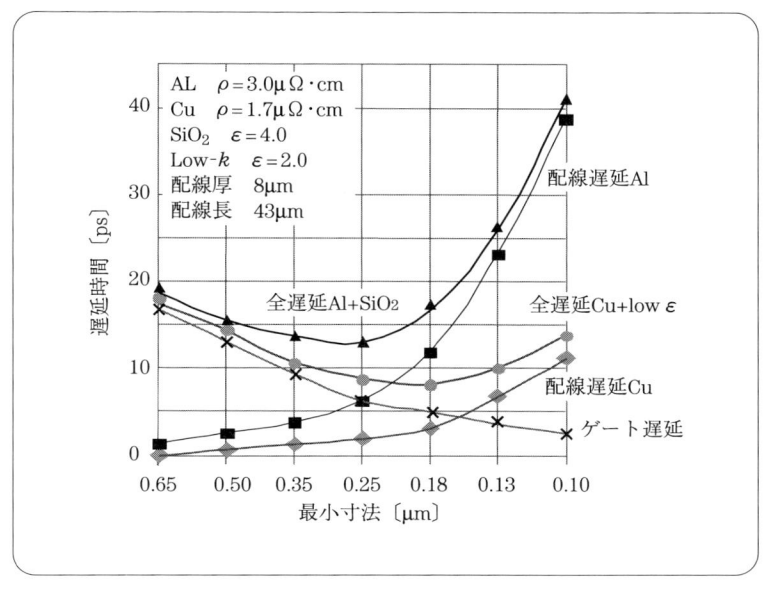

図 2.15 配線遅延時間

2.9 VLSI技術のスケーリング

　VLSI の高性能化のために CMOS 素子の寸法や不純物濃度などがスケーリング則に基づいて縮小されている．半導体技術のロードマップで，技術開発ターゲットが設定されている[8]．電界一定のスケーリング則による素子定数と回路パラメタの関係を**表 2.6** に示す．スケーリングにより，論理 LSI の集積規模，動作速度，消費電力，処理能力が向上し，これが VLSI の進歩を支えている．

　CMOS の高周波動作が可能になり，RF 回路が CMOS で実現されるようになった．しかし，精度を必要とするアナログ回路では，素子偏差，素子雑音が増加するので，デバイスのスケーリングをそのまま活用することはできない．微細化にともなって，製造装置の高度化

表 2.6　MOS トランジスタのスケーリング則

(a) 素子定数

項　目		スケーリング比
平面寸法	L, W	$1/k$
縦方向寸法	t_{ox}, X_j	$1/k$
基板不純物濃度	N_b	k
電　圧	V	$1/k$

(b) 回路パラメタ

項　目		スケーリング比
電　界	E	1
電　流	I	$1/k$
電流密度	I/A	k
面　積	A	$1/k^2$
容　量	$C = \varepsilon A/T$	$1/k$
回路の遅延時間	VC/I	$1/k$
回路の消費電力	VI	$1/k^2$
消費電力密度	VI/A	1
消費電力・遅延積	CV^2	$1/k^3$

により生産設備額が膨大化し，技術開発費用も膨大になっている．

本章のまとめ

❶ MOS の動作領域は遮断，線形，飽和，サブスレッショルドに分けられる．MOS のパラメタで伝達コンダクタンス，ドレーンコンダクタンスが重要である．

❷ MOS の電圧電流特性を式で表した回路モデルが回路設計で用いられる．論理回路では大振幅非線形モデル，アナログ回路では小信号線形モデルが用いられる．

❸ 受動素子には抵抗，容量が用いられる．アナログ回路では比精度が高い受動素子が必要で，高周波（RF）回路には Q の高いインダクタンスの集積化も必要である．

❹ 配線遅延時間は VLSI の動作速度を律則するので，遅延時間の短い配線技術が必須である．100 μm 以下の短距離配線と 10 mm 程度の長距離配線に分化している．

❺ デバイスの寸法や電圧の比例縮小（スケーリング）によって，論理回路の性能向上，集積密度向上，低電力化が図れる．

●理解度の確認●

問 2.1 MOS トランジスタの動作領域について述べ，また CMOS インバータがスイッチング動作する際の MOS トランジスタの動作領域を説明せよ．

問 2.2 電気的特性を図 2.3 に示す n-MOS の線形領域と飽和領域の g_m, g_{ds} の値を求めよ．また，V_t, λ を求めよ．

問 2.3 表 2.2 に示す各領域における g_m, g_m/I_d, g_s, g_{ds} を導け．

問 2.4 小信号 MOS モデルにおける，g_m, g_{ds}, C_{gs}, C_{gd}, C_{db}, C_{sb} の意味を説明せよ．

3 論理回路

　本章ではCMOS論理回路の基本となる各種のゲート回路とフリップフロップ回路の動作原理を学ぶ．論理VLSIの高性能化には，基本ゲートの高速化と低電力化を両立させることが重要である．これまで消費電力は負荷容量の充放電によるものが支配的であったが，スケーリングに伴ってデバイスのオフ時の電流（リーク電流）が増加して消費電力に占める割合がが大きくなるので，リーク電流抑圧が重要な課題となっている[1]-[3]．

3.1 CMOS 論理回路

3.1.1 インバータ

p-MOS と n-MOS を用いた CMOS インバータの回路と断面構造を図 3.1 に示す．図 3.2 にインバータの CMOS インバータの入出力直流伝達特性を示す．入力電圧が $V_{dd}/2$ 付近で出力電圧は急峻に変化する．この変化の傾きが最大となる入力電圧がインバータのしきい電圧 V_{tinv} である．ここで p-MOS と n-MOS のしきい電圧をそれぞれ V_{tp}，V_{tn} とし，ドレーン電流をそれぞれ I_{dp}，I_{dn} とする．ドレーン電流の飽和領域の式（表 2.1）を使い，$V_{gsn} = V_{tinv}$ とすると，n-MOS と p-MOS のドレーン電流は等しいので

$$I_{dn} = \frac{\beta_n}{2}(V_{tinv} - V_{tn})^2 = I_{dp} = \frac{\beta_p}{2}(V_{tinv} - V_{dd} - V_{tp})^2 \tag{3.1}$$

となる．式(3.1)から V_{tinv} を求めると式(3.2)が得られる．

$$V_{tinv} = \frac{V_{dd} + V_{tp} + V_{tn}\sqrt{\beta_R}}{1 + \sqrt{\beta_R}} \quad \left(\beta_R = \frac{\mu_n W_n / L_n}{\mu_p W_p / L_p}\right) \tag{3.2}$$

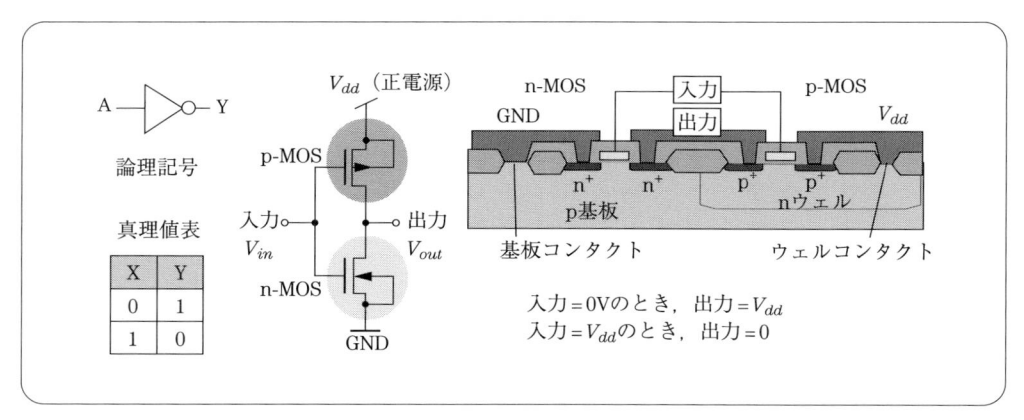

図 3.1 CMOS インバータ

通常 $V_{tinv} = V_{dd}/2$ とするには，p-MOS と n-MOS のしきい値の絶対値が等しく（$V_{tp} = -V_{tn}$），$\mu_n W_n / L_n = \mu_p W_p / L_p$ となるように，W_n，W_p，L_n，L_p を決めればよい．$\mu_n = 2\mu_p$ であるので，通常 p-MOS と n-MOS のチャネル長は最小値（$L_{nmin} = L_{pmin}$）とすると，

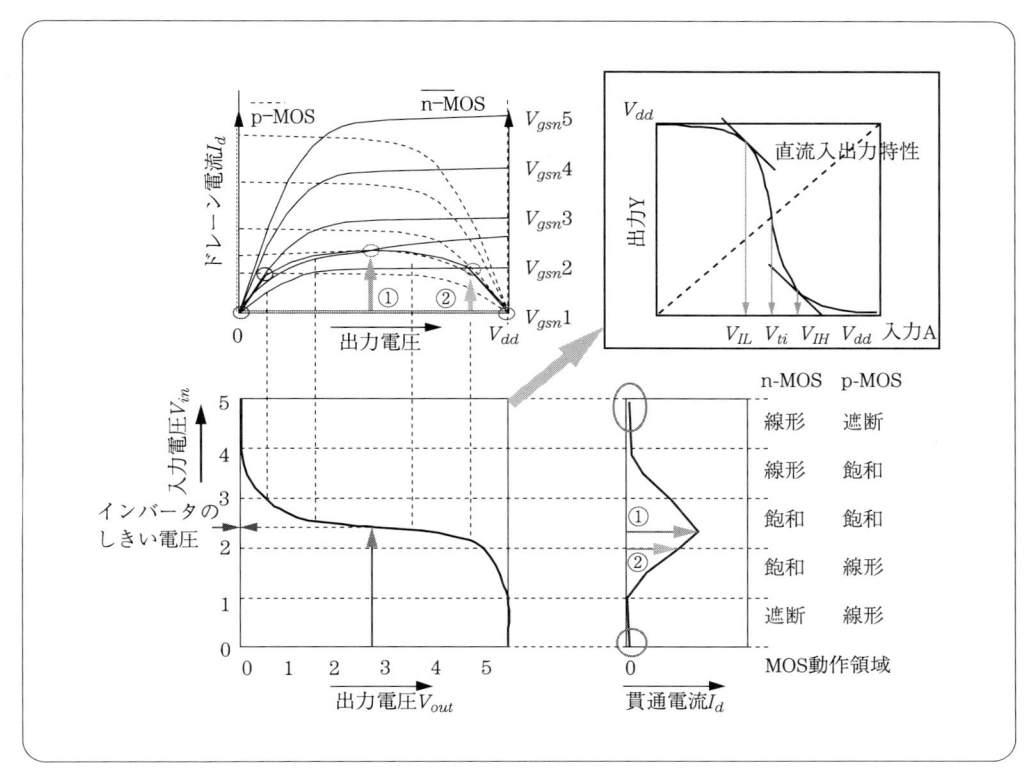

図 3.2 CMOS インバータの特性

$W_p = 2W_n$ とすればよい．

回路を流れる電流は図 3.2 のように求まる．V_{in} が 0 あるは V_{dd} 付近で V_{out} がハイあるいはローを出力する状態では電流は流れないので，電力を消費しない．しかし，V_{in} が V_{tinv} 付近のときは，p-MOS と n-MOS が同時にオンとなるので電源からグランドに貫通電流が流れる．

論理回路の入力雑音が論理動作に許容される量を**雑音余裕**と呼ぶ．図 3.2 の直流伝達特性において，傾きが -1 となる入力電圧が 2 箇所ある．これを V_{IL}，V_{IH} とする．インバータを多段に接続したときに，利得が 1 以上では増幅され誤動作する．利得が 1 以下であれば，減衰するので誤動作しない．したがって，傾きが -1 となる点は雑音余裕を表している．CMOS の論理振幅が V_{dd} と大きく，雑音余裕は大きいので設計しやすい．

3.1.2 NAND ゲート

2 入力 CMOS-NAND ゲートを図 3.3(a) に示す．電源 V_{dd} と出力の間には p-MOS が並列接続，出力とグランドの間には n-MOS が直列接続される．n-MOS のキャリヤ移動度 μ_n

32　　3. 論 理 回 路

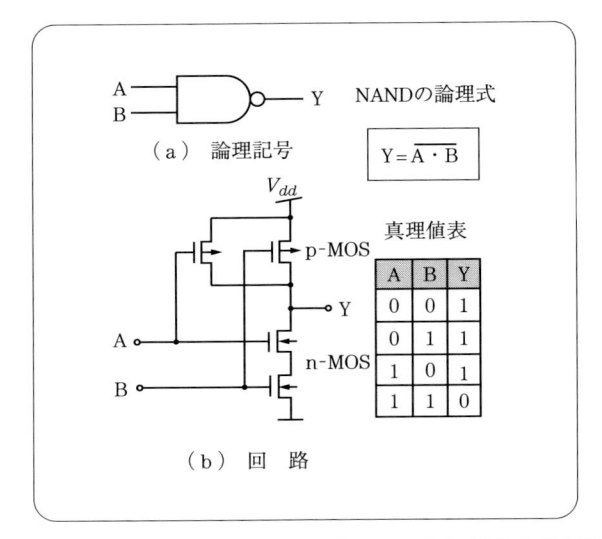

A	B	Y
0	0	1
0	1	1
1	0	1
1	1	0

(a) 論理記号　　NANDの論理式　$Y = \overline{A \cdot B}$

(b) 回路

n 入力の NAND ゲートは n-MOS が n 個直列接続されるので抵抗が増加するのに対して，p-MOS 側は増加しないので，ゲート回路のしきい電圧は上昇する．

図 3.3　2 入力 CMOS-NAND ゲート

は p-MOS のキャリヤ移動度 μ_p よりおよそ 2 倍大きいので，2 入力 NAND のしきい電圧を電源電圧の 1/2 にするためには $W_n = W_p$ とすればよい．

　NAND の入力数を n 入力にするには図(b)に示すようにすればよい．p-MOS 側はオン抵抗が低下するが，n-MOS 側はオン抵抗が増加し，アンバランスになり，回路のしきい電圧が上昇する．この場合，しきい電圧を $V_{dd}/2$ とするために $W_n/W_p = n/2$ とすることが必要である．

　このように n-MOS 側と p-MOS 側のオン抵抗のバランスをとることにより，充電時定数と放電時定数を等しくできる．しかし，n-MOS 側と p-MOS 側の面積がアンバランスになるので入力数 n は 4 入力程度までとする．

3.1.3　NOR ゲート

　2 入力 NOR ゲートを図 3.4 に示す．電源と出力の間には p-MOS が直列接続，出力とグランドの間には n-MOS が並列接続される．NAND の場合と同様に各 MOS をスイッチで置き換えて出力 Y を調べると図に示す真理値表が得られる．論理関数は Y = NOT(A + B) であり，NOR は NOT と OR の合成である．

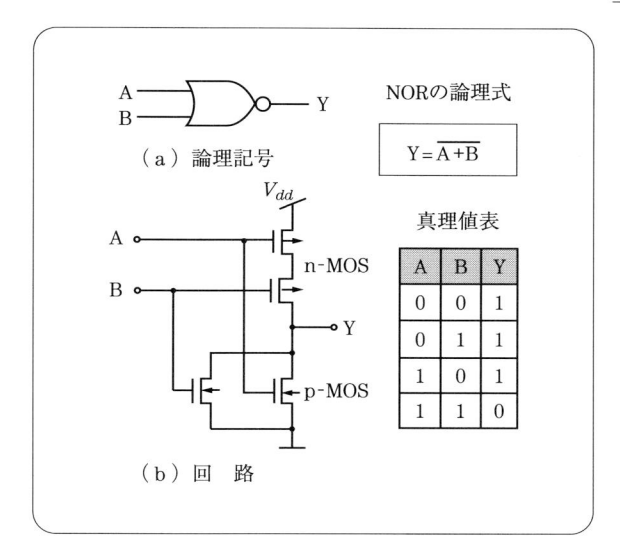

3.1 CMOS 論理回路 **33**

（a）論理記号

NORの論理式
$$Y = \overline{A+B}$$

（b）回路

真理値表

A	B	Y
0	0	1
0	1	1
1	0	1
1	1	0

n 入力の NOR ゲートは p-MOS が n 個直列接続されるので抵抗が増加するのに対して，n-MOS 側は増加しないので，ゲート回路のしきい電圧は低下する．

図 3.4　2 入力 NOR ゲート

3.1.4　トランスミッションゲート

トランスミッションゲート（transmission gate，TG，伝達ゲート）の真理値表と論理記号を図 3.5(a)に示す．制御信号 B がハイであれば出力 Y は入力 A と等しい．一方，B がローであれば Y はハイインピーダンスになり，論理値の決まらない不定状態になる．

〔1〕 **単チャネル型 TG**　　n-MOS または p-MOS を用いたものを**単チャネル型 TG** と呼ぶ．図(b)に n-MOS 型 TG の回路を示す．n-MOS 型 TG でゲートに V_{dd} が加えられている場合，n-MOS がオンして入力電圧が出力される．入力電圧が $V_{dd} - V_{tn}$ より高くなる

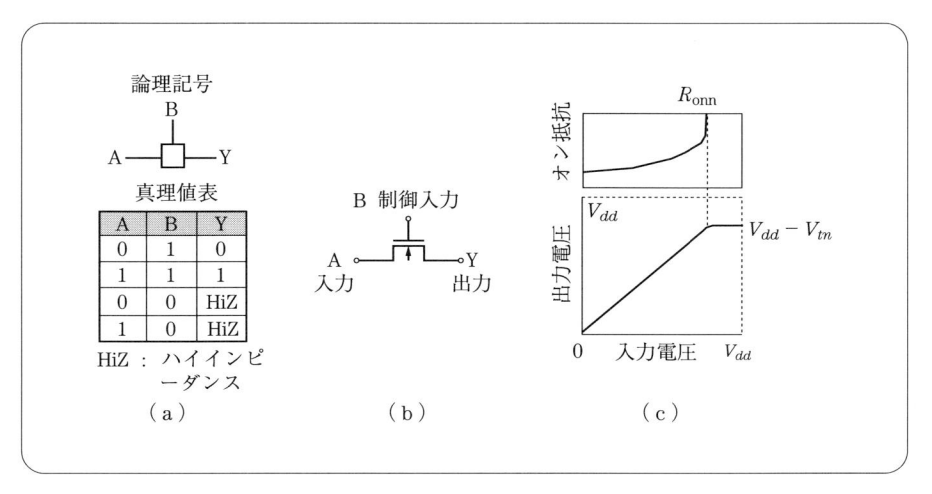

（a）

論理記号

真理値表

A	B	Y
0	1	0
1	1	1
0	0	HiZ
1	0	HiZ

HiZ：ハイインピーダンス

（b）

B 制御入力
A 入力　　Y 出力

（c）

オン抵抗　R_{onn}

出力電圧　V_{dd}　　$V_{dd} - V_{tn}$

0　入力電圧　V_{dd}

図 3.5　n-MOS トランスミッションゲート

と，ソース-ゲート電圧 V_{gs} がしきい電圧 V_{tn} より低くなるために n-MOS がオフとなる．このため，出力電圧は $V_{dd}-V_{tn}$ までしか上昇できない．一方，p-MOS 型 TG では同様の理由によって，ローは p-MOS のしきい電圧 $|V_{tp}|$ までしか下がらない．n-MOS 型 TG のオン抵抗の入力電圧依存性を図（c）に示す．入力電圧が V_{dd} から $V_{dd}-V_{th}$ の状態では MOS はカットオフ状態となるのでオン抵抗が無限大になる．オン抵抗を下げるには MOS の W/L を大きく設計する．単チャネル型は1個の MOS で実現できるので，高密度集積の必要なメモリに用いられる．

〔2〕 **CMOS 型 TG**　図3.6（a）に示すように，n-MOS と p-MOS を並列接続したものを **CMOS 型 TG** と呼ぶ．TG の n-MOS のゲートにオンオフ制御信号 B は接続され，p-MOS のゲートには逆相の $\overline{\mathrm{B}}$ を加える．B がハイのとき，入力電圧がハイで p-MOS がオンとなり，ローで n-MOS がオンとなる．TG のオン抵抗は両者の合成抵抗になり，図（b）のように，全入力電圧にわたって低い値となるので出力電圧の低下はない．制御信号 B がローであれば n-MOS，p-MOS ともはオフになり，出力はハイインピーダンス（HiZ）となる．CMOS 型 TG は単チャネル型の欠点を解決できるので，CMOS 論理回路で広く使用される．

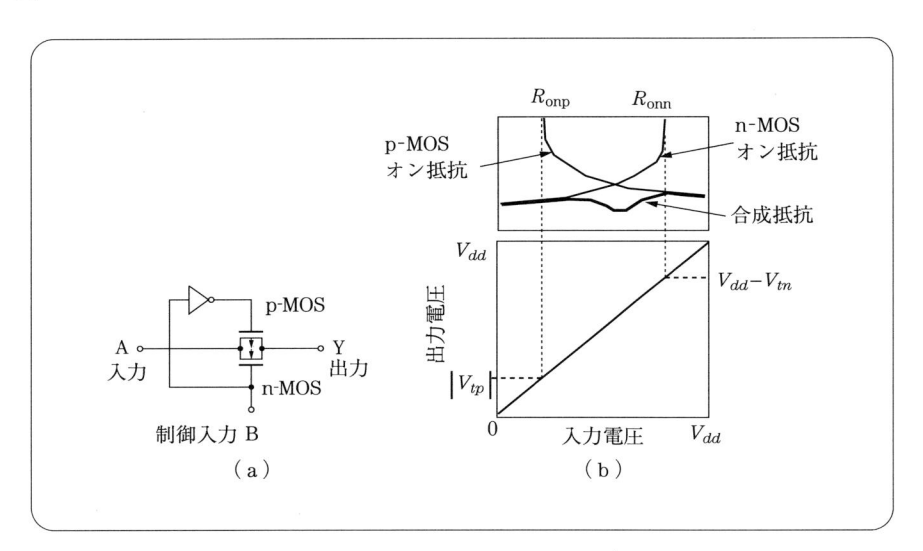

図3.6　CMOS トランスミッションゲート

3.1.5　セレクタ

TG を用いると複数の入力から一つを選択する機能のセレクタ回路を実現できる．セレクタの構成，真理値表，論理式，及び論理記号を図3.7に示す．選択信号 S によって複数の

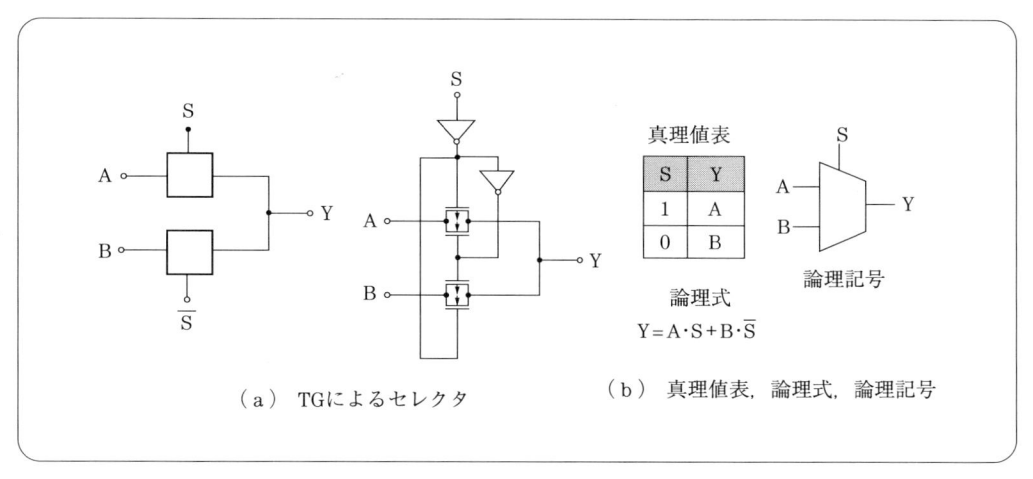

図 3.7 セレクタ

信号 A，B の一方を選択するのに使われる．選択信号 S にクロックを加えて A,B を交互に選択するとデータの多重化，シリアル化ができるので**マルチプレクサ**とも呼ばれる．

CMOS 型 TG による 2 入力のセレクタは 8 個の MOS で作れるが，通常の CMOS ゲートを使って論理を組むと AND ゲート 2 個と OR ゲート 1 個が必要であり，14 個の MOS が必要であり，TG を使うと素子数を大幅に削減できる．

3.1.6 排他的論理和ゲート

排他的論理和（exclusive-OR，EXOR，XOR）は，加算回路などの演算回路で使われる重要なゲートであり，図 3.8(a) に真理値表，論理記号を示す．TG を用いて実現した回路

EXOR ゲートの論理式　$Y = \overline{A} \cdot B + A \cdot \overline{B} = A \oplus B$

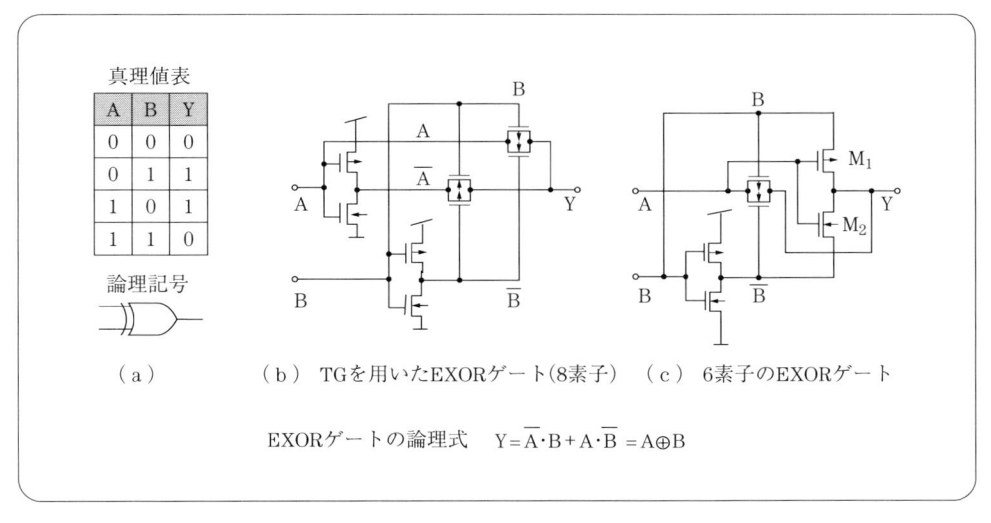

図 3.8　TG を用いた EXOR ゲート

を図(b)に示す．CMOS型TG 2個とCMOSインバータを2個を用い，全部で8個のMOSを使用している．図(c)は素子数を減らしたEXORである．M_1とM_2はTGの役割とインバータの役割を兼ねているために6素子に減少できる．EXORの論理式を二重否定してドモルガンの定理を使って積和型に変形するとNANDとインバータを用いて実現できるが，16個のMOSを必要とし，TGを用いた場合に比べて2倍以上多い．

3.1.7 CMOS複合ゲート

通常のCMOSゲートはV_{dd}と出力の間に接続されたp-MOSパスと出力とグランドの間に接続されたn-MOSパスの一方がオン，他方がオフとなり，ハイあるいはローを出力するものである．これを一般化して複雑な論理を1段のゲートで実現したものを**CMOS複合ゲート**と呼ぶ．回路構成例を**図3.9**に示す．図(a)は，論理関数$Y=\text{NOT}(A\cdot B+C\cdot D)$を実現する論理回路であり，ANDとNORの機能複合されたAND-NOR型複合ゲートである．ANDはMOSスイッチ素子の直列接続で，ORは並列接続で実現できるので，n-MOSパスはMOS-AとMOS-Bの直列，MOS-CとMOS-Dの直列を並列接続して実現できる．p-MOSパスはn-MOSパスが導通のときにはオフになり，定常状態で直流電流が流れないというCMOSの利点を失うことなく，論理の複合化ができる．図(b)に示すOR-NAND型複合ゲートもある．複合ゲートの素子数はCMOSに比較して1/2程度にできる．複合ゲートはMOSの縦積み段数を増加させれば，多入力の論理関数を実現できる．

複合ゲートは1段の論理で複雑な論理関数を実現できるので，論理回路の段数を少なくでき

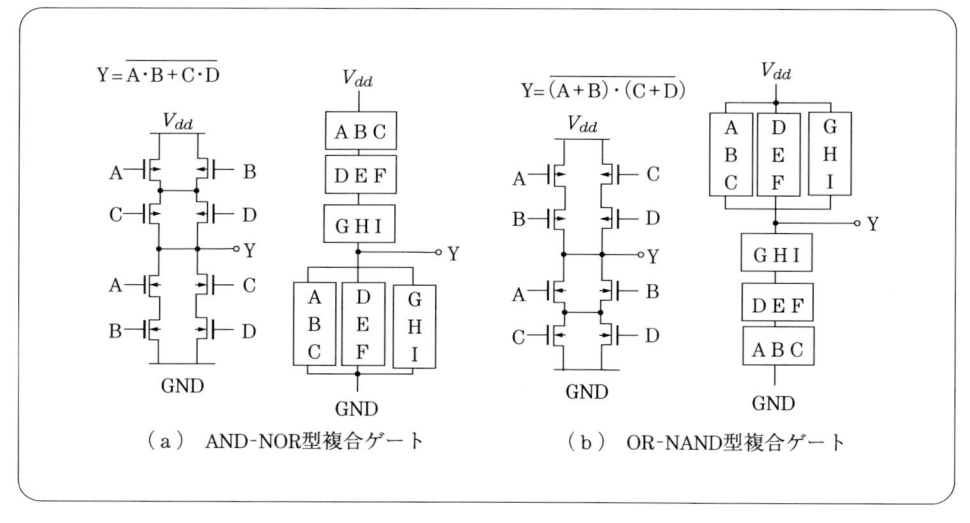

図3.9　CMOS複合ゲート

(a) AND-NOR型複合ゲート

(b) OR-NAND型複合ゲート

る．段数が少ないために遅延時間を短くできる．しかし，複雑な論理を1段で実現すると MOS の縦積み段数が増加することにより，遅延時間が増加する．したがって，論理段数と縦積み段数はトレードオフの関係にある．

3.1.8 クロックド CMOS 論理回路

クロック信号によって動作し，クロックの期間のみ充放電する論理回路をクロックドCMOS 論理回路と呼ぶ．この回路は CMOS インバータの出力に TG を接続したものとほぼ同じである．この回路ではクロックがハイレベルになって出力が変化する際に，入力 A が既に確定していると，充放電する寄生容量はクロック動作する MOS のみであるので，動作速度が速い．また，クロックド CMOS はレイアウトがしやすくチップ面積を小さくできるという利点ももつ．

3.1.9 ダイナミック CMOS 論理回路

図 3.10 (a) に示す回路をダイナミック CMOS 論理回路と呼ぶ．クロックがローになると

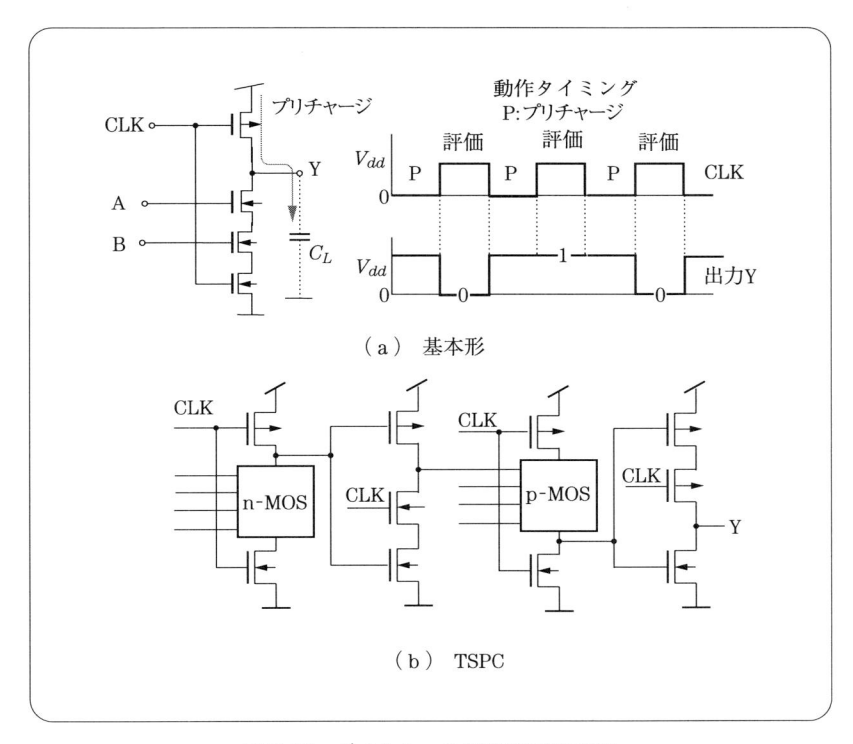

図 3.10 ダイナミック CMOS 論理回路

p-MOS がオンになって，出力ノードはプリチャージされてハイになり，次にクロックがハイになると入力の n-MOS パスがオンになる場合は放電されてローになる．このように出力の情報が寄生容量 C_L に記憶されるので**ダイナミック論理**と呼ばれる．

ダイナミック CMOS 論理は入力が n-MOS のみに接続されるので，普通の CMOS 論理に比較して，素子数は少なく，n 入力では $n-2$ 個少なくなる．もっと複雑な論理では素子数減少の効果は大きくなる．4 入力の AND+NOR ゲートでは 8 個少なく，複合ゲートと比べても 2 個少ない．また，通常入力に接続される MOS 数が 1/2 であり負荷容量が小さいので，高速動作する利点もある．しかし，プリチャージのための消費電力が大きい．また，寄生容量の電荷は MOS のリーク電流で失われるので，あまり長時間は保持できない．したがって，ダイナミック論理のクロック周波数には下限があり，10 kHz 程度である．

多段構成のダイナミック論理回路として図(b)に示す **TSPC**（true single phase clocked）と呼ばれる回路がある．n-MOS と p-MOS を交互に用いることにより，単相のクロックによって高速に動作させることができる．ダイナミック論理にはほかにもドミノ論理など各種の構成がある[2]．

3.1.10　電流モード論理回路

MOS 差動対を用いた電流モード論理（current mode logic, CML）回路を図 3.11 に示す．ソースを結合した差動回路の 2 個の MOS（M_1，M_2）のゲートに入力 A，$\overline{A}$ を加えて，バイアス電流（I_b）を M_1 から M_2 の一方に流して論理動作させる．論理振幅は電流値と負荷抵抗の積できまり，0.3〜1 V 以下に設計する．CML の利点は 5 GHz 以上の高速動作が可能である．電源電流の過渡的変化が少ないので，スイッチング雑音が CMOS 論理に比べて 1/2 以下程度である．CML の欠点は，定電流で動作するので消費電力が大きいことである．

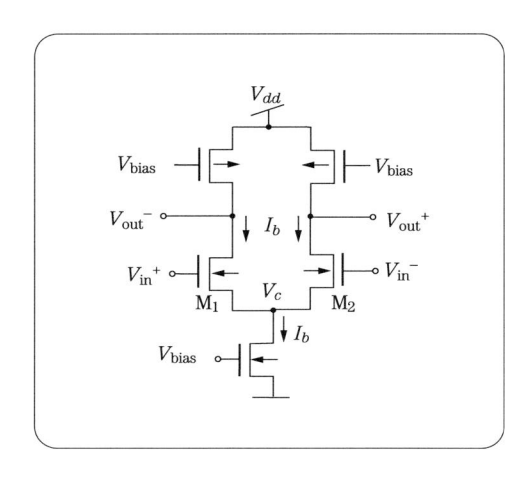

図 3.11　電流モード論理回路

3.2 CMOS論理回路の動作速度

3.2.1 ゲート遅延時間

CMOSインバータの遅延を考える．図 3.12(a)に示すように，ゲート遅延時間 t_{pd} は入力側のMOSがスイッチングする時間と，出力の負荷容量 C_L が充放電される時間によって決まる．一方，t_r，t_f は主として C_L が充放電される時間によって決まる．C_L の要因はゲートの出力容量，ゲートの入力容量，配線容量の3種類である．着目するゲートの出力端子に接続される次段のゲートの入力容量が負荷容量になる．接続されるゲート数を**ファンアウト数**（fan out）と呼ぶ．標準的なゲート入力容量にファンアウト数を乗じたものが負荷容量になる．

C_{dp}：p-MOSドレーン容量　　C_{gn}：n-MOSゲート容量
C_{dn}：n-MOSドレーン容量　　C_w：配線容量
C_{gp}：p-MOSゲート容量　　　　（単位長さ当り）

（a）動作速度の評価　　（b）CMOS論理の遅延時間の要因

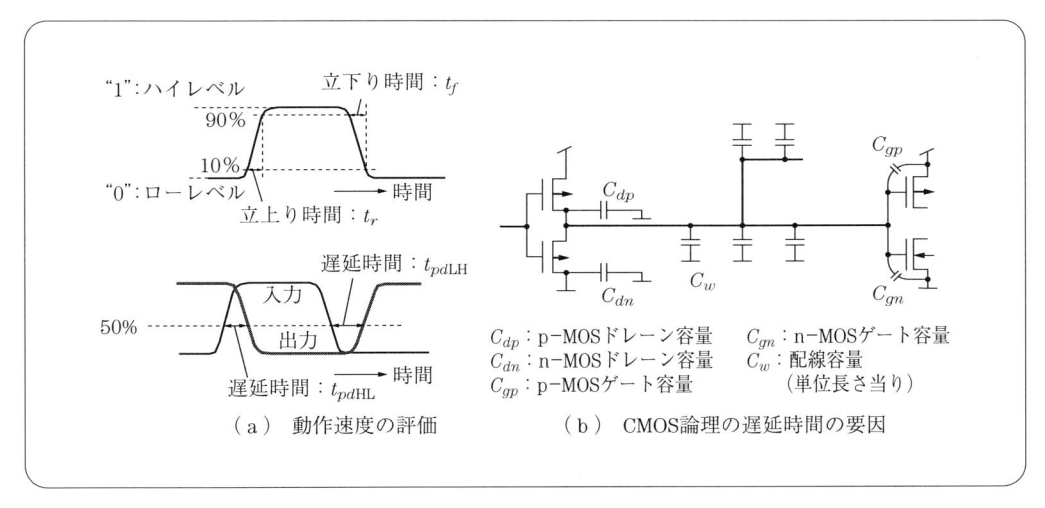

図 3.12　遅延時間とその要因

大きな負荷容量を駆動する場合には，図 3.13 に示す CMOS インバータを多段接続したカスケードドライバが用いられる．ドライバの遅延時間を小さくするには，各インバータのMOSのチャネル幅は標準的なサイズに対して係数 a かけて徐々に大きくすることが必要である．このカスケードドライバの遅延時間 τ は

40   3. 論 理 回 路

図 3.13 のカスケードドライバにおいて，各インバータのサイズを $\alpha=2.718$ 倍にすると遅延時間が最小になる

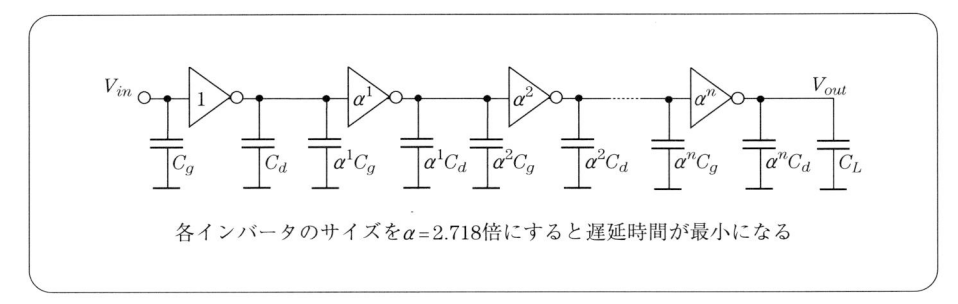

図 3.13 カスケードドライバ

$$\tau = \frac{\ln(C_L/C_g)}{\ln \alpha} \tau_0 \left(\frac{C_d + \alpha C_g}{C_d + C_g} \right) \tag{3.3}$$

ここで，τ_0, C_g, C_d：基本ゲートの遅延時間，ゲート容量，出力ドレーン容量，C_L：全負荷容量

なお，$\partial \tau / \partial \alpha = 0$ とし，τ の最小値を求めると，ドレーン容量 C_d がゲート容量 C_g に比べて小さいという条件では $\alpha = 2.718$ になる[4]．

3.2.2　配線による遅延時間

集積回路の微細化に伴って，ゲート遅延時間に比較して配線遅延時間が支配的になる．MOS の微細化により g_m の向上と寄生容量の減少によって，ゲート遅延時間は短くなる．一

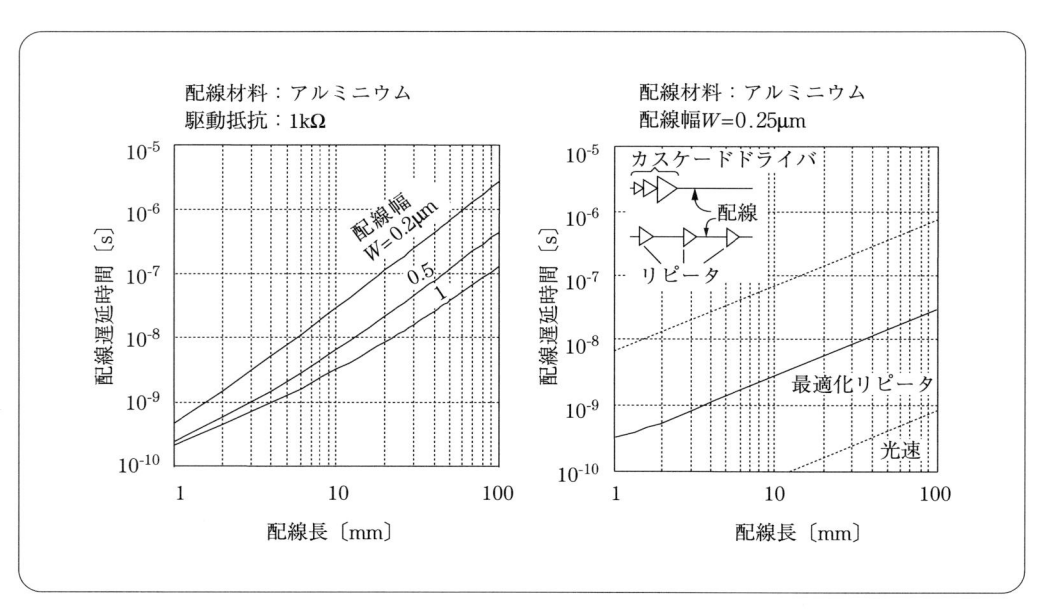

図 3.14 配線遅延時間

方，導体幅を減少させると抵抗成分が増加し，導体基板間と導体間の間隔を減少させると配線容量が増加するために，配線の遅延時間が長くなる．図 3.14 に配線遅延時間の配線長依存性を示す．図 (a) は駆動抵抗 $R_{drv}=1\,\mathrm{k\Omega}$ のゲート 1 個で駆動した場合である．駆動力を高くするのにチャネル幅 W を約 3 倍にしたインバータの多段接続（カスケードドライバ）を用いる．図 (b) は配線幅 $W=0.25\,\mathrm{\mu m}$ として配線を駆動する回路を改善した場合である．リピータ方式は一定の配線長ごとにバッファ回路を挿入して，駆動力を高めるものである．リピータ自体の遅延時間が加わるが，リピータ間隔とチャネル幅を最適に設計すると，カスケードドライバに比べて 1 桁以上遅延時間が短くなる．

着目する配線に隣接する配線の電圧変化によって容量が変化する．隣接する配線が逆相に動作する場合は配線間に論理振幅の 2 倍の電圧がかかり，容量が 2 倍にみえるので，遅延時間が大きくなる．

LSI の配線は厳密には分布定数線路として解析する必要があるが，解析時間を短くするために，図 3.15 に示す各種の配線モデルが用いられる．集中定数モデルには配線の抵抗成分を無視して配線容量を 1 個の容量で近似する集中 C モデルがあり，配線抵抗も考慮した集中 RC モデルがある．これらは短い配線の場合に用いられる．配線長が長くなると集中定数 RC 回路を縦続接続した RC ラダーモデルが用いられる．抵抗成分に対してインダクタンス成分が支配的となる場合は，無損失の LC 線路モデルを用い，配線抵抗を無視できない場合，RLC 線路モデルを用いる．

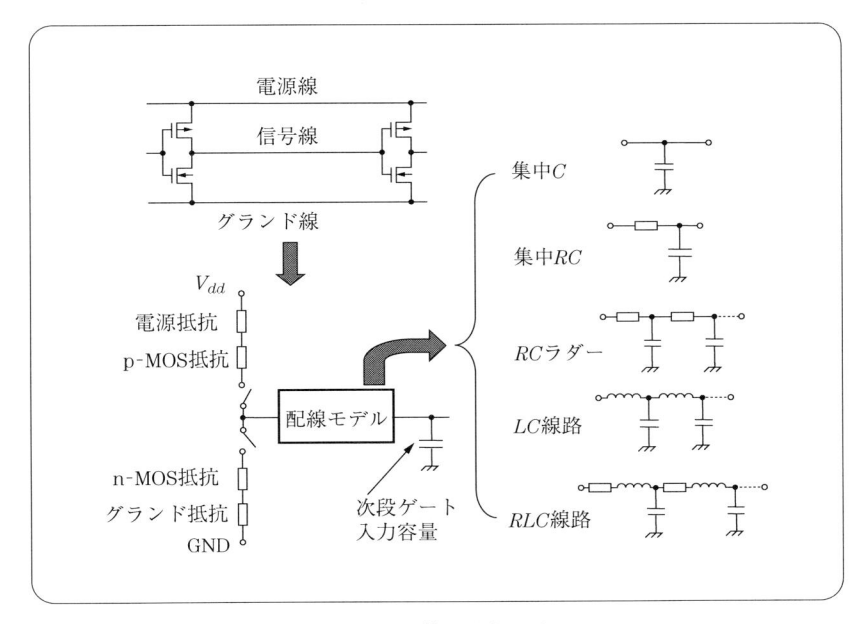

図 3.15 配線の回路モデル

3.3 CMOS 論理回路の消費電力

3.3.1 CMOS 論理回路の消費電力の要因

〔1〕 **負荷容量の充放電による消費電力** 図 3.16 に充放電による消費電力の求め方を示す．CMOS 論理の等価回路で出力がハイになる際に，p-MOS を通して電源 V_{dd} から電流が流れ，負荷容量 C_L を充電する．充電でエネルギーが蓄積されると，p-MOS のソース－ドレーン抵抗 R_p でジュール熱が発生して電力が消費される．p-MOS と n-MOS の消費電力はそれぞれ $(1/2) C_L V_{dd}^2$ であり，1 回の充放電で $C_L V_{dd}^2$ のエネルギーが消費される．動作周波数を f とすると充放電による消費電力は $f C_L V_{dd}^2$ となる．

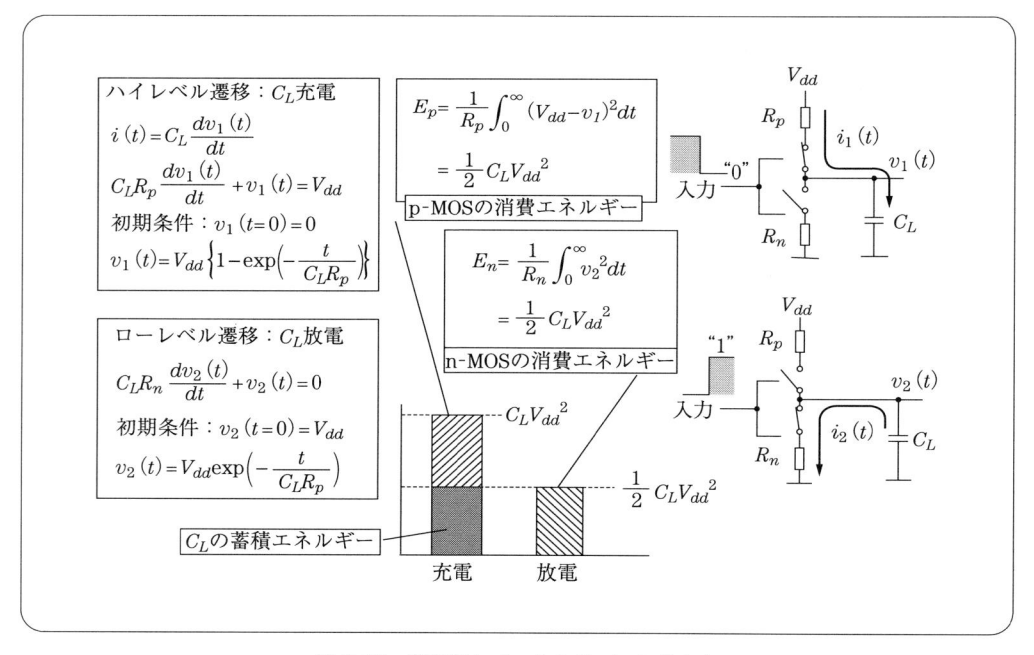

図 3.16 消費電力（エネルギー）の求め方

〔2〕 **貫通電流による消費電力** 貫通電流の時間波形を $I_{sc}(t)$ とすると，1 回のスイッチングによる消費エネルギー E_s は

$$E_s = \int V_{dd} \cdot I_{sc} \, dt \tag{3.4}$$

で与えられる．単位時間のスイッチング回数を f とすると，**消費電力**は fE_s になる．入力パルスの立上り時間 t_r，立下り時間 t_f が長いと貫通電流の流れる時間が長くなり，電力消費が増える．デバイスの微細化に伴って電源電圧を低下させるとゲート遅延時間が長くなるので，これを補うために MOS のしきい電圧を下げると p-MOS と n-MOS が同時にオンする時間が長くなるので貫通電流は増加する．

〔3〕 **リーク電流による消費電力**　CMOS インバータや NAND ゲートでは，p-MOS か n-MOS の一方がオンで他方がオフである．オフ状態にある MOS に流れる電流であるので，**スタンバイリーク電流**とも呼ばれる．その要因は**図 3.17**に示すように，サブスレッショルド電流，接合リーク電流，ゲートトンネル電流である．MOS のスケーリングにより電源電圧を下げると，電流駆動能力を保つために，しきい電圧 V_t を低下させる必要がある．その際のサブスレッショルド電流の増加は 1 桁/ΔV_t=100 mV である．これは 1 個のゲート当り 10 nA 程度の微小電流であるが，100 万ゲートの LSI では 10 mA 程度になる．トンネル電流もゲート絶縁膜厚低下により 1 桁/0.2 nm 増加し，接合リークも不純物濃度の増加に伴って増加する．充放電による電力消費が支配的であったが，スケーリングに伴って，リーク電流による消費電力が充放電電力と同じオーダになりつつある．したがって，リーク電流低減が重要課題である．

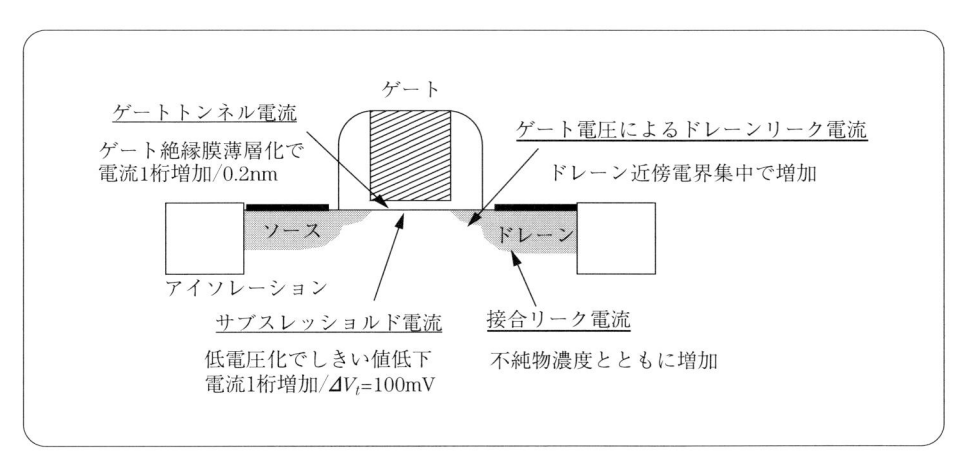

図 3.17　スケーリングによるリーク電流の原因

3.3.2　CMOS-VLSI の消費電力

負荷容量の充放電による消費電力が支配的である場合には，CMOS 論理ゲート当りの消費電力は $p = fC_L V_{dd}^2$ となる．ここでゲートのスイッチング頻度（1 s 当りの充放電回数）を f，負荷容量を C_L，電源電圧を V_{dd} とする．ゲートの平均遷移頻度を f_{av}，クロック周波

数を f_c, ゲートが遷移する確率を**活性化率**と呼び, その平均値を α_{av} とすると, 全ゲート数が N の LSI の消費電力 P_{LSI} は

$$P_{LSI} = N f C_L V_{dd}^2 = N \alpha_{av} f_c C_L V_{dd}^2 \tag{3.5}$$

CMOS-VLSI の消費電力の全要因を図 3.18 にまとめて示す.

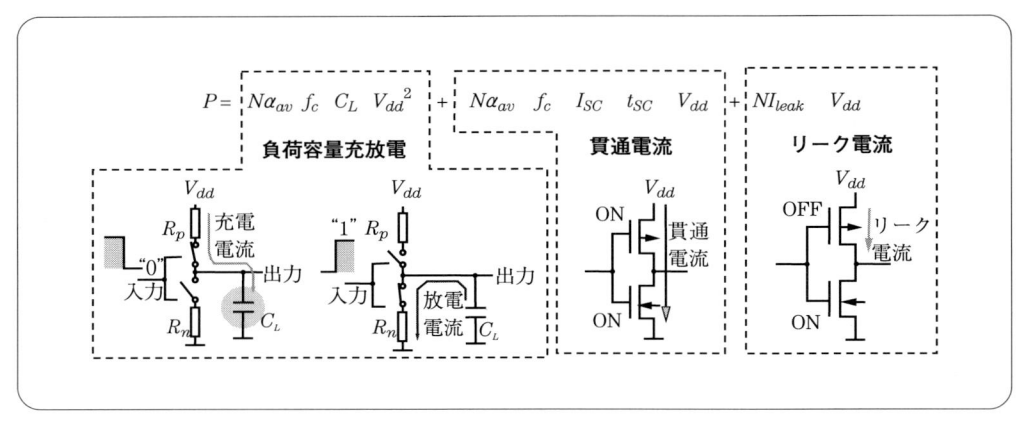

図 3.18 CMOS-VLSI の消費電力の要因

デバイスのスケーリングに伴ってリーク電流による消費電力を抑える方法を述べる.

〔1〕 **MT-CMOS**   図 3.19 に示すように, 高しきい値の MOS を電源と回路の間に直列に挿入して, 非動作時に電流を遮断する方法 (multi threshold CMOS, MT-CMOS) が提案された[5]. 特別の電源回路は不要であるが, スタンバイ時の内部のラッチ状態が不定になる問題があるので, これを解決するための保持回路の追加が必要である.

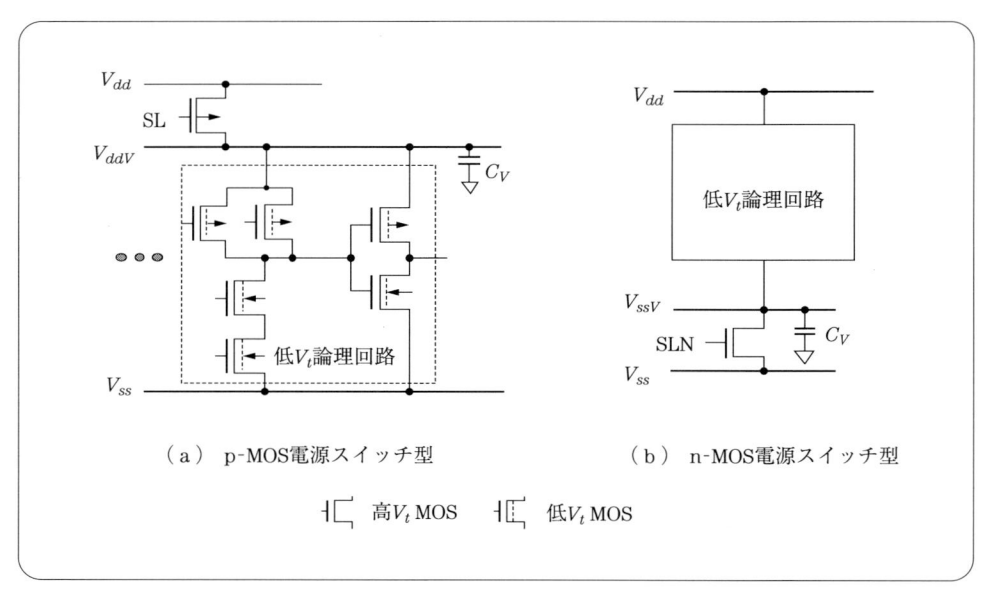

図 3.19 MT-CMOS

〔2〕 **VT-CMOS** 図3.20に示すように非動作時に基板バイアス電圧をかけて，MOSのしきい値を上げてリーク電流を減らす方法（variable threshold CMOS，VT-CMOS）が提案された[6]．電源電圧 V_{dd} や V_{ss} を超えた基板バイアス電圧を発生するためのチャージポンプ回路が必要であり，デバイスの信頼性を考慮する必要がある．

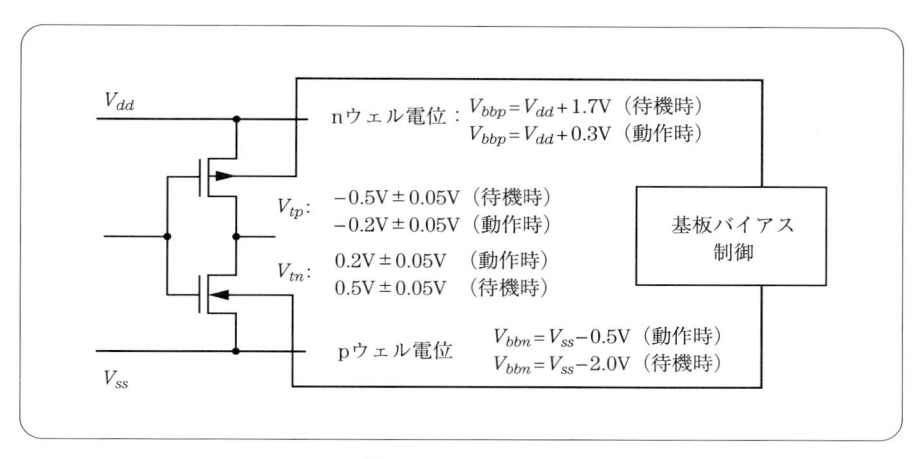

図3.20 VT-CMOS

3.4 制御回路

順序回路とは内部に情報を記憶する機能を持つ論理回路である．まず論理回路に記憶機能を持たせるためのフリップフロップやレジスタについて述べる．論理システムの主流は全体が一つのクロックで動作する同期システムであるが，ハードウェアによる制御回路とプログラム制御回路について述べ，1 GHz 以上の高周波クロックを論理ブロックに供給し，動作させる方法を述べる．

3.4.1 レジスタ

Dタイプフリップフロップ（D-FF）は，図3.21に示すように，マスターラッチとスレーブラッチで構成され，クロックがハイになるときに入力データDを取り込んで1クロック期間，保持・遅延させる機能をもつ．セット，リセット機能付きD-FFはラッチのインバータをNAND，NORに置き換えることで実現できる．

46　　3. 論 理 回 路

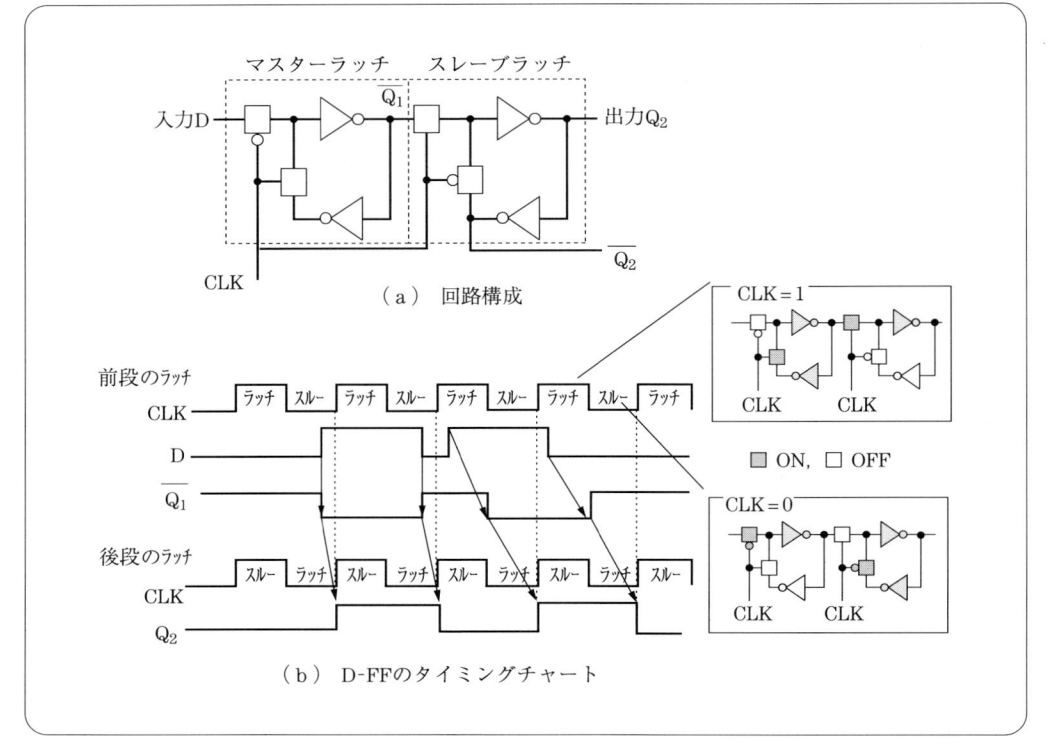

図 3.21　D タイプフリップフロップ (D-FF)

　ダイナミック D-FF はダイナミック論理に対応しており，寄生容量にデータを保持するものである．単相クロック動作，二相クロック動作がある．素子数が少なく，高速に動作するが，保持時間がリーク電流で制限される．

3.4.2　同期システム

　加算器や乗算器などは論理式で表現され，ある入力に対して出力が決まる回路であり，**組合せ回路**と呼ばれる．これに対して**順序回路**は**図 3.22** に示すように，組合せ回路と FF で構成される．入力と内部状態によって組合せ論理回路が動作し，その結果が次の状態として FF に記憶される．その状態変化は状態遷移図で表現される．

　同期回路は FF にクロックパルスが供給され，それに同期して状態遷移するものである．ほとんどの論理システムは同期回路で構成される．同期システムの構成を**図 3.23** に，タイミングチャートを**図 3.24** に示す．動作速度を決めるのはクロックの周期 T_c であり，これはクロック周波数の逆数である．t_{ld} を組合せ論理回路の遅延時間，t_{setup} を FF のセットアップ時間，t_{dFF} を FF の遅延時間，t_{skew} をクロックのタイミングの偏差（**スキュー**と呼ば

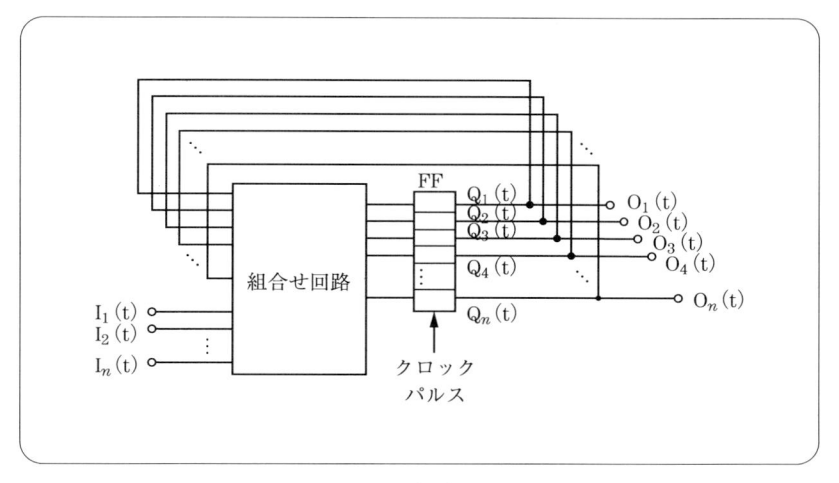

図 3.22 順序回路

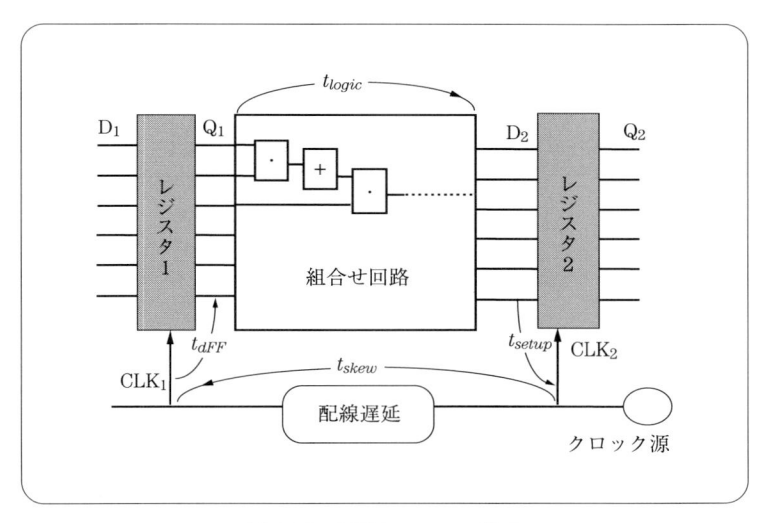

図 3.23 同期システムの構成

れる）とすると，T_c は

$$T_c > t_{ld} + t_{setup} + t_{dFF} + t_{skew} \tag{3.6}$$

で制限される．

MPU では多ビット（32, 64 bit）の演算回路がの論理段数が数 10 段と多いので，t_{ld} が支配的である．

例えば $t_{ld} = 0.1\,\mathrm{ns} \times 30$ 段，$t_{setup} = 0.1\,\mathrm{ns}$，$t_{dFF} = 0.1\,\mathrm{ns}$，$t_{skew} = 0.2\,\mathrm{ns}$ とすると $T_c = 3.4\,\mathrm{ns}$ となる．一方，高速クロックで動作する通信 LSI では，論理段数が少なく 5 段とすると，$t_{ld} = 0.1\,\mathrm{ns} \times 5$，$t_{setup} = 0.1\,\mathrm{ns}$，$t_{dFF} = 0.1\,\mathrm{ns}$，$t_{skew} = 0.2\,\mathrm{ns}$ で $T_c = 0.9\,\mathrm{ns}$ となり，t_{skew} の占める割合が大きくなる．チップサイズと回路規模の拡大により配線長が長くなるので，

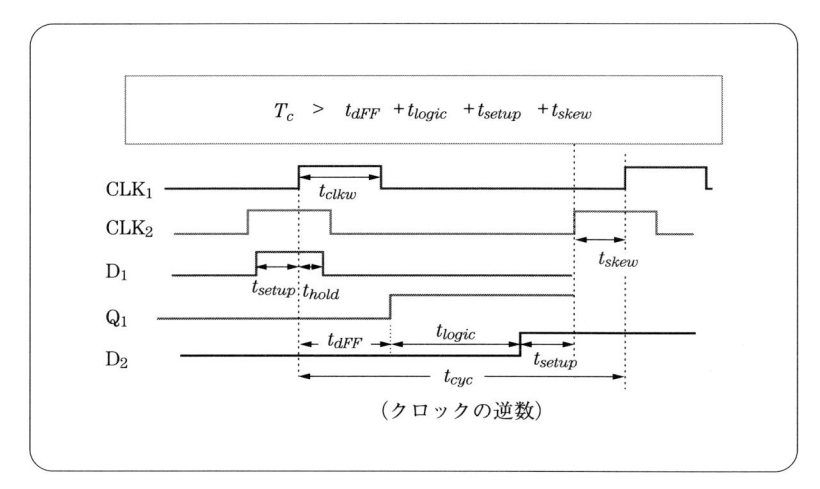

図3.24 同期システムのタイミングチャート

t_{skew} を抑えることが重要になる．

論理回路の動作が速い場合，クロックのスキューによってはFFが1クロック先の結果を取り込む可能性がある．この誤動作を起こさないためには，FFのホールド時間を t_{hold} とすると

$$t_{dFF} + t_{ld} > t_{hold} + t_{skew} \tag{3.7}$$

の関係が必要である．

3.4.3 カウンタ

最も簡単な順序回路は分周器である．D-FFの反転出力をD入力に帰還をかけることにより，クロックが立ち上がるごとに出力が遷移するので，周波数が1/2になる．更にD-FFを用いると図3.25(a)のように4 bitの非同期カウンタを構成できる．これは16個のパルスを計数して出力を出す．このカウンタはビット数に比例して動作する論理段数が増加するので高速動作には向かない．

高速動作には図(b)に示す同期カウンタが用いられる．n〔bit〕の同期カウンタでは n 個のD-FFのすべてにクロックが供給され，論理段数はビット数によって増加しないので高速動作が可能である．これらを基本にした種々のカウンタがシーケンス制御，プログラム制御などに用いられる．

(a) 非同期カウンタ

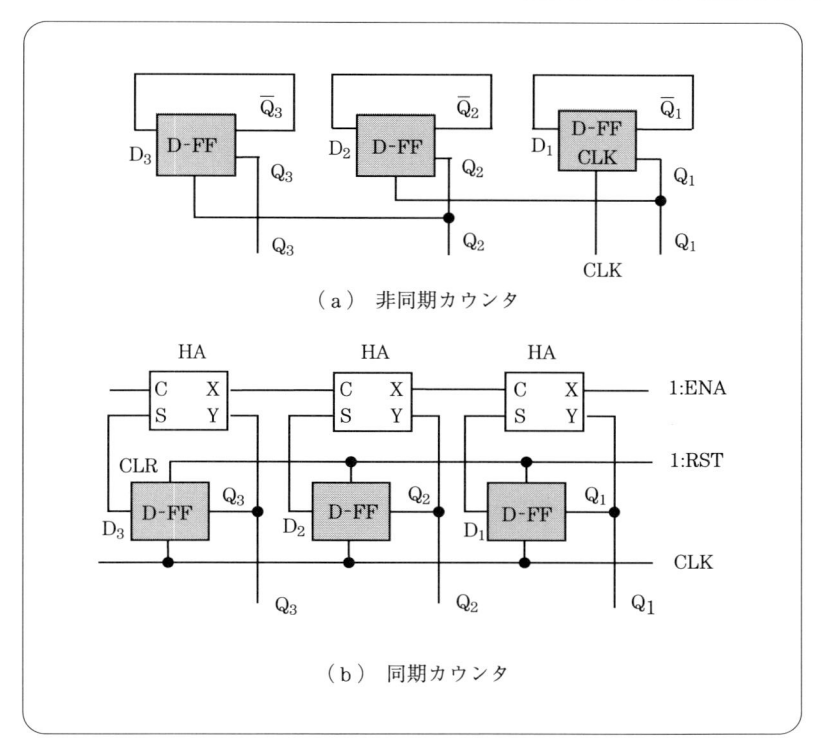

(b) 同期カウンタ

図 3.25 カウンタ

本章のまとめ

❶ CMOS論理回路は論理振幅が V_{dd} に等しく，雑音余裕が大きい．また，遷移しないときには電流が小さいので低消費電力である．

❷ 遅延時間は論理回路の負荷容量と駆動電流によって決まる．遅延時間は負荷容量の低下，駆動電流の増加により短くできる．

❸ CMOS論理回路の消費電力は寄生容量の充放電電流，遷移時の貫通電流，スタンバイ時のリーク電流で決まる．高速動作と低電力化を両立させることが重要な課題となっている．

❹ 組合せ論理回路は内部にFFを持ち，FFにより状態を記憶し，入力の状態に応じて状態遷移する．シーケンス制御に用いられる．

❺ 全体が同一のクロックで動作する同期システムの高速化には，論理回路やレジスタの遅延時間とともに，クロックのタイミング偏差（スキュー）を低減させることが必要である．

●理解度の確認●

問 3.1 多入力 NAND ゲートの入力数が 4 以下に制限される理由を述べよ.

問 3.2 CMOS による EXOR ゲートの回路を，NAND ゲート，インバータ，トランスミッションゲート，複合ゲートなどを使って 3 種類以上書け．それらについてトランジスタ数の少ない構成，ゲート段数の少ない構成など特徴を比較せよ．

問 3.3 CMOS-VLSI の消費電力を表す式を求めよ．以下のパラメタの消費電力を求めよ．電源電圧 3 V，論理ゲート数 100 万ゲート，クロック周波数 500 MHz，活性化率 10 %，1 ゲート当りの負荷容量の平均値 0.5 pF，1 ゲート当りの貫通電流の振幅 0.1 mA，時間幅 0.2 ns，1 ゲート当りのリーク電流 100 nA の VLSI の消費電力を求めよ．

問 3.4 D-FF のクロック対データ出力の遅延時間，セットアップ時間，ホールド時間を求めよ．ただし，インバータ遅延時間を t_{div}，スレーブラッチの出力インバータ遅延時間を t_{div}，トランスミッションゲート遅延時間を t_{dtg} とする．

問 3.5 同期システムの利点と欠点を述べよ．また，クロックを使わない非同期システムの構成と特徴を調べよ．

4 論理 VLSI

　本章では CMOS 論理 VLSI について述べる．その基本ブロックとなるディジタル演算回路（加算，乗算），論理動作の制御回路とクロック供給回路について述べる．そして論理 VLSI の代表例としてマイクロプロセッサの構成と動作について述べる．処理能力を上げるためにプログラムの並列実行などのためのアーキテクチャの進歩が著しい．CMOS 論理演算回路の設計を習得するには具体的な設計例の多い教科書[1]が役にたつ．

4.1 ディジタル演算回路

4.1.1 加算回路

〔1〕 **全加算回路** 2進数の加算は，Aを被加算数，Bを加数とし，Sを和(sum)，Cを桁上げ(carry)とすると，$S=A+B$，$C=A \cdot B$の論理式で実現できる．実際には複数ビットであるので2桁目以上では下位桁からの桁上げC_iがあり，3入力(A, B, C_i)，2出力(S, C_o)が必要となる．これを**全加算回路**(full adder, FA)と呼び，その真理値表を**図4.1**(a)に示す．この論理式を実現する論理関数を図(b)に，マンチェスタ型加算回路を図(c)に示す．和Sを演算するのに必要な，EXORゲートにTGを用い，キャリーの伝搬経路(C_iからC_o)をTG1段で実現できるので，遅延時間が短く，トランジスタ数が18個と少ない．

A	B	C_{i-1}	S	C_i
0	0	0	0	0
0	1	0	1	0
1	0	0	1	0
1	1	0	0	1
0	0	1	1	0
0	1	1	0	1
1	0	1	0	1
1	1	1	1	1

(a) 真理値表

和　　$S = (A \oplus B) \cdot \overline{C_i} + \overline{(A \oplus B)} \cdot C_i$
　　　　$= (A \oplus B \oplus C_i)$
キャリー　$C_o = A \cdot B + (A+B) \cdot C_i$
　　　　$= C_i \cdot (A \oplus B) + B \cdot \overline{(A \oplus B)}$

(b) 論理関数

(c) マンチェスタ型加算回路

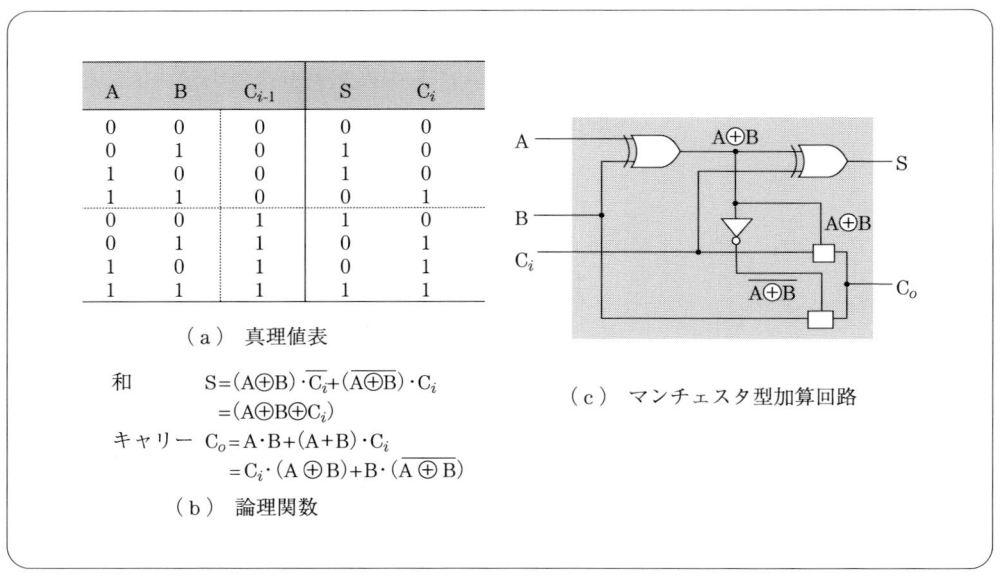

図4.1 全加算器（FA）

CMOS複合ゲートを用いて全加算回路を実現することもできる．AND-NOR型複合ゲートを用いた全加算回路を**図4.2**に示す．キャリーC_oと和Sはインバータを通して出力して，負荷駆動能力を向上させている．入力からキャリー出力までの論理段数は2段，和出力

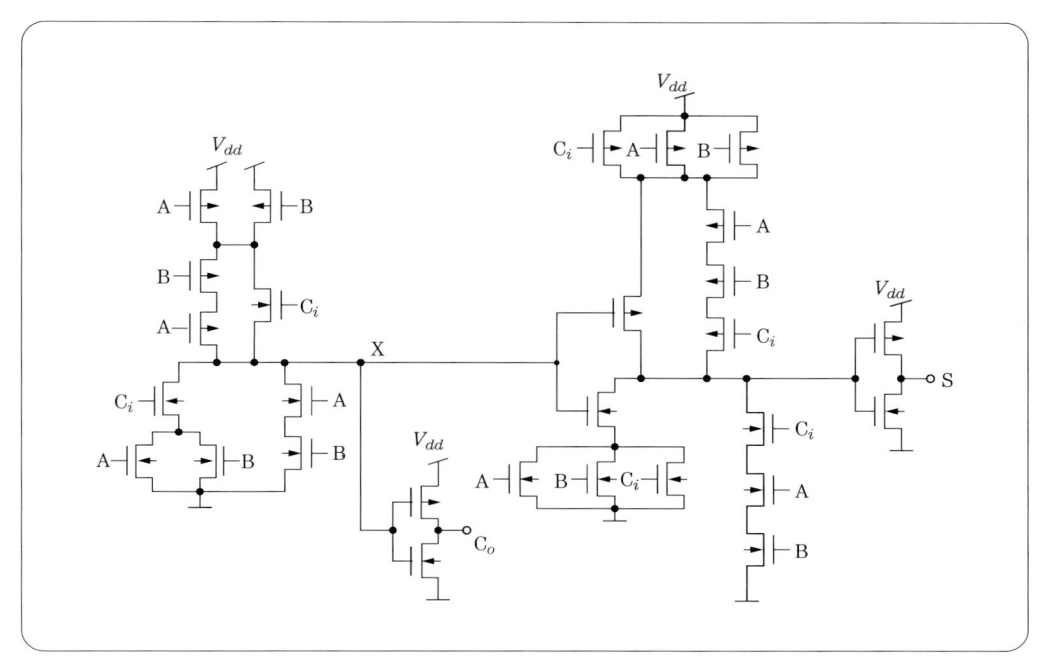

図4.2 複合ゲートを用いた全加算回路

までは3段であり，論理段数が少ないので，高速に動作することが特徴である．しかし，マンチェスタ型加算回路に比べると，トランジスタ数は28個と多く，また入力のファンイン数が大きいため負荷容量が大きいことが欠点である．

〔2〕 **n ビット加算回路**　nビットの加算器は，**図 4.3** に示すように 1 bit の全加算器を n 個接続することにより構成できる．下桁のキャリーが"1"の場合には上位へのキャリーの伝搬が起きるので，**リプルキャリー加算器**と呼ばれる．加算するデータによっては最下位桁から最上位桁までキャリーが伝搬する場合があり，加算時間はキャリーの伝搬時間で決まるので，これを短くすることが重要である．図 4.1(c) に示したマンチェスタ型加算回路はキャリーの遅延時間が短いので，リプルキャリー加算回路に適している．キャリーの伝

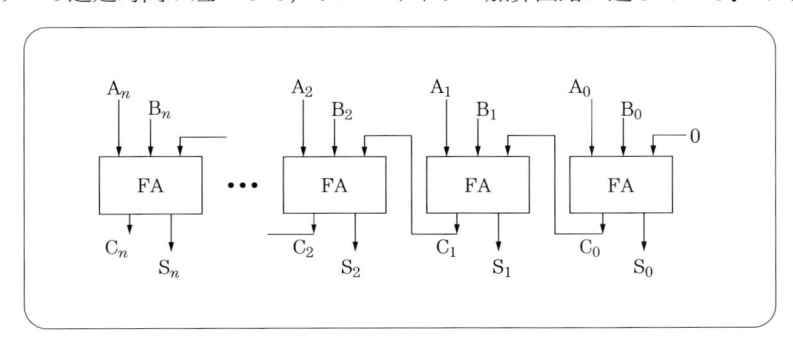

図 4.3 リプルキャリー加算器

搬が起こらない回路として，キャリールックアヘッド（CLA）加算回路が使われる．キャリーを高速に演算するためのCLA回路を追加したものである．CLAのビット数が多くほど高速になるがMOSの数が増加するので，4 bitのCLA回路を従属接続して多ビット構成とするのが一般的である．

4.1.2 減算回路

減算を行うと負の数が発生するが，負数の表現には通常2の補数を使う．2の補数は各ビットを反転して最下位に"1"を加算することにより得られるので，インバータと加算器を用いることにより2の補数演算回路を実現できる．A−Bの減算を行うには，まず2の補数$-\overline{B}$を求め，これをAに加算する．このアルゴリズムによる減算回路を**図4.4**（M=1の場合）に示す．2の補数演算のための"1"の加算とAと−Bの加算を同一の加算器で実現している．また，M=0とすれば加算となるので図4.4で加減算回路が実現できる．

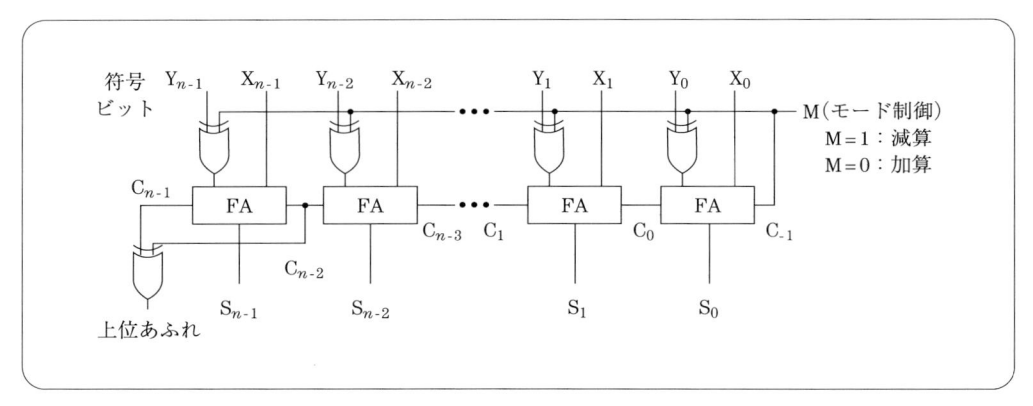

図4.4 加減算回路

4.1.3 乗算回路

〔1〕**並列乗算回路** キャリーセーブ型並列乗算回路を**図4.5**に示す．n〔bit〕の被乗数Xと乗数Yの各ビットが並列に演算されるので，**並列乗算回路**と呼ばれる．被乗数Xと乗数Yの線の交点にn^2乗個のANDゲートを置いて部分積を演算する．桁ごとにすべての部分積を加算するのに$n(n-1)$個の加算器が必要であるが，これをアレー状にレイアウトできるので，チップ面積を小さくできる．キャリーはどの加算器で加算しても同じであるので，左横の加算器でなく，左下に入力する構成である．キャリー伝搬経路が斜めになり論理段数が短くなり，高速化が可能である．最終列の加算ではCLAを用いることにより，高速

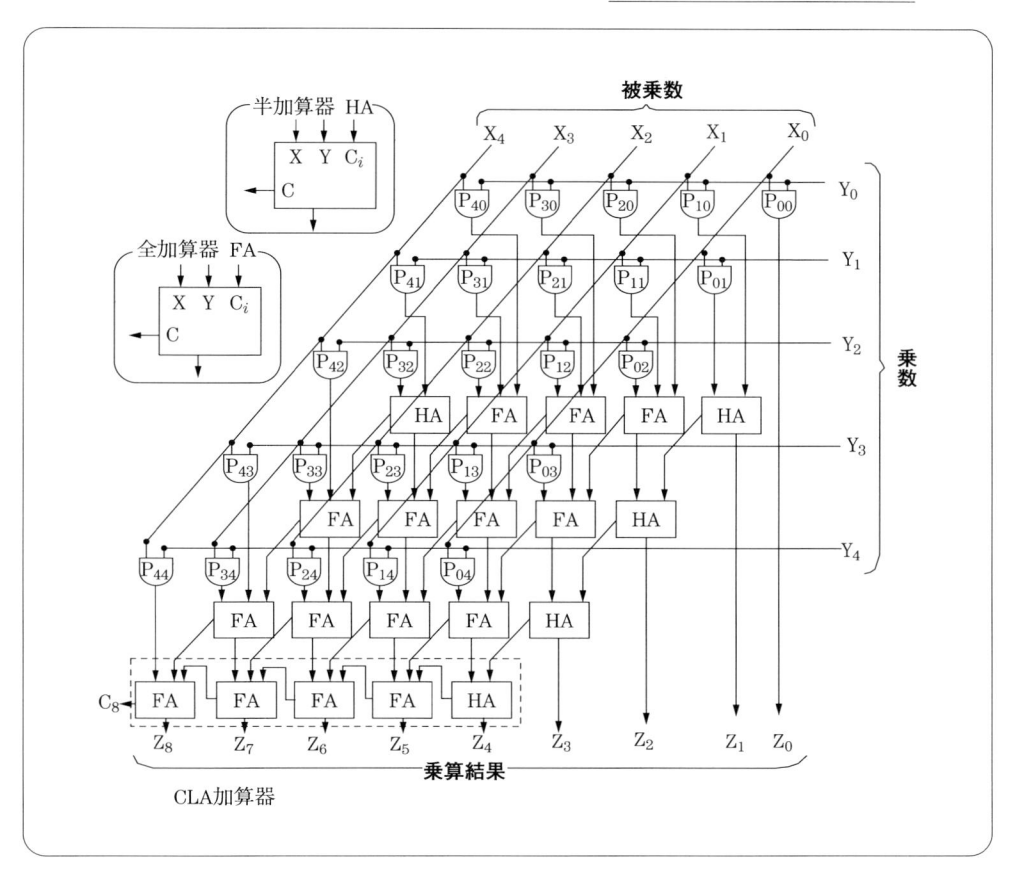

図 4.5 キャリーセーブ型並列乗算回路

化している．最悪のキャリー伝搬段数は CLA に前で $n-2$，CLA に 4 ビットブロック化を用いると CLA の段数は $n/2$ となり，合わせて $1.5n-2$ となり演算時間を短縮できる．

〔2〕 **ブースアルゴリズム，ワレスツリー** 2次ブースのアルゴリズム[2]による並列乗算器のブロック図を**図 4.6** に示す．ブースデコーダにより乗数 Y から，A（1 ビットシフト），B（2 ビットシフト），M（加算/減算）を生成し，被乗数 X に ±X，±2X の処理を加えて加算することにより，高速の乗算ができる．並列乗算器の部分積に加算にワレスツリーを用いた加算回路を**図 4.7** に示す．3 入力，2 出力の FA を組み合わせて，論理段数を減少させる技術である[3]．

〔3〕 **シフト加算による乗算回路** 並列 n 〔bit〕の被乗数に対して乗数の 1 bit 分を乗算した部分積を求め，これを乗数のビットごとに順に加算すれば乗算結果が得られる．被乗数を 1 bit ずつ左シフト（2倍）したシフトデータを用意し，乗数を下位ビットから順に調べ，乗数が "1" であれば加算し，"0" であれば加算しないようにする．回路規模は大幅に少ないが，ビット数と等しい回数シフト加算を行う必要があるので演算時間は長くなる．

4. 論理VLSI

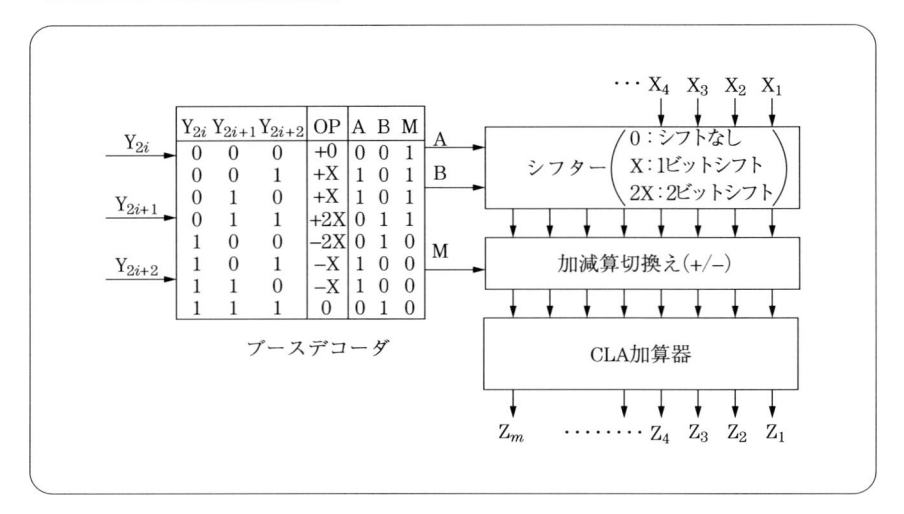

図4.6 二次ブースのアルゴリズムによる並列乗算器のブロック図

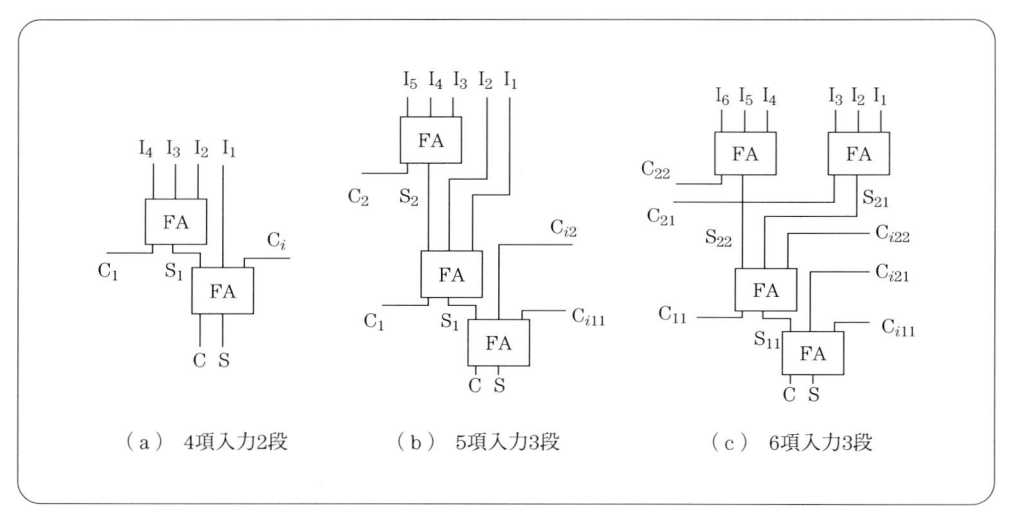

図4.7 ワレスツリー加算回路

4.2 クロックの発生と分配

4.2.1 クロックの発生

周波数精度の高いクロックを発生させるには水晶発振器が用いられるが，水晶振動子の周

波数は数十 MHz 程度以下である．最近のマイクロプロセッサや携帯電話機のクロックとしては数百 MHz 以上が必要である．このようなクロックの発生には位相同期ループ（phase-locked loop，PLL）が用いられる．PLL を用いることにより水晶発振器で発生した数十 MHz のクロックを基準周波数として，これを整数倍にして，数百 MHz 以上のクロックを得ることができる．この機能を逓倍という．PLL はクロックの逓倍以外にも多くの機能をもち，無線通信でよく使われるので，7 章で述べる．

4.2.2　クロックの分配

チップサイズの増加とともにクロックを分配する配線長さも増加する．特にクロック配線は長くなり，負荷のゲート数（ファンイン）も多いので，負荷容量が非常に大きくなる．変化時刻の偏差（スキュー）の小さい同期したクロックをチップ全体に分配することが重要な課題である．そこでクロック分配のために図 4.8 に示すように H ツリーとドライバを分散配置する方法が用いられる．これはチップの中央のクロックドライバから論理ブロックの各部へ等しい配線長（等長配線）でクロックを供給するので，クロックスキューを抑圧できる．高速のクロック発生には 7 章で述べる PLL が用いられる．

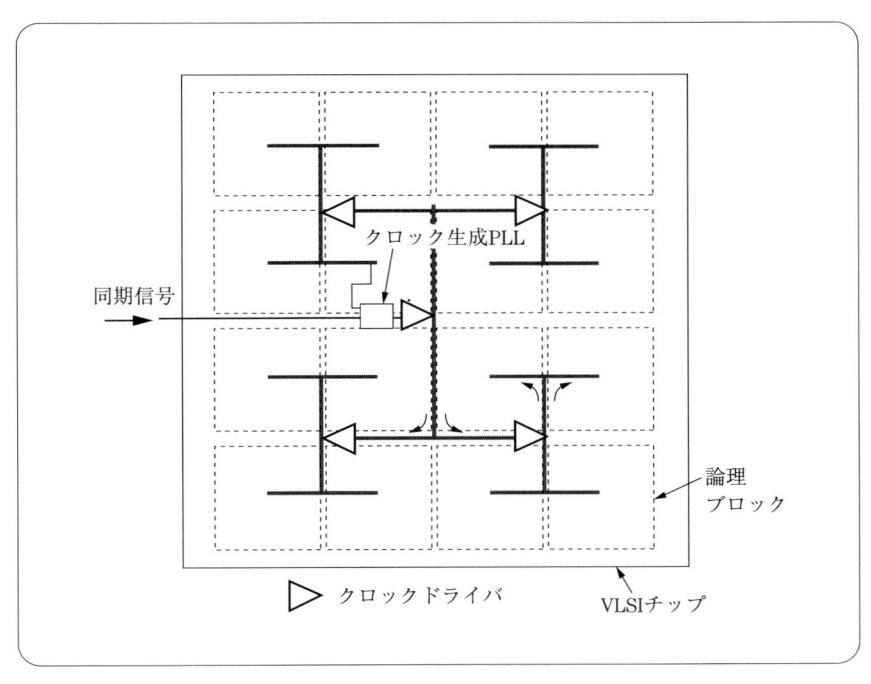

図 4.8　H ツリーによるクロック分配

4.3 制御方式

4.3.1 ハードワイヤ方式

　固定シーケンスの制御信号を論理回路で発生させる方式である．順序回路を用いればクロックによって制御シーケンスを実現できる．同期カウンタの各ビットに対して AND と OR ゲートで論理をとれば任意のシーケンス制御信号を生成できる．この方式はハードウェアで制御シーケンスが固定されるので融通性がないが，構成が簡単であるので，単純な制御や超高速な制御に用いられる．

4.3.2 プログラム制御

　マイクロプロセッサなどの動作はプログラムによって制御される．これをプログラム制御と呼ぶ．その基本構成は図 4.9 に示すように，プログラムが記憶されたメモリ，プログラムカウンタ，命令レジスタ，デコーダから構成される．プログラムカウンタで指定されるメモリアドレスにアクセスしてプログラムの命令を読み出して命令レジスタに書き込む．それをデコーダで解読して，制御信号を生成する．プログラムカウンタを更新して次の命令に進む．この方式により，プログラムで記述されたシーケンスに従って，制御信号が生成される．演算結果によってプログラムをジャンプさせるなど，融通性の高い制御ができる．マイクロプロセッサや DSP の制御はすべてこの方式を用いている．

4.3.3 パイプライン制御

　演算回路などの組合せ回路の前後にレジスタ（**パイプラインレジスタ**と呼ぶ）を配置したパイプラインステージを縦続接続し，すべてのパイプラインレジスタには同一のクロックを供給する．各ステージでは時系列の配列データ（ベクトルデータ）を順に流れ作業で処理する．パイプライン演算を適用した浮動小数点積和演算器を図 4.10 に示す．12 段のパイプライン構成とダイナミックラッチを用いて，90 nm CMOS 技術でクロック周波数 5 GHz の動作を実現している[4]．

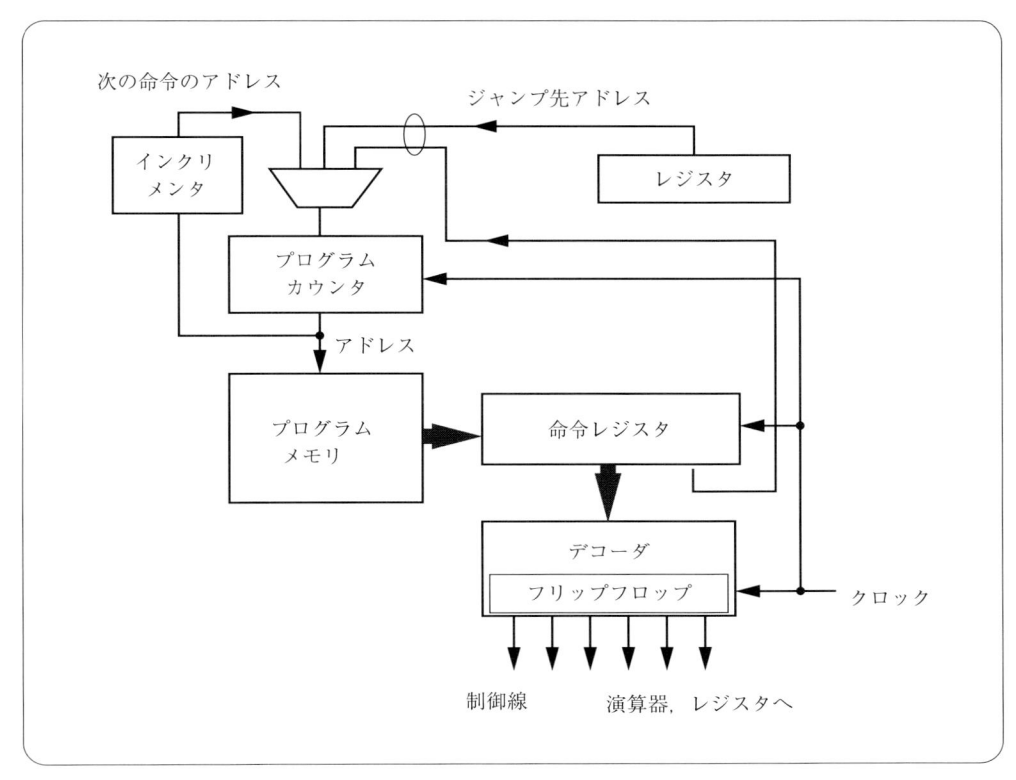

図 4.9 プログラム制御回路

パイプラインステージを増やすほど1ステージの論理段数が減少するのでクロック周波数を上げることができ，また並列度を上げることができる．処理能力は

　　　（出力データ）×（パイプラインクロック周波数）

で与えられるスループットで表現される．一方，パイプライン動作の欠点は入力から出力までの遅延時間（レイテンシー）が長いことである．

マイクロプロセッサの制御にもパイプラインは用いられる．プログラムの読出し（フェッチ），デコード，データ読出し（RAMからレジスタ），演算，データ格納（レジスタからRAM）という動作をパイプライン化すると，並列処理できるので処理能力が向上する．決まった順番に演算を繰り返す場合には効率がよいが，プログラムに分岐があるとパイプラインの動作が乱れて並列動作の効率が低下するという欠点もある．パイプラインはステージの数だけ先を予測して処理しておく方法であるので，あるステージの演算結果で予測してない方にジャンプする場合は，やり直すことが必要になる．その際にはパイプライン並列動作の効率が低下する．

60　　4. 論　　理　　VLSI

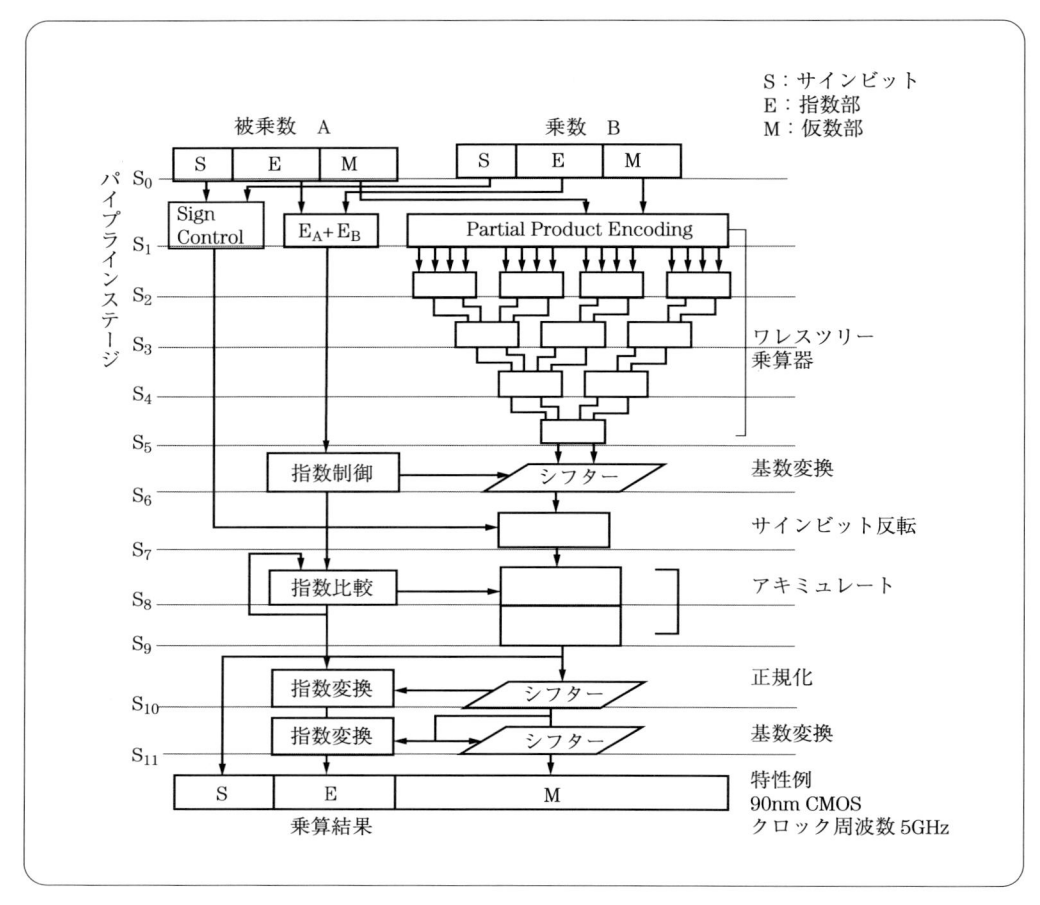

図4.10　パイプライン演算を適用した浮動小数点積和演算器

4.3.4　インタフェース回路

複数のチップ間を接続するインタフェース回路，プロセッサとメモリを接続するインタフェース回路が必要である．データ転送の高速化と低電力化を両立させることが課題であ

表4.1　インタフェース回路の仕様

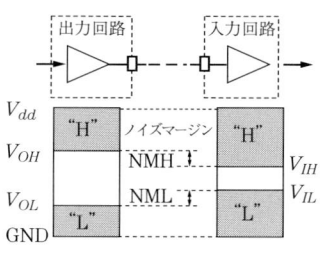

	TTL	LVTTL	GTL	LVDS
転送速度	～50 Mbit/s	～100 Mbit/s	>100 Mbit/s	>500 Mbit/s
出力レベル	$V_{CC}=5.0$ V $V_{OH}=2.4$ V $V_{OL}=0.4$ V	$V_{CC}=3.3$ V $V_{OH}=2.4$ V $V_{OL}=0.4$ V	$V_T=1.2$ V $V_{OH}=1.2$ V $V_{OL}=0.4$ V	$V_{os}=1.2$ V $V_{OH}=1.4$ V $V_{OL}=1.0$ V
入力レベル	$V_{IH}=2.0$ V $V_{IL}=0.8$ V	$V_{IH}=2.0$ V $V_{IL}=0.8$ V	$V_{ref}=0.8$ V $V_{IH}=0.85$ V $V_{IL}=0.75$ V	中心値=0.05～2.35 V 振幅=100～400 mV
特徴		低電圧化	低振幅化・差動入力	低振幅・入出力差動

る．シリアルインタフェースも重要になっている．**表4.1**におもなインタフェース回路の仕様を示す．汎用インタフェースとして TTL，LVTTL，LVDS[5]があり，メモリインタフェースには Rambus，DDR，DDR 2 がある．いずれも Gbit/s 級のデータレートが実現されている[6]．

4.4 アーキテクチャレベルの低電力化技術

論理回路自体の低電力化のみでなく，アーキテクチャレベルの対策も重要である[7,8]．表

表4.2 低電力化の方策

	回路レベル	システムレベル
電源電圧（V_{dd}）の低減	マルチ電源電圧 マルチしきい値	動的電源遮断 動的 V_{dd} 可変
負荷容量（C_L）の削減	高遷移頻度ノードの近接配置 バス分割，階層化	モジュール選択 構想的メモリ構成と選択
スイッチング頻度の低減	グリッチ抑圧回路 遷移頻度の低い回路構成 低電力 FF 回路 電力効率の高い回路構成	信号のコード，順番の最適化 クロックのゲーティング 信号によるモジュール活性化 モジュール選択
リーク電流の削減	MT-CMOS VT-CMOS	動的しきい電圧制御

表4.3 並列・パイプライン化による低電力化

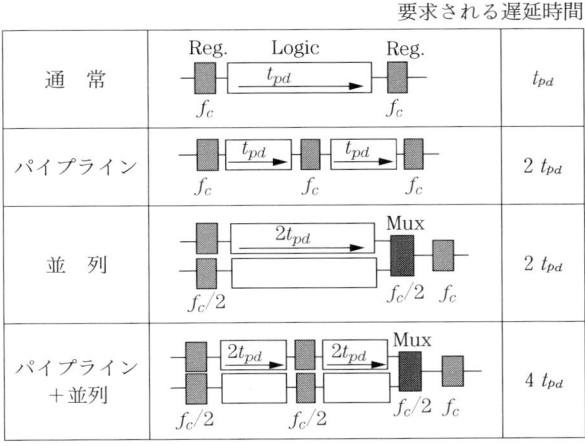

	要求される遅延時間	
通常	Reg. Logic Reg. f_c t_{pd} f_c	t_{pd}
パイプライン	f_c t_{pd} f_c t_{pd} f_c	$2\,t_{pd}$
並列	$2t_{pd}$ Mux $f_c/2$ $f_c/2\ f_c$	$2\,t_{pd}$
パイプライン＋並列	$2t_{pd}$ $2t_{pd}$ Mux $f_c/2$ $f_c/2$ $f_c/2\ f_c$	$4\,t_{pd}$

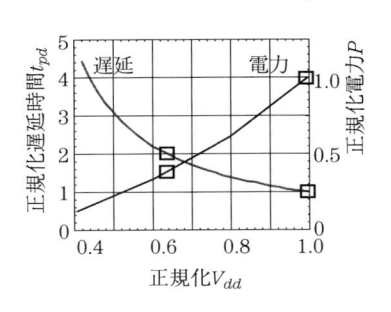

2倍の t_{pd} が許容されるなら電源電圧を 0.6 倍にでき，電力は 0.36 倍にできる．

$$t_{pd} \propto \frac{C_L V_{dd}}{I} \propto \frac{C_L V_{dd}}{(V_{dd}-V_t)^\alpha}, \quad \alpha=1\sim1.3, \quad P=f_c C_L V_{dd}^2$$

4.2に回路及びシステムレベルにおける低電力化の方策を示す．論理VLSIの消費電力は3章で述べたように充放電による電力と貫通電流による電力は，論理の遷移頻度に比例するので，これを低下させることが重要である．充放電電力は電源電圧の2乗に比例するので，電源電圧を下げることは有効である．低電力化には**表4.3**に示すように論理回路にFFを挿入してパイプライン化する構成，回路を二重化して各回路の出力をMUXで選択する構成，及びそれらの組合せ構成が考えられる．遅延時間の許容値が大きくなるので，電源電圧を下げることにより低電力化ができる．

4.5 マイクロプロセッサ

4.5.1 アーキテクチャ

マイクロプロセッサ（MPU）はノイマン型コンピュータのアーキテクチャに基づいており，その機能は，メモリデータのリードライト，命令解読，プログラムの動作制御，演算実行，データ入出力，状態監視である．基本構成は**図4.11**に示すように，演算部，制御部，メモリ，バスからなる．演算部は算術演算ユニット（ALU）と汎用レジスタ（データの一時記憶），制御部は　命令レジスタ（メモリからプログラムを読み込んで一時記憶する），命

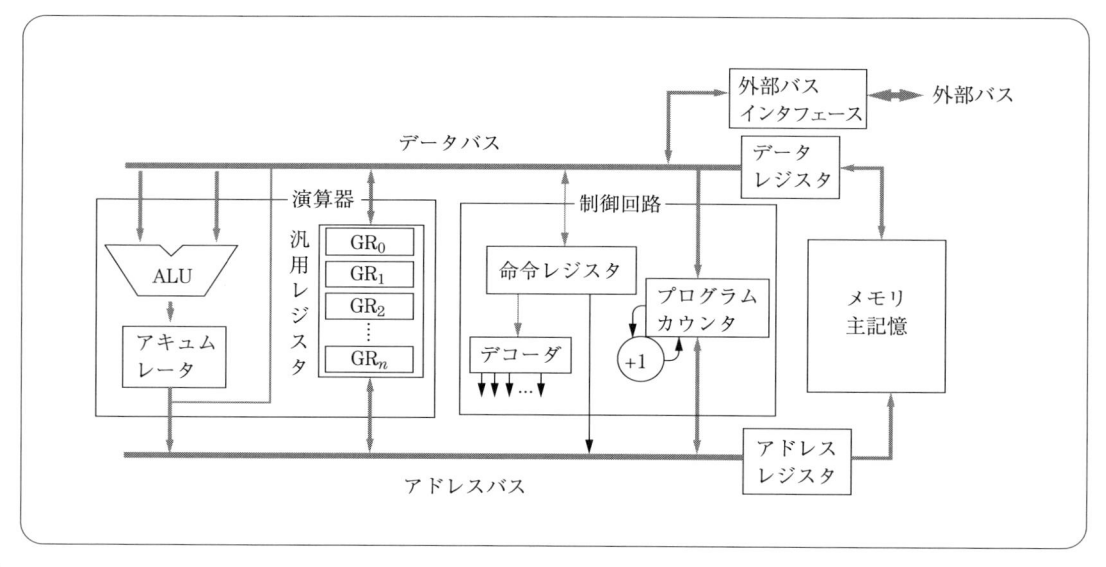

図4.11　ノイマン型コンピュータの基本構成

令デコーダ（命令解読），プログラムカウンタ（次に実行する命令のアドレス格納する），バス（各ユニット相互のデータアドレス転送を行う内部バス，外部バスインタフェース）からなる．一つのバスでプログラムとデータを送りながら逐次実行することが処理能力のネックになる．バスとメモリをデータ用とアドレス用に分けるハーバードアーキテクチャが開発され，更にバス数を増やして並列処理性能を上げる構成も開発されている．

図4.12にアーキテクチャを決める要因の関係を示す[9,10]．

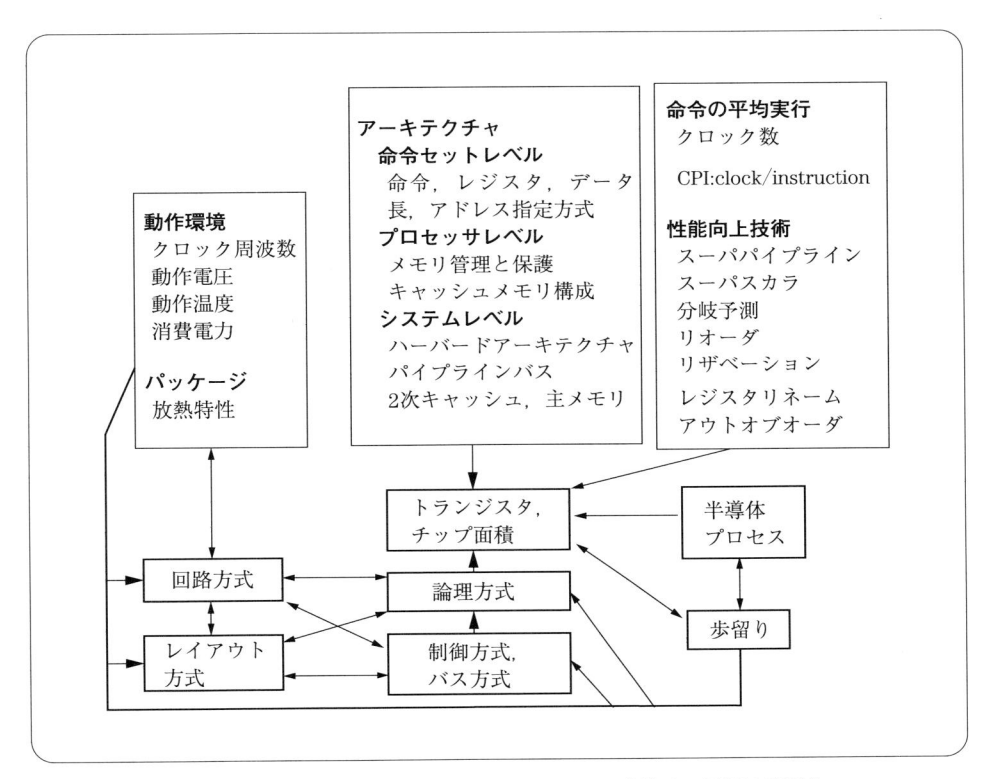

図4.12 マイクロプロセッサのアーキテクチャを決める要因の関係[9]

MPUの能力は

$$処理時間 = サイクルタイム \times 命令数 \times CPI$$

が短いことで評価される．右辺の3項を減らすことにより処理時間が短縮される．サイクルタイムは論理回路やメモリの高速化で短縮でき，CPI（clock per instruction，平均命令実行クロック数）は1命令実行に必要なクロック数であり，処理の並列化，円滑化によって減少する．命令数は命令の高機能化により減少する．図4.13に種々のアーキテクチャの命令やシーケンスの特徴を示す．

〔1〕 **CISC**（complexed instruction set computer）　チップ内レジスタや外部メモリが高価であったので，命令効率をできるだけ上げ，複合化命令を採用した．メモリアクセス

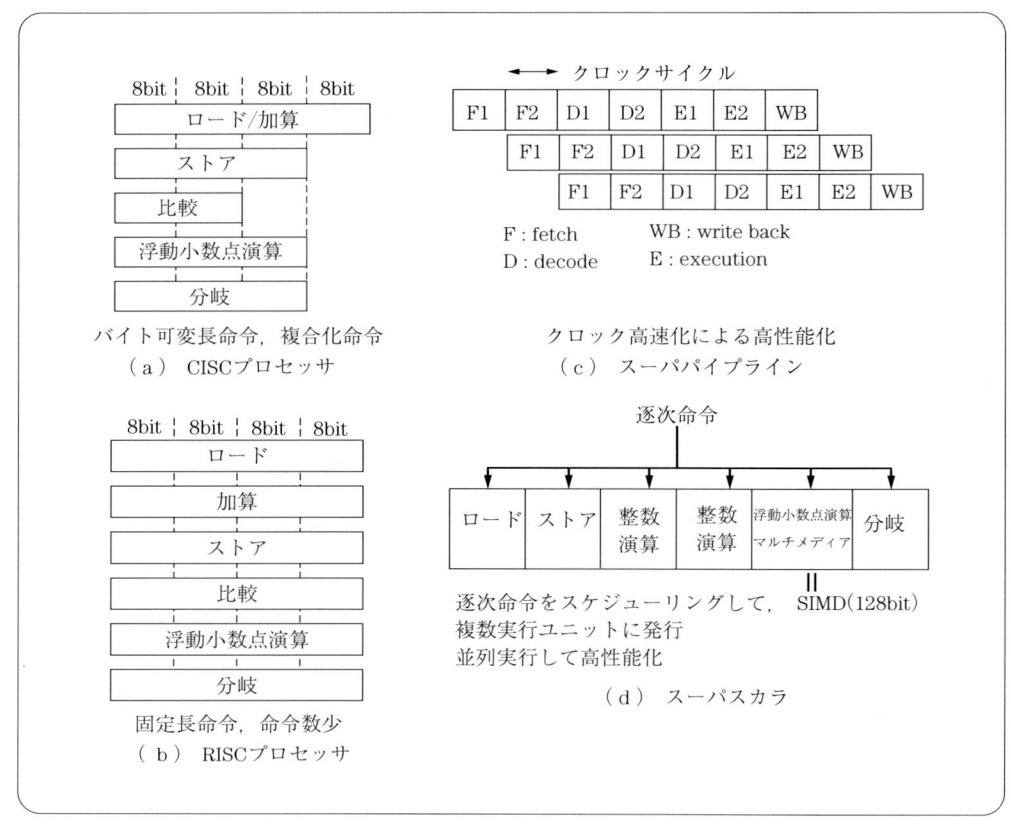

図 4.13 種々のアーキテクチャの命令やシーケンスの特徴

と演算の複合化，言語に適合した命令などの追加などである．メモリが遅いので，このような複合化により命令読込み回数やデータ読み書き回数を減らすことが必要であった．CISCは 16 bit の MPU に採用され，その後 32 bit マイクロプロセッサに継承された．

〔2〕 **RISC**（reduced instruction set computer） すべての命令を 1 クロックで実行できる単純なものに限定して，高速動作をねらったアーキテクチャである．メモリとのデータ転送はロード命令とストア命令のみとし（ロードストアアーキテクチャ），演算命令は汎用レジスタをオペランドとして，パイプライン並列処理する．クロックの高速化によりキャッシュメモリが必要である．RISC の代表例はサンの SPARC（scalable processor architecture），及びスタンフォード大学の MIPS（microprocessor without interlocked pipeline stage）であり，3 世代の進化を経て高性能プロセッサの標準になっている．

〔3〕 **スーパパイプライン** RISC は性能を向上させるために，パイプラインの 1 段の高速化を図り，並列実行可能な命令数と実行ユニット数を増加させて性能向上させるアーキテクチャである．クロック周波数向上のために広く使われている．

〔4〕 **スーパスカラ** 逐次命令を命令ユニットで並列に置き換えて，複数命令を複数の

実行ユニットに発行して，並列に命令を実行する技術である．命令解読とスケジューリングと発行を行う命令ユニット，分技予測機能をもった分技ユニット，発行された命令を一時蓄えておくリザベーションステーションと命令の順番を無視して処理するアウトオブオーダ制御，レジスタ数の制限を緩和するためのレジスタのリネーミング技術が開発された．図4.14にスーパスカラアーキテクチャのプロセッサを示す．super SPARC では実行ユニット浮動小数点1，3個の演算器を持った整数ユニット1，ロードストアー1分技1，3命令並列実行，PowerPC 604は6命令の並列実行が可能である．UltraSPARC III では14段パイプライン，最大命令発行数6を採用している．

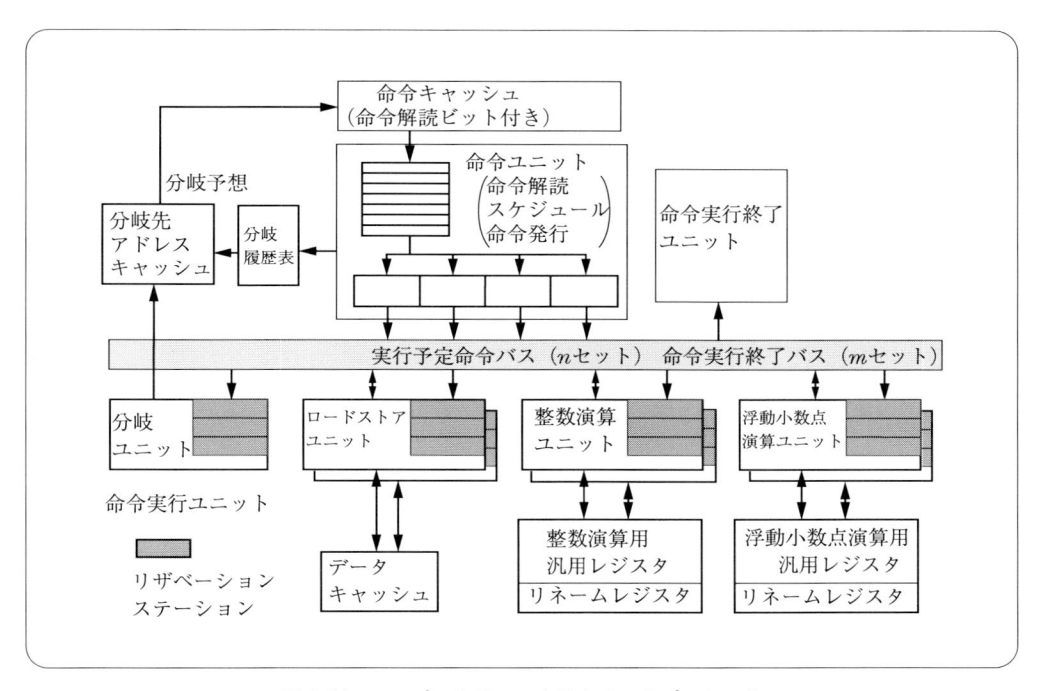

図4.14 スーパスカラアーキテクチャのプロセッサ

〔5〕 **VLIW**（very long instruction word） プログラムをコンパイルする際にCPUのどの処理ユニットで処理するかをあらかじめ割り振り，ビット数の長い命令語の中に，複数の命令（ロード，ストア，演算，分岐命令など）を格納しておき，それらを同時に実行するアーキテクチャである．各命令間には依存関係がないようにコンパイラによって最適化し，同時実行命令がないときはNOP（no operation，何もしない命令）で埋めておく．依存関係がないので，スーパスケーラのように動作時に動的に実行順序制御する必要がなく，ハードウェアを簡素化でき，高速化できる．ただし，VLIWの性能を最大限に発揮するためにはコンパイラによる最適化技術が欠かせない[11]．

〔6〕 **マルチスレディング技術** 複数のプログラムが同時に実行可能な並列処理システ

ムでは，各プログラムにメモリ空間やI/O空間などを割り当てることで，同時実行される他のプログラムとの相互作用を意識しないで動作させている．UNIX システムでは，メモリなどを独立して所有するプログラムの実行単位を**プロセス**と呼んでいる．別のプロセスに実行を切り換えるには，現在のCPUレジスタの内容を保存し，次のプロセスのレジスタ値をロードするなど，負荷が非常に大きい．これに対して，マルチスレッド (multi-thread) システムはプロセスの切換え処理を必要とせず，同一プロセス内に存在する**スレッド**と呼ばれるプログラム実行単位を処理する．スレッド間では，処理の切換えの負荷が小さく，またメモリやI/O資源などを共有するため，スレッド間での通信が行えるというメリットがある．この処理に直接的に対応できるアーキテクチャを持つプロセッサが開発されている[12]．

〔7〕 **マルチコアプロセッサ技術**　マイクロプロセッサのクロック周波数は4GHzに到達し，物理限界に近づいたので，これまでのようなペースの高周波化は難しくなりつつある．プロセッサの数を増やすことで同時処理可能な命令を増やすために，プロセッサチップにに複数のプロセッサコアを内包させるデュアルコア/マルチコアのプロセッサである．既にデスクトップPC向けのプロセッサでは，二つのプロセッサコアを持つプロセッサ（例：インテル Pentium D）が使われている．デュアルコア動作時のピーク性能は，10 GFLOPS (linpack) を超える（表4.1参照）．

〔8〕 **メモリアーキテクチャ**　図4.15に示すように，プロセッサのクロック周波数の

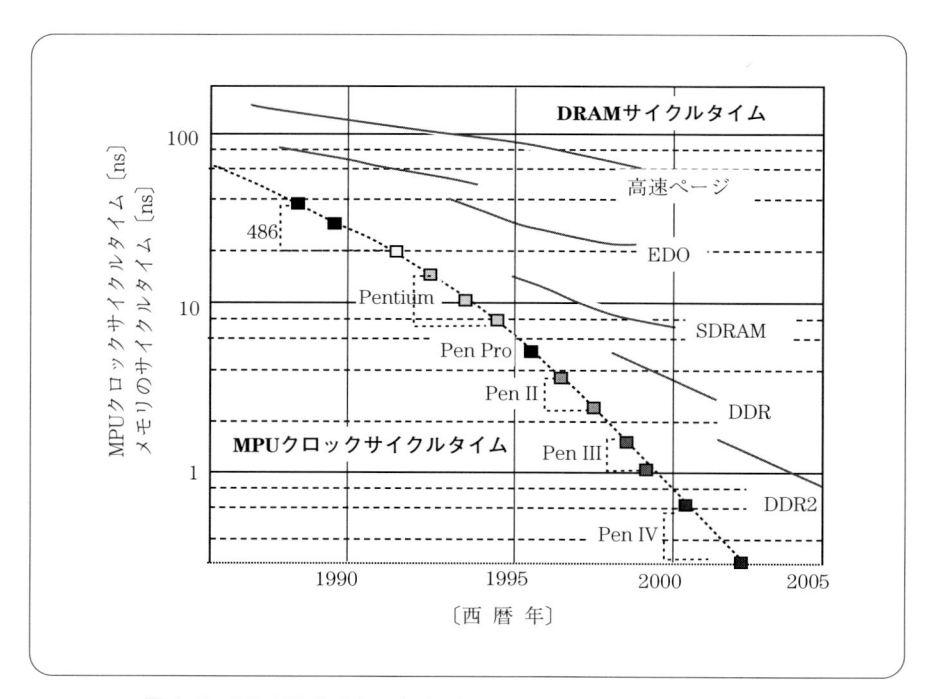

図4.15 DRAMサイクルタイムとMPUのクロックサイクルタイム

上昇に対して，主記憶メモリ（DRAM）のサイクルタイムが追いつかなくなった．そこで，記憶内容の一部を一時的に蓄えておく高速キャッシュメモリ（SRAM）が必要になり，プロセッサチップに搭載されるようになった．キャッシュを搭載された最初のプロセッサは68020である．その後，キャッシュメモリの階層化が進み，1次キャッシュと2次キャッシュ制御回路の搭載，更に2次キャッシュまでも搭載したマイクロプロセッサに発展してきた．最新のMPUでは3次キャッシュまで搭載されたものもある（表4.1参照）．

4.5.2 MPUの開発例

表4.4におもなマイクロプロセッサ（MPU）の諸元を示す[13)-15)]．VLSIのスケーリングとアーキテクチャの進歩によって，高性能化が進んでいる．高性能のコンピュータ用には1チップ集積素子規模10^9個，クロック周波数4 GHz，処理能力GFLOPSと性能向上が著しいが，消費電力は100 Wを超えている．モバイルコンピュータ用の低電力版MPU，携帯電話などの組み込みプロセッサも活発に開発が続いている[16)]．2005年に，図4.16に示す第1世代CELLプロセッサが発表された．90 nmCMOS技術で，8個の画像信号処理プロセッ

表4.4 おもなマイクロプロセッサ（MPU）の諸元

メーカ	Intel					Sun			
プロセッサ名	Pentium-II	Pentium-III	Pentium-IV	Pentium-M	Itanium-II	U-SPARC-II	U-SPARC-III	U-SPARC-IV	U-SPARC-IV, Dual
開発年	1999	2000	2004	2005	2005	1999	2000	2002	2005
電源電圧〔V〕	1.5	1.6	1.4, 1.1	1.1	1-1.2	1.8	1.5	1.35	1.1
テクノロジー〔nm〕	250	180	90	90	90	180	150	130	90
チップサイズ〔mm²〕			112		596	126	233	178.5	336
トランジスタ〔個〕	27.4 M	28 M	169 M	125 M	1 720 M	3.8 M	23 M	66 M	295 M
クロック周波数〔GHz〕	0.45	1	3.8	1.5	1.8	0.4	0.8	1.2	1.8
消費電力〔W〕	8.7	30	88	10	130	20	60	53	90
用途	デスクトップ			ノートパソコン	サーバ	ワークステーション			
アーキテクチャ	32 bit	32 bit	32 bit	32 bit	64 bit	32 bit	32 bit	64 bit	64 bit
データキャッシュ	16 KB	256 KB	16 KB		16 KB	16 KB	64 KB	64 KB	64 KB
命令キャッシュ	16 KB	16 KB	12 KB		16 KB	16 KB	32 KB	32 KB	64 KB
L2キャッシュ	制御のみ	1 MB	2 MB	2 MB	256 KB	命令1 MB データ：256 KB	8 MB（オフチップ）	16 MB（オフチップ）	2 MB
L3キャッシュ	—	—	—		64 MB	—	—		32 MB（オフチップ）

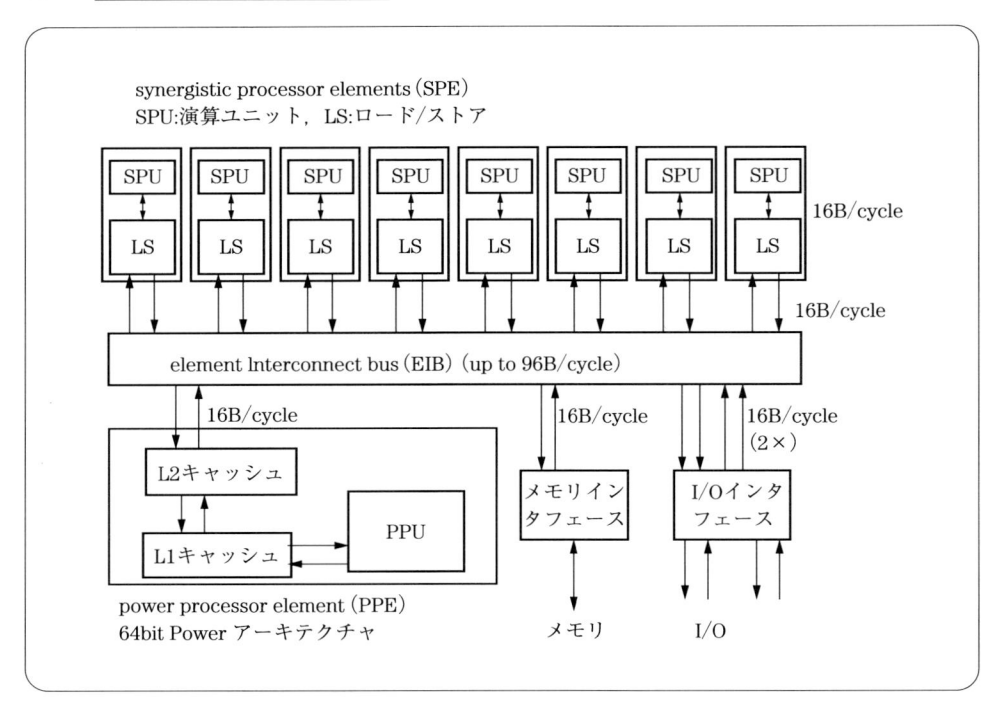

```
                synergistic processor elements (SPE)
                SPU:演算ユニット，LS:ロード/ストア

  ┌───┐ ┌───┐ ┌───┐ ┌───┐ ┌───┐ ┌───┐ ┌───┐ ┌───┐
  │SPU│ │SPU│ │SPU│ │SPU│ │SPU│ │SPU│ │SPU│ │SPU│
  └─┬─┘ └─┬─┘ └─┬─┘ └─┬─┘ └─┬─┘ └─┬─┘ └─┬─┘ └─┬─┘   16B/cycle
  ┌─┴─┐ ┌─┴─┐ ┌─┴─┐ ┌─┴─┐ ┌─┴─┐ ┌─┴─┐ ┌─┴─┐ ┌─┴─┐
  │LS │ │LS │ │LS │ │LS │ │LS │ │LS │ │LS │ │LS │
  └───┘ └───┘ └───┘ └───┘ └───┘ └───┘ └───┘ └───┘
                                                     16B/cycle
  ═══════════════════════════════════════════════
       element Interconnect bus (EIB) (up to 96B/cycle)
  ═══════════════════════════════════════════════
          16B/cycle          16B/cycle    16B/cycle
                                          (2×)
```

図 4.16　第 1 世代 CELL プロセッサの構成

シングエレメントと，1 個の Power アーキテクチャのプロセッサが搭載されており，超高精細グラフィックなどの画像処理を実現できる[17]．

4.5.3 ディジタルシグナルプロセッサ

ディジタルシグナルプロセッサ (digital signal processor, DSP) は，信号処理用マイクロプロセッサであり，基本アーキテクチャや動作は MPU と同じである．音声ディジタル処理（高能率音声符号化，音声合成，認識），変復調装置 (modulator-demodulator, MODEM) のために開発された．画像符号化（画像圧縮）用 DSP も開発されている．乗算など数値演算能力が重要であるので，初期のチップから並列乗算器を搭載し，パイプライン制御を採用していた．性能向上のために複数の演算器の搭載，複数のプロセッシングエレメントが搭載されたチップも多い．80 MHz 32 bit RISC プロセッサに 7.125 Mbit エンベデッド DRAM と 2 KB デュアルポート SRAM を持つ MPEG-4 コーディングと 3 次元グラフィックのための 2 個のハードアクセラレータを搭載した低電力マルチメディアプロセッサなどが開発された[18]．

4.6 専用 VLSI

4.6.1 画像処理VLSI

2次元画像データは情報量が大きく，特に動画像では時間軸上でも情報量が増える．高品質の動画像を通信，記憶するには情報量を圧縮することが必要である．現在，動画画像圧縮にはMPEG方式が広く用いられている．画像上で物体が動く方向を予測し，物体は大きく変形しないとして動きベクトルだけを用いて，データを圧縮している．

MPEG-1はデータ転送レートが1.5 Mbit/sまでのCD，ハードディスクなどのディジタルメディアの動画と音響を対象とした規格で，video CDに採用されている．

MPEG-2はデータ転送レートが数M〜数十Mで放送用であり，DVD-videoでも採用されている．MPEG-2の処理では動きベクトル検出には2次元探索によるパターンマッチングで最も近い画像ブロック位置を探索するので，膨大な演算が必要である．これを低電力で実現するために動きベクトル検出用VLSIが開発された[19]．

更にMPEG-4では，符号化の向上に加え，画像を物体ごとに符号化できるオブジェクトベース符号化や誤り耐性符号化などを特徴としており，専用VLSIが開発され，携帯電話に用いられている[20]．より高圧縮率のベクトル量子化画像圧縮も開発されており，画像認識も重要になってくる．これらのシステムが大量生産されるようになると専用VLSIが開発される．

4.6.2 通信 VLSI

ネットワーク高速化のために，10 Gbit/s級のシリアライザ・デシリアライザが開発されている．図4.17に示すように，並列データをシリアル信号に変換するシリアライザ（serializer）と，シリアル信号からクロック信号を抽出し，データを再現するデシリアライザ（de-serializer）から構成され，これを略して**SerDes**と呼ばれる．高速シリアル波信号からクロックを抽出するために位相同期ループ（PLL）を用いる．10 Gbit/s級のSerDesがCMOSで開発されている[21]．

70　4. 論理 VLSI

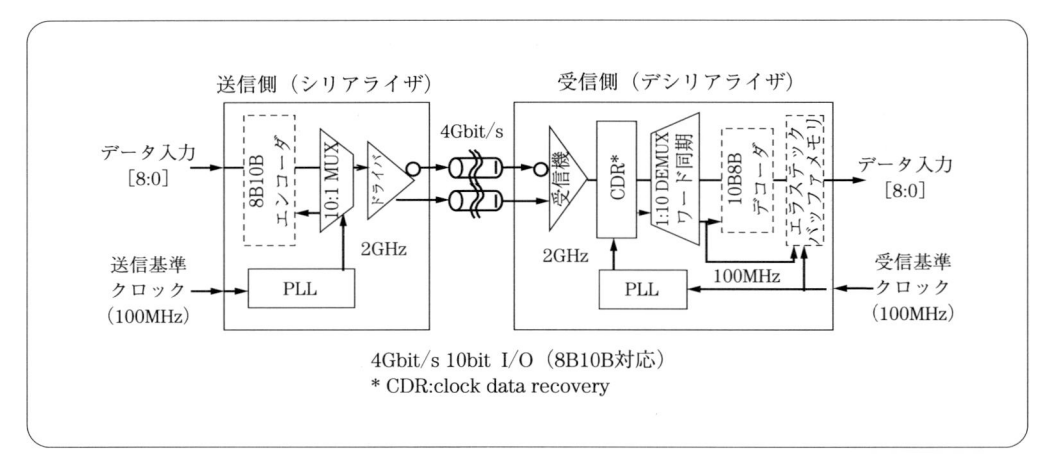

図 4.17 シリアライザ・デシリアライザ（SerDes）の構成

本章のまとめ

❶ 演算回路として，加算器，乗算器が重要である．

❷ 高速動作の同期システムではタイミングスキューを減らすためのクロック発生とチップ全体への分配が重要である．

❸ マイクロプロセッサのアーキテクチャには，CISCとRISCがある．バス幅拡大による転送能力向上，クロック周波数向上，命令セット単純化，パイプライン動作，キャッシュメモリ搭載，パイプライン動作による並列処理，複数命令の同時発行による並列動作など種々の高速化手法が用いられている．

❹ DSPにはハーバードアーキテクチャ，パイプライン動作，浮動少数点データなどが導入された．動画像処理LSIには大容量画像フレームメモリ搭載，動きベクトル検出プロセッサ搭載などが特徴である．10 Gbit/s以上の高速シリアル通信インタフェースLSIはネットワークや装置間通信に必須である．

●理解度の確認●

問 4.1　図 4.2 に示す複合ゲートを用いた全加算回路の論理式を求めよ．

問 4.2　8 bitのキャリーセイブ型並列乗算回路の論理図を書き，キャリー伝搬のパスを求めて，その論理段数を求めよ．

問 4.3　同期システムで最高動作周波数を制限する要因をあげ，各遅延時間を定義して式で示せ．クロックスキューが支配的になるのはどのような場合か．また，Hツリーによるクロック分配でクロックスキューを減らせる理由を述べよ．

問 4.4　プロセッサの二種のアーキテクチャRISCとCISCを比較して長所短所を述べよ．

5 半導体メモリ

　半導体メモリは大量のデータを高速に記憶する技術として進歩してきた．大容量メモリとしては，RAM（ダイナミックランダムアクセスメモリ）があり，コンピュータの主記憶や画像データ記憶に，高速メモリとしては，SRAM（スタティックランダムアクセスメモリ）があり，通信やコンピュータの一時記憶に用いられる．また，電源を切っても記憶情報を失わない不揮発性メモリもあり，固定のプログラムや識別情報の記憶に用いられる．これら各種の半導体メモリの記憶原理と特徴，デバイスと回路構成について述べる[1,2]．

5.1 メモリの種類と基本構成

半導体メモリは，① リードライトメモリ (read write memory, RWM)/リードオンリーメモリ (read-only memory, ROM)，② 揮発性メモリ (volatile memory)/不揮発性メモリ (nonvolatile memory) に分類される（**表5.1**）．

表 5.1　メモリの分類

リードライトメモリ：RWM	読出しと書込みが同程度高速度
リードオンリーメモリ：ROM	読出し専用で書込みは不可または非常に遅い
ランダムアクセスメモリ：RAM	全番地が同時間で読み書きできる
シーケンシャルアクセス	一定の順番にしかアクセスできない
揮発性メモリ	電源を切ると記憶内容が壊れる
不揮発性メモリ	電源を切っても記憶内容が壊れない

リードライトメモリは同程度の速度で情報の読出し/書込みが行えるものであり，リードオンリーメモリは読出し専用で情報を書き換えられないもの，あるいは読出しに比べて書込みが桁違いに遅いものである．

揮発性メモリは電源をオフにすると記憶内容が破壊されるものである．不揮発性メモリは電源をオフにしても記憶内容が破壊されないものであり，書換えできないものと書換え機能を持つものがある．不揮発性メモリは，最初，浮遊ゲートデバイスのゲートに電子を注入して記憶する原理により実現された．紫外線を照射することにより一括消去する EPROM (erasable programable ROM) と，内容の書換えを電気的に行う EEPROM (electrically erasable programable ROM) が開発された．現在は，一定の記憶領域を電気的に一括消去するフラッシュメモリ (flash memory) に進歩している．

データへのアクセス方法によって，ランダムアクセスメモリ/シーケンシャルアクセスメモリという分類もある．ランダムアクセスメモリ (random access memory, RAM) は，どの記憶番地（アドレス）に対しても同じ時間で読出し/書込みができるメモリである．RAM にはスタティック RAM (static RAM, SRAM) とダイナミック RAM (dynamic RAM, DRAM) がある．これに対してシーケンシャルアクセスメモリ (sequential access memory) はある決まった順番に読出し/書込みを行うものであり，ファーストインファーストアウト (FIFO)，ラストインファーストアウト (LIFO) などがある．

強誘電体を用いた，強誘電体メモリ（ferroelectric RAM，FeRAM）は不揮発性，大容量，高速ランダムリードライト特性を持つので，将来の主流になる可能性がある．

半導体メモリの比較を**表 5.2** に，各種 VLSI メモリの記憶容量の年次推移を**図 5.1** に示す．研究レベルでは 4 Gbit まで報告されている．

表 5.2 半導体メモリの比較

	RAM		プログラマブル ROM		不揮発性 RAM
	SRAM	DRAM	EEPROM	Flash	FeRAM
書込み電圧（内部）〔V〕	3	3	12	12	3
書込み速度	10 ns	60 ns	10 ms	10 μs	<100 ns
書換え回数	—	—	10^4	10^6	>10^{12}
セルサイズ（相対比）	4	1	3	0.8	(1)

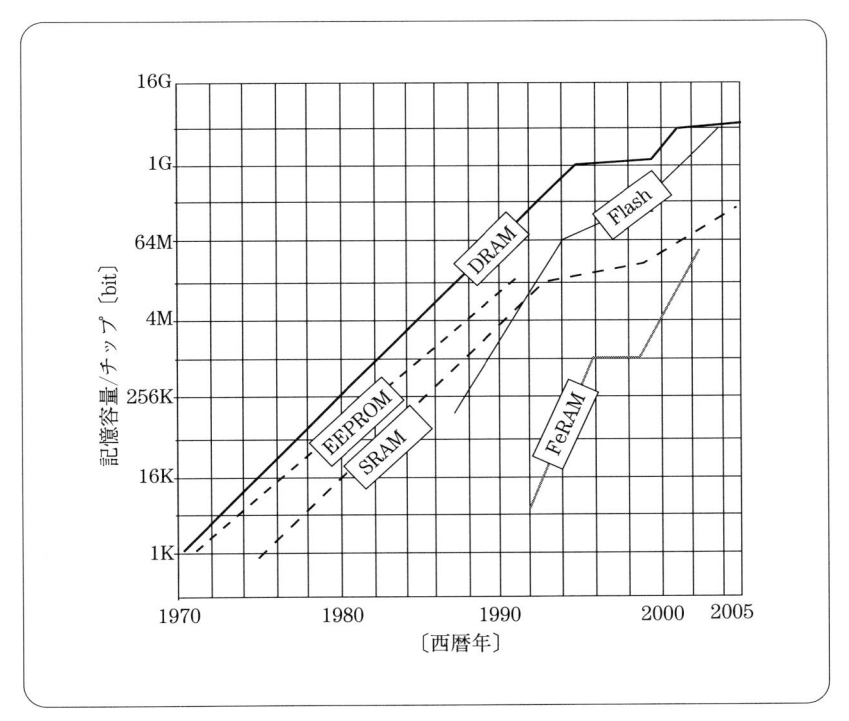

図 5.1 各種 VLSI メモリの記憶容量の年次推移

半導体メモリは，図 5.2 に示すように，アクセス系，記憶セルのアレー，センス系から構成される．記憶情報の読出し/書込みを行う記憶番地（アドレス）を 2 進数で入力する．これを上位ビットと下位ビットに分けて，それぞれ行アドレスデコーダと列アドレスデコーダに入力する．行アドレスデコーダは n〔bit〕2 進データを 2^n 本の線に変換する．これを**ワード線**と呼び，その中の 1 本を指定して，メモリセルアレーの 1 行を選択する．また，列アドレスデコーダで 1 本のビット線を選択し，メモリセルアレーの 1 列を選択する．ワード

74　　5. 半導体メモリ

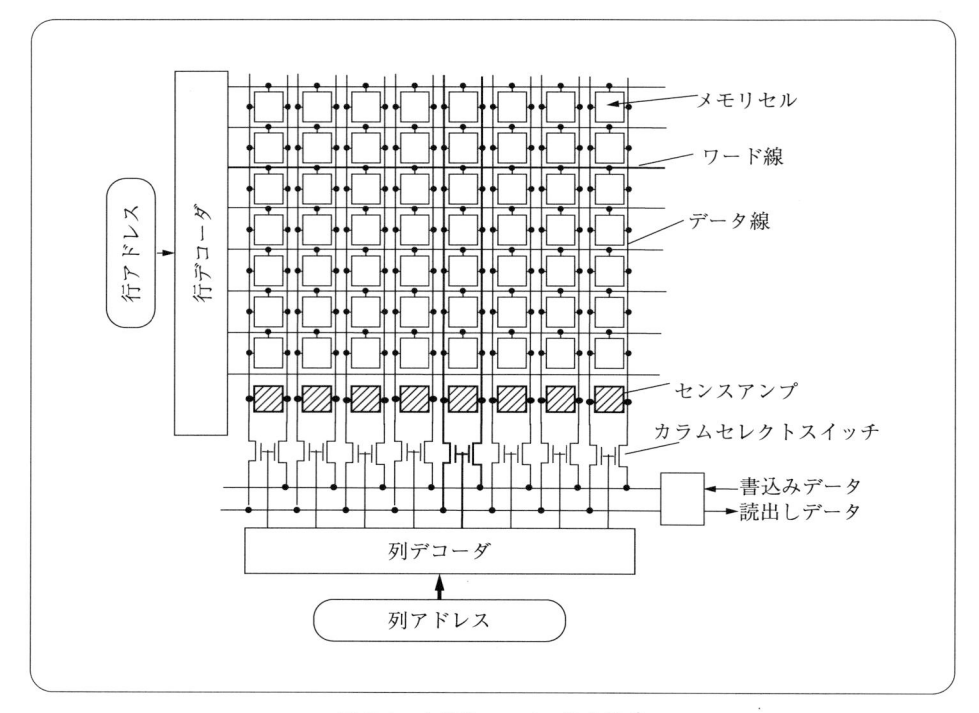

図5.2　半導体メモリの基本構成

線とビット線の交点にあるメモリセルが指定される．読出しの場合には，メモリセルの情報がビット線に読み出される．書込みの場合にはビット線に与えられている情報がメモリセルに書き込まれる．

センス系では，読出しの場合にはメモリセルからの出力電圧をセンスアンプで増幅し，列デコーダで選択されたマルチプレクサを通して読み出される．書込みの場合にはマルチプレクサを通して駆動回路でビット線を駆動して，メモリセルの内容を書き換える．

5.2　SRAM

SRAMのメモリセルには**図5.3**(a)に示すCMOS-SRAMセル回路が用いられる．このセル回路は図(b)に示すように，2個のCMOSインバータをループにした正帰還双安定回路である．インバータ1の出力が"0"ならインバータ2の出力は"1"であり，この状態を情報"1"とする．2個のn-MOSのトランスミッションゲート（TG）で相補形のデータ線

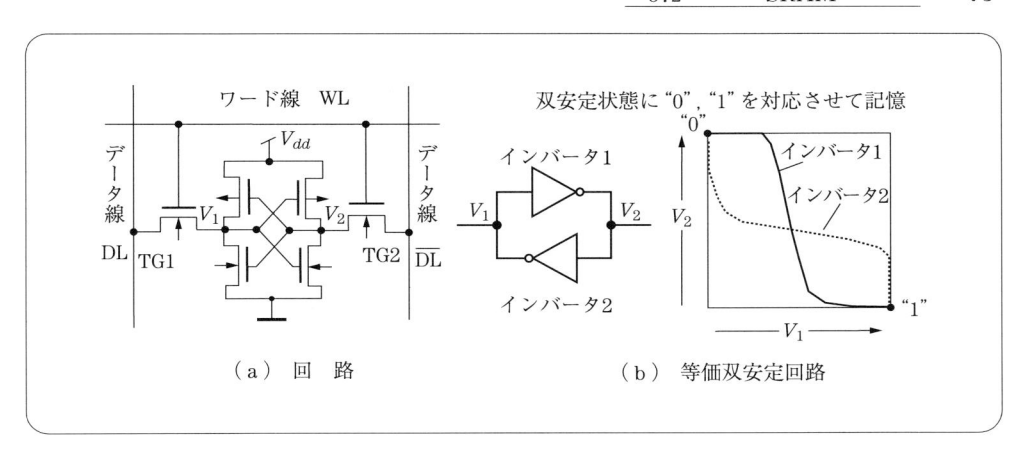

図 5.3　CMOS-SRAM セル回路

DL，$\overline{\text{DL}}$ と接続され，TG のゲートはワード線 WL に接続される．このように 6 個の MOS で構成されるものを**フル CMOS-SRAM セル**と呼ぶ．双安定回路の二つの安定状態を記憶情報の "1"，"0" に対応させて記憶する．このセルの状態は電源回路によってアクティブに保持されているので，電源が供給されているかぎり破壊されることはない．

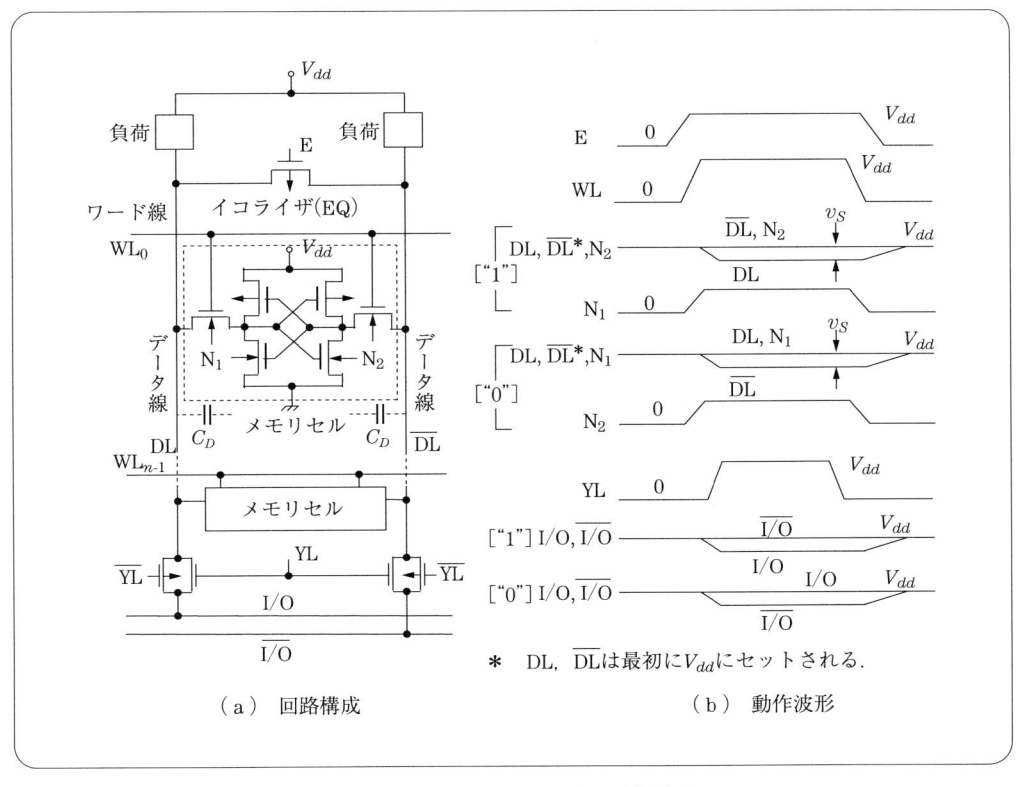

図 5.4　SRAM の回路構成と動作波形

図 5.4 に代表的な SRAM の回路構成と各ノードの動作波形を示す．読み出す場合，ワード線を"1"にすると TG がオンしてセルの出力はデータ線 DL, $\overline{\text{DL}}$ に接続され，セルの p-MOS か n-MOS によって駆動される．データ線に V_{dd} あるいは $V_{dd}-v_s$ の電圧が出力され，I/O 線を通してセンスアンプに入力される．ここで，v_s はセルの記憶"0"に対して，データ線に出力される振幅である．このように DL, $\overline{\text{DL}}$ がアクティブ回路で駆動されるので，読出し時間は短く，高速メモリを実現できる．書込みデータ線のドライバがセルの双安定化回路の状態を反転する時間で決まる．アクセス時間は 0.5 μmCMOS で 5 ns 程度である．また，消費電力は CMOS 論理回路と同様に小さい．フル CMOS-SRAM は論理 CMOS プロセスで製造できるので，システム LSI で用いられる．

フル CMOS セルは p-MOS と n-MOS を用いているためウェルと拡散層間の分離領域が必要であるために，セル面積が大きい．そこで，駆動トランジスタの上に重ねて形成できるポリシリコンを負荷抵抗 R_L として用いた記憶セルが開発された．抵抗負荷型 SRAM セル回路を図 5.5 に示す．セルは n-MOS のみで p-MOS を使わないので，小面積にできる．しかし，この記憶セルは CMOS セルと違って負荷抵抗に定常電流が流れるので常時電力を消費する．この電力を下げるために高抵抗が必要であるので，シート抵抗の高い低濃度ポリシリコンを用いる．しかし，通常の CMOS 論理 LSI では，その製造プロセスを追加する必要がある．また，薄膜トランジスタ（thin film transistor, TFT）を用いた記憶セルも開発された．セル面積は 0.18 μm ルールで 8 μm² 程度と大きく，後述する DRAM に比べると約 10 倍大きい．

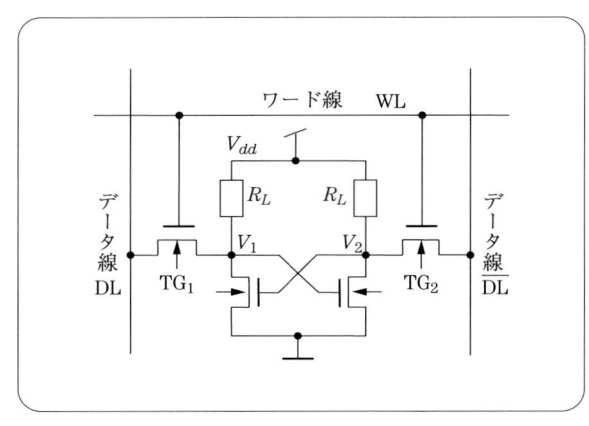

R_L にはノンドープ低濃度ポリシリコンあるいは TFT が用いられる．

図 5.5 抵抗負荷型 SRAM セル回路

SRAM は汎用のメモリチップ以外に，高速性の要求されるキャッシュメモリとしてプロセッサに搭載された．メモリは多数の入出力線が必要であるが，これをオンチップ化することにより，寄生容量の減少による高速化と低電力化が図れる．また，ビット数の極めて多いメモリにおいてピンネックの解消にもなる．高速メモリは，ほかに高速ネットワークのスイッチ，高速のデータバッファなどに応用される．

5.3 DRAM

　DRAMメモリセルは，図5.6に示すように，MOS 1個と電荷蓄積容量1個で構成される．この容量の電荷の有無で1ビットの情報を記憶する．したがって，SRAMに比べてセル面積は1/10程度と小さいので大容量メモリが実現できる．セルのMOSは選択用スイッチとして動作するので，SRAMのようにデータ線をアクティブに駆動する機能をもたない．

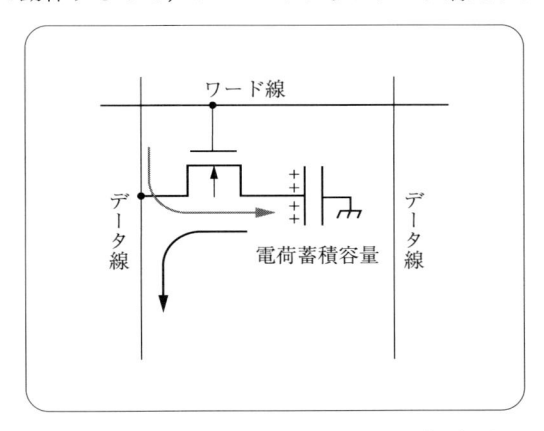

図5.6　DRAMメモリセル

　代表的なDRAM回路構成と各ノードの動作波形を図5.7に示す．DL，$\overline{\text{DL}}$をV_{DP}にプリチャージしたあとで，ワード線WLを"1"にすると，セルの記憶キャパシタとデータ線の寄生容量の間で電荷が再配分され，データ線の電圧が変化して情報が出力される．

　データ線の出力電圧v_oは

$$v_o = \frac{CV_C + C_D V_{DP}}{C + C_{DL}} \tag{5.1}$$

ここで，C：記憶容量，C_D：データ線の全容量，V_C：記憶容量の電圧，V_{DP}：データ線の初期電圧

　v_oはCが小さいほど小さく，1本のデータ線に接続されるセル数が多く，C_Dが大きいほど小さくなる．64 Mbit DRAMではv_oは10 mV程度と小さいので，これを高速に検出するための高感度のセンスアンプが必要である．したがって高速動作は難しく，読出し/書込みに必要な時間は10 ns程度と長い．DRAM及びSRAMのメモリセル面積の年次推移を図5.8に示す．

78   5. 半導体メモリ

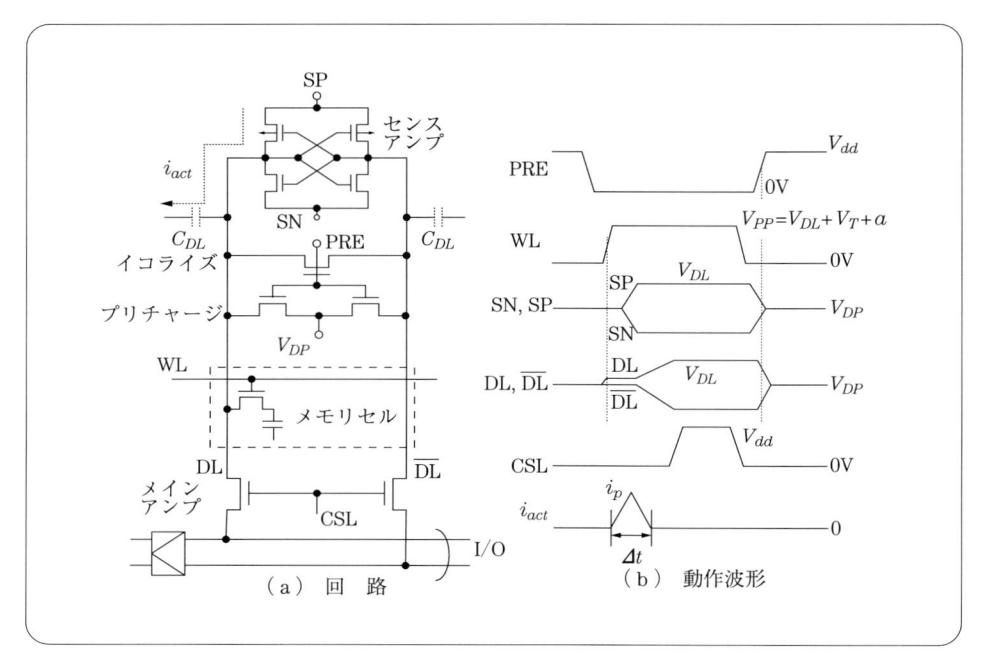

図5.7　DRAM 回路構成と動作波形

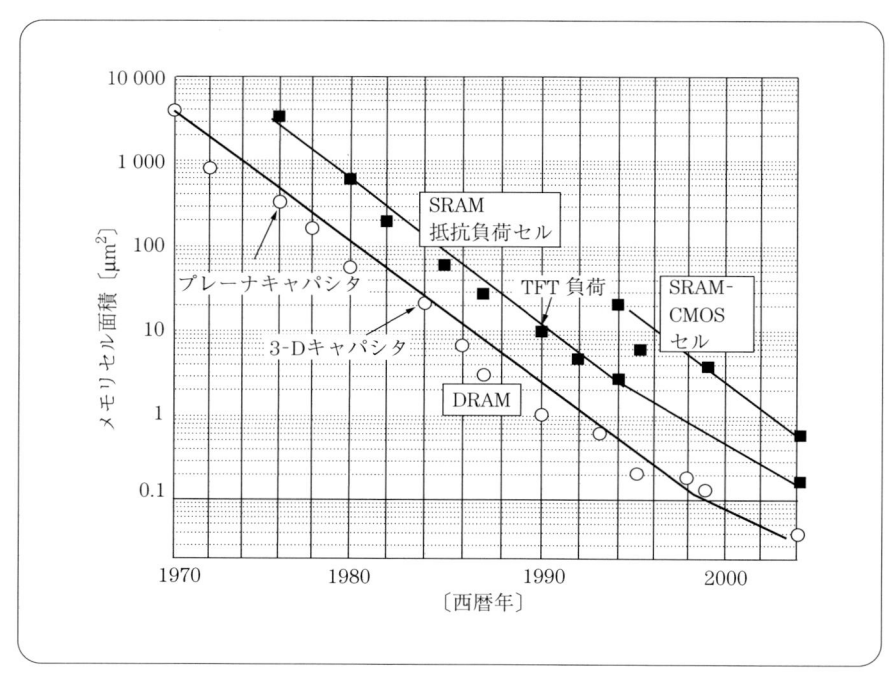

図5.8　DRAM 及び SRAM のメモリセル面積の年次推移

センスアンプの高感度化，高速化のために種々の回路技術が使われている．データ線の初期電位 V_{DP} を $V_{dd}/2$ にしておく（$V_{dd}/2$ プリチャージ），ダミーの記憶セルを用いてデータ線とセンスアンプを差動回路にすることなどである．情報を読み出すと記憶容量の電荷はデータ線に流れ出るので，記憶情報は失われる．これを**破壊読出し**という．したがって，読み出したあとに情報を再度書き込む必要がある．また，MOS の pn 接合のリーク電流やサブスレッショルド電流によって電荷が失われると記憶情報が失われる．これを防ぐために電荷が失われる前に記憶セルにアクセスして再書込みを行う．これを**リフレッシュ**と呼び，通常 8～64 ms 程度の周期で行われる．

記憶キャパシタには一定の容量値が必要になるが，メモリセルを小面積化して記憶密度を上げるには，記憶キャパシタのシリコン上に占める面積を小さくすることが重要である．このためにキャパシタの構造として，初期に使われた平面型キャパシタから，トレンチキャパシタやスタックキャパシタなどが使われている．トレンチキャパシタとスタックキャパシタを用いた DRAM メモリセルの断面構造を図 5.9 に示す．トレンチキャパシタはシリコン基板に深い溝を掘って，その側面に容量を形成するアイディアである．スタックキャパシタはシリコン表面の上に形成される．高層建築のような構造でチップ面積を有効利用する考えである．しかし，これらを製造するのはプロセスが複雑化し，製造コストが増加する．

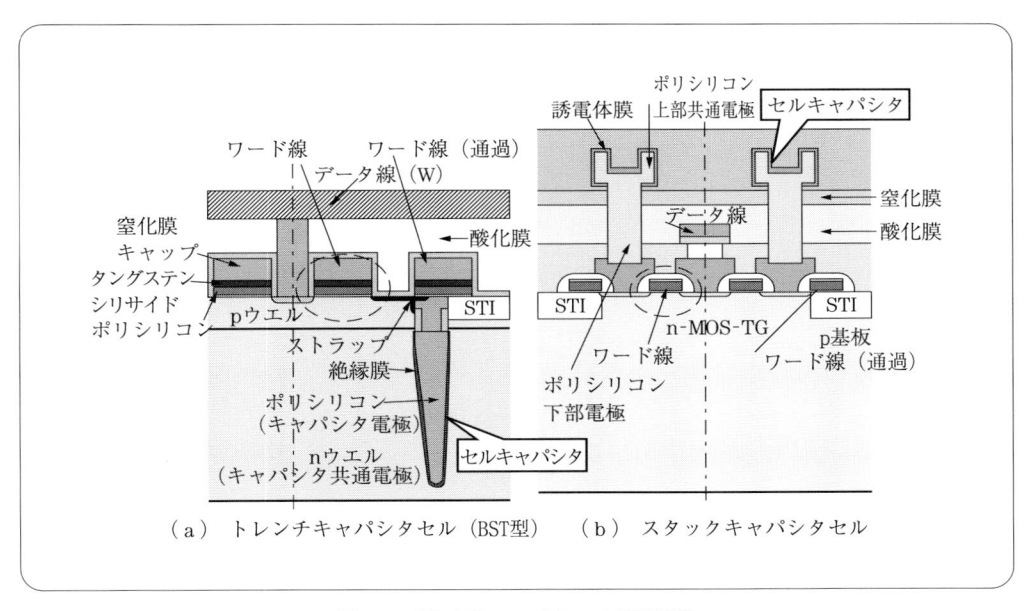

図 5.9　DRAM メモリセルの断面構造

64 Mbit まではごとに 3 年記憶容量が 4 倍のチップが製品化され，128 Mbit 以降は，256 M，512 M と 2 年で 2 倍の記憶容量拡大が進んでいる[3]．1 Gbit の製品化は 2002 年に開始された．2003 年には 128 M，2004 年には 512 M，2006 年には 1 G が主流になると予想され

る．

DRAMの動作速度はアクセス時間とサイクル時間で評価される．**アクセス時間**は行アドレスセレクト信号（RAS）が入力されてから，データが出力されるまでの時間である．**サイクル時間**は読出し動作の繰り返し動作の周期である．入出力データ速度を**メモリバンド幅**と呼ぶ．シンクロナスDRAM（SDRAM）内部動作の高速化，RAMバス，DDR，DDR 2などの高速入出力インタフェースが開発された．800 Mbit/sの高速インタフェースを持つDRAMが開発されている[4]．また，ビット幅を拡大したDRAM，マルチポート並列アクセス型DRAMなどもある．

5.4 マスクROM

マスクROMは記憶させたい情報をマスクパターン化して，チップを製造する過程で書き込んで，読出し専用で用いるものである．辞書データ，音声データなど書換えの必要ない情報の記憶に用いる．また，マイクロプロセッサの制御部として，イニシャライズプログラム，マイクロプログラムなどの格納用として使用される．他のメモリに比べて記憶密度が最

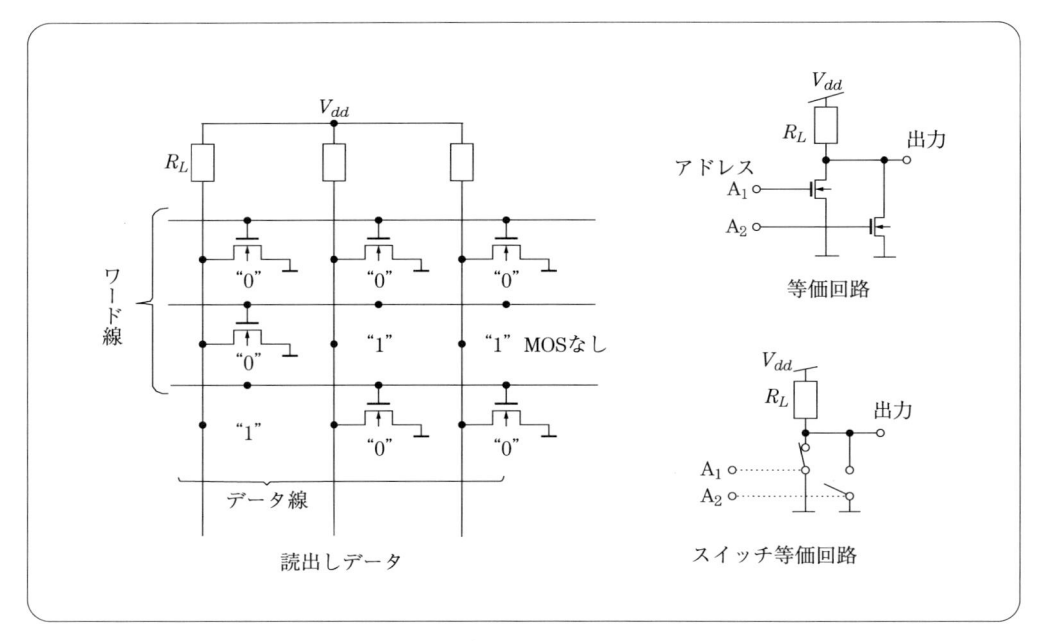

図5.10　NOR型のマスクROMのセル回路

も高く，最も記憶コストが低い．

図5.10にNOR型のマスクROMのセル回路を示す．プログラムの方法には，図(a)の拡散層プログラム，図(b)のしきい値プログラム，図(c)のコンタクトプログラムの3種類の方法がある．拡散層プログラム方式ではMOSトランジスタのソース-ドレーンの有無によって，"1"，"0"を記憶させる．しきい値プログラム方式では，MOSのチャネル領域のイオン注入によって，しきい電圧を高めるとMOSがオンしないことを利用して，イオン注入の有無のよって記憶させる．コンタクトプログラム方式はコンタクトの有無によって記憶させる．情報を書き込む工程が，前方にあるほどマスク入手からウェーハ完成までの期間が長くなり，後方ににあるほど短くなる．一般に前の工程でプログラムするものほど記憶密度は高くなる．記憶密度とプログラム以降の期間の短さはトレードオフの関係にある．

5.5 浮遊ゲートメモリ

5.5.1 プログラマブルROM

酸化膜で覆われた浮遊ゲートに電荷を注入することによりデータを書き込む．電源を切ってもデータが失われない不揮発性を持ち，ユーザが簡単な書込み器でデータを書き書換え可能なメモリである[2]．

書換え可能なPROM (erasable PROM) を**EPROM**と呼ぶ．そのメモリセル回路とデバイスの断面構造を図5.11(a)示す．メモリセルは選択用素子と浮遊ゲート (floating gate) をもつ記憶用の2素子で構成されている．浮遊ゲートへの情報の書きこみは，ドレーン接合の電子雪崩降伏，あるいはチャネルピンチオフ箇所の高電界で加速されたホットエレクトロンで電子を注入することにより行う．電子が注入されると，しきい値が高くなり，これが"1"の書込みである．読出しのときには制御ゲートに電圧をかけても，しきい値が高いのでドレーン電流が流れずハイレベルが出力される．電子注入がない状態が"0"の書込みであり，しきい値が低いので読出し時にドレーン電流が流れるので，ローレベルが出力される．情報消去は紫外線を照射して浮遊ゲートに蓄積された電子を放出する必要がある．

電気的に書込み消去を行うことができるPROMを**EEPROM**と呼ぶ．そのメモリセル回路と断面構造を図(b)に示す．前述したEPROMと同様に記憶セルは2素子で構成される．浮遊ゲートはドレーンとの間に10 nmオーダの酸化膜の薄いトンネル接合が形成されてい

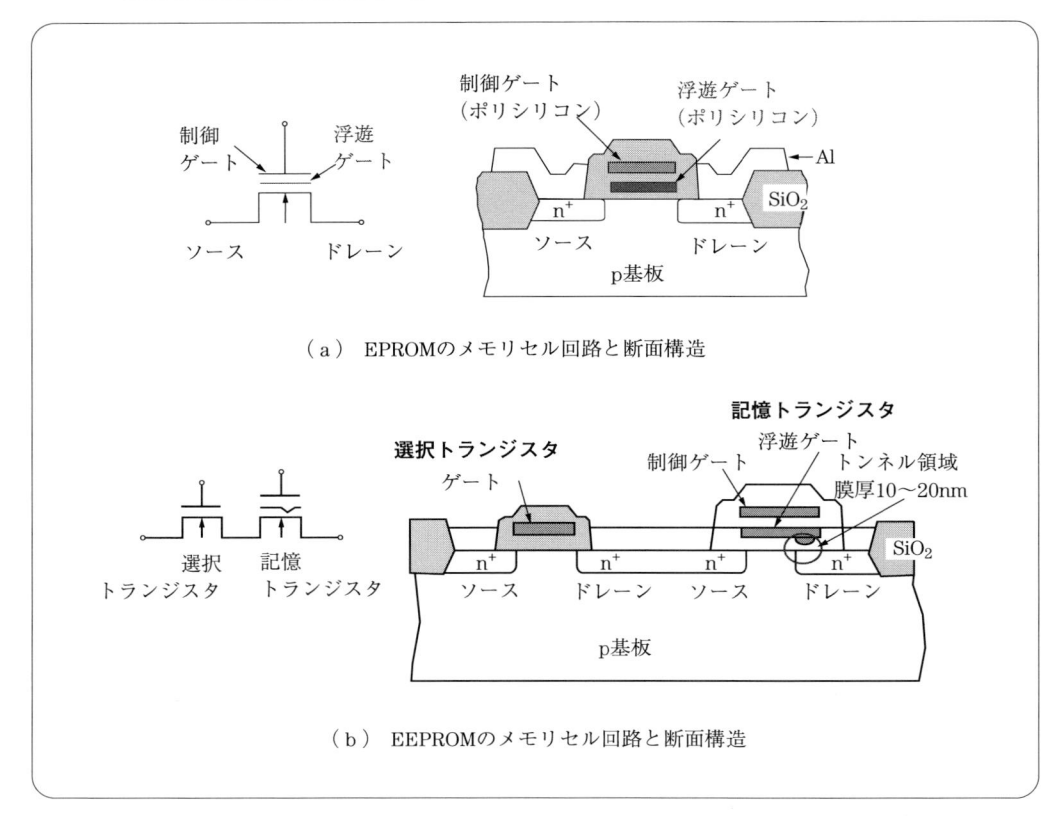

図5.11　プログラマブル ROM のデバイス

る．制御ゲートに 10 V 以上の高電圧をかけるとトンネル接合に高電界がかかり，トンネル電流が流れ，浮遊ゲートに電荷が注入される．このように，情報の書込みや消去にはファウラー・ノルドハイムトンネル現象を用いる．

5.5.2　フラッシュメモリ

フラッシュメモリは，全ビットあるいはブロックごとに一括して消去するように簡単化して，セルの素子数を1個にしたものである．フラッシュメモリには表5.3に示すようにNOR 型と NAND 型がある[2]．前者の NOR 型フラッシュメモリは高速であるが，セル面積が大きく，消費電力が大きいのに対して，後者の NAND 型フラッシュメモリはその逆の特性を持つ．それぞれのセル回路とレイアウトを示す．NAND 型は直列接続された 16 段のセルとその上下に選択ゲートを通してソース線とビット線に接続されている．1 セルは浮遊ゲート素子1個分であるので，高密度集積が可能である．消去は制御ゲートを 0 V，ブロックごとに分割された p ウェルのうち選択されたものを 20 V にする．トンネル電流によりす

表5.3 フラッシュメモリのセル構成

NOR型	NAND型

べての浮遊ゲート中の電子がpウェルから抜けてセルのしきい値が下がる．書込みは選択セルの制御ゲートを20 Vにし，選択ビット線を0 Vにする．選択セルのドレーンチャネル部は0 Vになり，浮遊ゲートは10 Vに上昇して電子がトンネルして浮遊ゲートに注入される．選択されたNAND列の選択セルと，選択ワード線に接続されている非選択NAND列のセルでは，浮遊ゲートと基板間の電位差は1/2程度異なるが，トンネル電流の指数関数特性によって，ほとんど無視できる程度に小さい．読出しは非選択ワード線を5 V，選択ワード線を0 Vにして，セルを選択し，セルがノーマリONかOFFかを記憶情報の"1"，"0"に対応させる．NAND型フラッシュメモリは書込み，消去ともにトンネル電流を使うので，消費電流が少なく，単一電源化が可能である．読出し時のセル電流はNAND列の直列抵抗，ビット線に近いセルのしきい電圧によって決まり，1 μA程度と少ないために読出し時間は10 μsと長い．

5.6 強誘電体メモリ

強誘電体の分極を使って記憶するメモリであり，**FeRAM**（ferroelectric RAM）と呼ばれる[5]．図5.12に示すペロブスカイト構造において，原子Bが上下どちらかに変位して分極を発生する．ヒステリシス特性電圧0の状態でその直前の分極方向により二つの安定状態を有し，これを情報の"1"，"0"に対応させる．メモリセルの断面構造を図5.13に示す．セル構造はDRAMと同じ1個のトランジスタと1個のキャパシタで1 bitの記憶ができる

84　　5. 半導体メモリ

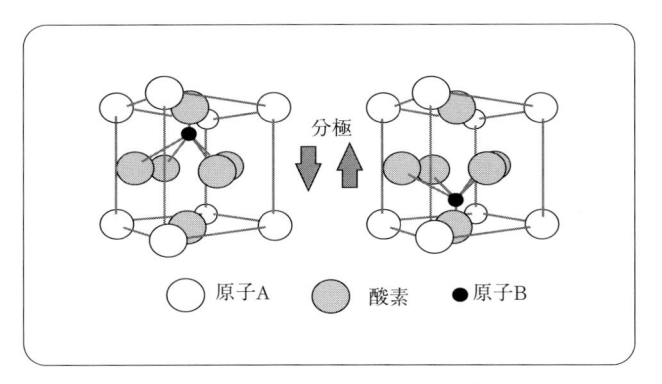

図 5.12　ペロブスカイト結晶構造

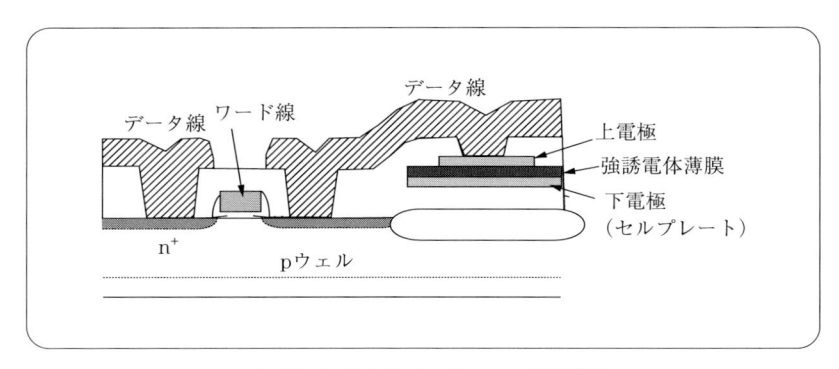

図 5.13　FeRAM メモリセルの断面構造

ので大規模化が可能である．

　図 5.14 に FeRAM の回路を示す．図 (a) のトランジスタ 2 個，容量 2 個 (2 T/2 C) 構造で 256 Kbit FeRAM や，図 (b) のトランジスタ 1 個，容量 1 個 (1 T/1 C) 構造で 1 Mbit FeRAM が開発され，更に大規模化が進んでいる．原子レベルのスイッチングを利用しているので，原理的には低電圧，高速で動作する．初期の強誘電体では書換え回数の増加が課題となっていたが，ビスマス層状ペロブスカイト SBT ($SrBi_2Ta_2O_9$) により 10^{12} の書換え回数が可能になった．書込み動作は分極を反転させることであるので，フラッシュメモリと比較して，書込みに要する電圧が低く，消費電力も小さい．消去動作不要で書込み時間が短く，書込み読出しのサイクル時間を等しくできるので，RAM として動作する．ロジック用の CMOS のプロセスをベースにして強誘電体プロセスを追加することでできる．

　FeRAM は低電圧動作，書込みと読出しが同程度に速く，書換え回数も他の不揮発性メモリに比べて桁違いに多い．強誘電体にかかわる微細加工がネックになっており，これが解決すると理想のメモリになりうる．

(a) 2T/2Cメモリセル型

(b) 1T/1C メモリセル型

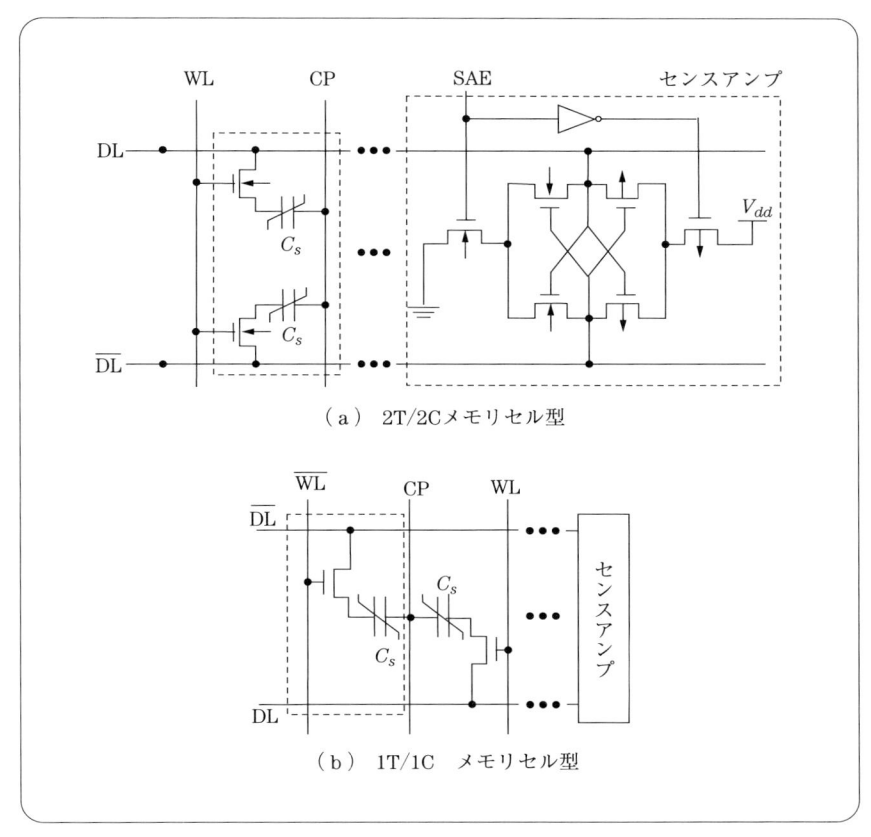

図 5.14　FeRAM の回路

5.7　メモリ混載 VLSI

　VLSI の大規模化に伴い，メモリが論理回路と混載されるようになった．1980 年代からマイクロプロセッサのキャシュメモリとして高速 SRAM が混載されている．1990 年代からフレームメモリとして大容量 DRAM を混載した画像処理 VLSI が開発されている．DRAM のプロセスは特化されているので，高速論理回路用のプロセスで大容量 DRAM を混載したシステム LSI（SoC）を開発することも課題になっている[6]．

5. 半導体メモリ

本章のまとめ

❶ 半導体メモリは，SRAM，DRAM，フラッシュメモリ，FeRAM である．DRAM は大容量記憶，SRAM はランダムアクセスで高速性，フラッシュメモリは不揮発性が特徴である．

❷ 大容量メモリには DRAM が用いられる．容量の電荷の有無で記憶するので，MOS 1 個とキャパシタ 1 個で 1 bit の記憶セルが実現できる．したがって，大容量記憶が可能で，2003 年には 1 Gbit の DRAM が開発されている．大容量化のための小面積の記憶キャパシタの開発が鍵となる．

❸ 高速メモリは SRAM である．記憶の原理はフリップフロップによる双安定回路による．高速に動作するので，キャッシュメモリに用いられる．記憶には 6 個の MOS が必要なので，セル面積が大きいので大容量メモリは実現できない．

❹ 不揮発性メモリはフラッシュメモリが主流で，浮遊ゲートに電子をトンネル現象で注入あるいは放出して，情報を書き込む．トンネルを起こすために高い電源電圧が必要である．代表的な応用はディジタルカメラ，ディジタルオーディオプレイヤなどに使われるメモリカードである．

❺ FeRAM は，大容量で高速読出し・書込み，不揮発，低電圧動作という理想的なメモリの特性を持つ．今後の開発に期待がかかる．

●理解度の確認●

問 5.1 SRAM と DRAM のセル回路と情報記憶の原理を述べよ．

問 5.2 DRAM でリフレッシュが必要な理由を述べよ．

問 5.3 SRAM が高速動作に適する理由を述べよ．

問 5.4 V_{dd} プリチャージ方式 DRAM と $V_{dd}/2$ プリチャージ方式 DRAM の出力電圧を求めよ．

問 5.5 不揮発性メモリの種類と情報記憶の原理を述べよ．

6 アナログVLSI

　微細なCMOSデバイスを用いたアンプ，A-D変換器，D-A変換器などのアナログ回路技術が急速に進歩した．そのため高精度，高速なアナログ回路を大規模なディジタル回路と混載したアナログVLSIが実現できるようになった．今後，デバイスのスケーリングに対応できる低消費電力，低電圧動作のアナログ回路の開発が課題となっている．本章ではCMOSアナログ基本回路，A-D変換器，フィルタの回路構成と動作，特性について述べる．

6.1 CMOS アナログ基本回路

　基本回路にはカレントミラー (current mirror), ソース接地アンプ (source common amplifier), ドレーン接地アンプ (drain common amplifier), ソースホロワ, ゲート接地アンプ (gate common amplifier), ソース結合差動アンプ (differential pair amplifier) などがある. **表 6.1** にカレントミラー回路と特性式を示す. 入力側の電流と比例した電流を出力する定電流回路である. カレントミラーはアンプの負荷抵抗, 差動アンプの電流源, アンプの信号パス, バイアス供給などあらゆる回路に使用される. **表 6.2** にソース接地アンプ, ドレーン接地アンプ, ゲート接地アンプなどの基本アンプと特性式を示す. また, **表 6.3** に差動アンプとその特性式を示す. これらの基本回路を組み合わせた回路として, ソース接地アンプとゲート接地アンプを縦続接続したカスコードアンプ (cascode amplifier), 差動構成のカスコードアンプなどがある. **表 6.4** にカスコードアンプとその特性式を示す.

　アナログ回路は, 電圧利得, 信号帯域, 入力インピーダンス, 出力インピーダンス, オフセット電圧, 入力電圧範囲, 出力電圧範囲など多種の特性で評価しなければならない.

　通常, アナログ回路では MOS は出力インピーダンスが高い飽和領域で動作するよう設計する. 各トランジスタの $g_m = W/L$（ドレーン電流の設定）, 実効ゲート電圧 ($V_{gs} - V_t$), ゲート面積 WL を設計する必要がある. アンプの利得と帯域は g_m によって決まり, g_m は W/L と $V_{gs} - V_t$ で決まる. MOS の低周波雑音はフリッカ雑音が支配的であり, この雑音電力はゲート面積 WL に反比例する. この雑音の超低周波成分として, 2 個の MOS のしきい電圧の偏差が差動アンプのオフセット電圧として観測され, ゲート面積の平方根に反比例する. アナログ回路を設計する際, 要求される精度に応じてゲート面積を大きくする場合が

表 6.1　カレントミラー回路と特性式

回　路	等価回路	特性式
		$i_{out} = i_{in}$ $R_{out} = r_{ds2}$

6.1 CMOSアナログ基本回路　**89**

表 6.2　基本アンプと特性式

	回　路	小信号等価回路	電圧利得 A_v, 出力抵抗 r_{out}, 入力抵抗 r_{in}
ソース接地アンプ		$R_2 = r_{ds1} // r_{ds2}$	$A_v = -g_{m1}R_2 = -g_{m1}(r_{ds1}//r_{ds2})$ 数値例　$1\,\mathrm{[mA/V]} \times 100\,\mathrm{[k\Omega]} = 100$ $r_{out} = \dfrac{v_{out}}{i_{out}} = \dfrac{1}{g_{m1}+G_{s1}}$
ドレーン接地アンプ		$R_{s1} = \dfrac{1}{G_{s1}} = r_{ds2}//r_{ds2}//\dfrac{1}{g_{s1}}$	$A_v = \dfrac{g_{m1}}{g_{m1}+G_{s1}}$ $= \dfrac{g_{m1}}{g_{m1}+g_{s1}+g_{ds1}+g_{ds2}}$ $r_{out} = \dfrac{v_{out}}{i_{out}} = \dfrac{1}{g_{m1}+G_{s1}}$
ゲート接地アンプ		$R_L = \dfrac{1}{G_L}$	$A_v = \dfrac{v_{out}}{v_{s1}} = \dfrac{g_{m1}+g_{s1}+g_{ds1}}{G_L+g_{ds1}}$ $\fallingdotseq \dfrac{g_{m1}}{G_L+g_{ds2}}$ $r_{out} = \dfrac{v_{out}}{i_{out}} = \dfrac{1}{g_{m1}+G_{s1}}$ $r_{in} = \dfrac{1}{g_{m1}}\left(1+\dfrac{R_L}{r_{ds1}}\right)$ $\fallingdotseq \dfrac{1}{g_{m1}}\left(1+\dfrac{r_{ds2}}{r_{ds1}}\right) \fallingdotseq \dfrac{2}{g_{m1}}$　入力抵抗は低い

カレントミラー型アクティブロード（破線枠）

表6.3 差動アンプと特性式

	回　路	小信号線形等価回路	特性式
抵抗負荷	(回路図: V_{dd}, R_L, v_{out1}, v_{out2}, I_{d1}, I_{d2}, v_{in1}, v_{in2}, V_c, I_b, V_{bias})	(小信号等価回路: V_{dd}, g_{l1}, g_{l2}, v_{o1}, v_{o2}, v_{in1}, v_{in2}, $g_{m1}v_{gs1}$, $g_{m2}v_{gs2}$, r_{ds1}, r_{ds2}, v_{gs1}, v_{gs2}, v_1, g_o, $v_{gs}=v_{in}-v_1$)	$g, g_{di} \ll g_l, g_{mi}$ とすると $A_{dm} = -\dfrac{g_{mi}}{g_l}$ $A_{cm} = -\dfrac{g}{2g_l}$ $\mathrm{CMRR} = \dfrac{2g_{mi}}{g_o}$
n-MOSダイオード負荷	(回路図: V_{dd}, Q_3, Q_4, v_{o1}, v_{o2}, v_{in1}, v_{in2}, Q_1, Q_2)		$A_{dm} = -\dfrac{g_{mi}}{g_{ml}}$ $\phantom{A_{dm}} = -\sqrt{\dfrac{(W/L)_i}{(W/L)_l}}$
p-MOSダイオード負荷	(回路図: V_{dd}, Q_3, Q_4, v_{o1}, v_{o2}, v_{in1}, v_{in2}, Q_1, Q_2)		$A_{dm} = -\dfrac{g_{mi}}{g_{ml}}$ $\phantom{A_{dm}} = -\sqrt{\dfrac{\mu_n(W/L)_i}{\mu_p(W/L)_l}}$
カレントミラーアクティブ負荷	(回路図: V_{dd}, i_{d3}, i_{d4}, v_o, i_{d1}, i_{d2}, i_{out}, v_{in1}, v_{in2}, i_{s1}, i_{s2}, I_b, V_{bias})	(小信号等価回路: g_{ml}, g_{dl}, $g_{ml}v_2$, v_{in1}, v_2, v_{out}, v_{in2}, $g_{m1}v_{gs1}$, g_{di}, g_{di}, $g_{m2}v_{gs2}$, v_{gs1}, v_{gs2}, $v_{gs}=v_{in}-v_1$, v_1, g_o)	$g_{di} \ll g_l, g_{mi}$ とすると $A_{dm} = -\dfrac{g_{mi}}{g_l}$ $A_{cm} = -\dfrac{g_o}{2g_l}$ $\mathrm{CMRR} = \dfrac{2g_{mi}}{g_o}$

多い[1]．

　ソース接地アンプの周波数特性を**表6.5**に示す．MOSの線形モデル（図2.7）を用いて小信号等価回路を求め，伝達関数を計算する．伝達関数の分母は s の1次式になっているので，周波数帯域 $\omega_{-3\mathrm{dB}}$ における利得が直流利得に比べて $-3\,\mathrm{dB}(=1/\sqrt{2})$ になり，位相が $45°$ 遅れる．この $\omega_{-3\mathrm{dB}}$ はほぼ $\{R_{\mathrm{in}}C_{gd1}(1+g_{m1}R_2)\}^{-1}$ で決まり，ゲート-ドレーン容量 (C_{gd1}) がアンプの利得 $(g_{m1}R_2)$ 倍されるので周波数帯域が狭くなる．この効果を**ミラー容量**という．一方，カスコードアンプでは，ゲート接地の入力インピーダンスが低いため，ソース接地のドレーンの出力電圧変動が小さく，ミラー効果が起きないので帯域が広い．

表6.4 カスコードアンプと特性式

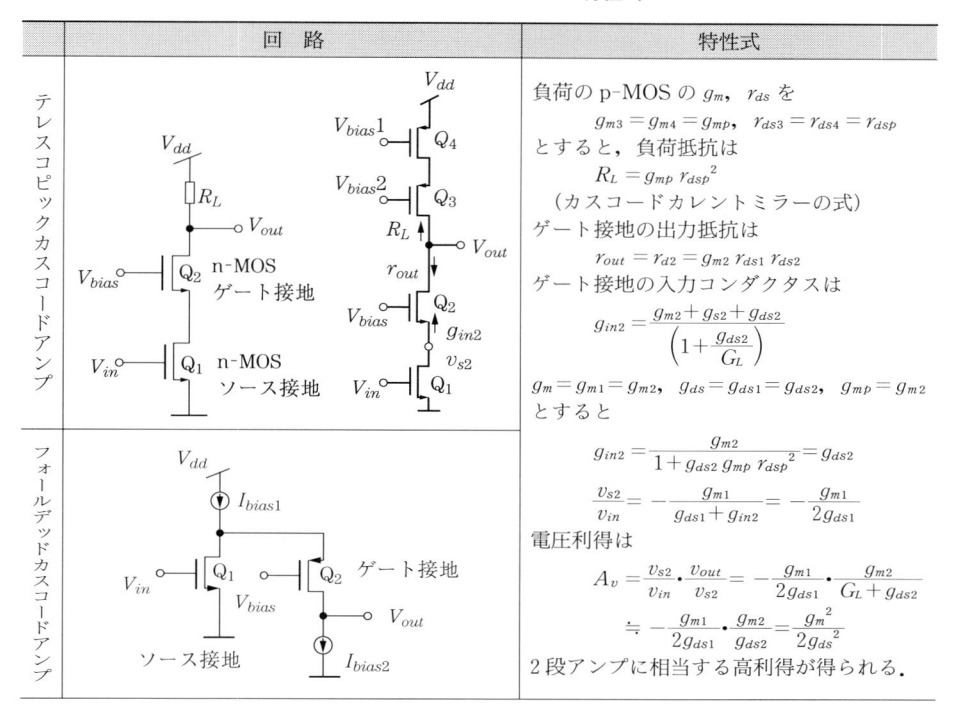

回路	特性式
テレスコピックカスコードアンプ	負荷のp-MOSのg_m, r_{ds}を 　$g_{m3}=g_{m4}=g_{mp}$, $r_{ds3}=r_{ds4}=r_{dsp}$ とすると，負荷抵抗は 　$R_L = g_{mp}\, r_{dsp}{}^2$ （カスコードカレントミラーの式） ゲート接地の出力抵抗は 　$r_{out} = r_{d2}\, r_{ds1}\, r_{ds2}$ ゲート接地の入力コンダクタスは 　$g_{in2} = \dfrac{g_{m2}+g_{s2}+g_{ds2}}{\left(1+\dfrac{g_{ds2}}{G_L}\right)}$ $g_m = g_{m1} = g_{m2}$, $g_{ds}=g_{ds1}=g_{ds2}$, $g_{mp}=g_{m2}$ とすると 　$g_{in2} = \dfrac{g_{m2}}{1+g_{ds2}\,g_{mp}\,r_{dsp}{}^2} = g_{ds2}$ 　$\dfrac{v_{s2}}{v_{in}} = -\dfrac{g_{m1}}{g_{ds1}+g_{in2}} = -\dfrac{g_{m1}}{2g_{ds1}}$ 電圧利得は 　$A_v = \dfrac{v_{s2}}{v_{in}}\cdot\dfrac{v_{out}}{v_{s2}} = -\dfrac{g_{m1}}{2g_{ds1}}\cdot\dfrac{g_{m2}}{G_L+g_{ds2}}$ 　$\;\fallingdotseq -\dfrac{g_{m1}}{2g_{ds1}}\cdot\dfrac{g_{m2}}{g_{ds2}} = \dfrac{g_m{}^2}{2g_{ds}{}^2}$ 2段アンプに相当する高利得が得られる．
フォールデッドカスコードアンプ	

表6.5 ソース接地アンプの周波数特性

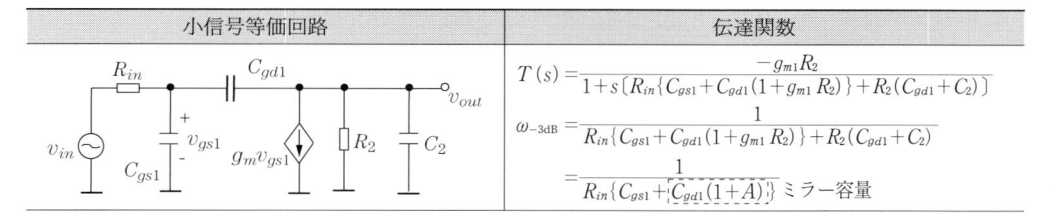

小信号等価回路	伝達関数
	$T(s) = \dfrac{-g_{m1}R_2}{1+s\left[R_{in}\{C_{gs1}+C_{gd1}(1+g_{m1}R_2)\}+R_2(C_{gd1}+C_2)\right]}$ $\omega_{-3\mathrm{dB}} = \dfrac{1}{R_{in}\{C_{gs1}+C_{gd1}(1+g_{m1}R_2)\}+R_2(C_{gd1}+C_2)}$ $\qquad = \dfrac{1}{R_{in}\{C_{gs1}+\underbrace{C_{gd1}(1+A)}\}}$ ミラー容量

6.2 演算増幅器

　理想的な特性の演算増幅器（operational amplifier, OPA）を図6.1に示す．理想特性は差動利得が無限大，同相利得は0，入力インピーダンスは無限大，出力インピーダンスは0である．VLSIに搭載するには，電源や基板から雑音が加わっても影響を受けにくい入力出力ともに差動信号の全差動演算増幅器が有効である．雑音は通常同相成分として加わるの

6. アナログVLSI

理想的演算増幅器の条件

$v_{out} = A_v (v_{in+} - v_{in-})$

差動入力に対する利得:差動利得 $A_v = \infty$
同相入力に対する利得:同相利得 $= 0$
入力インピーダンス $= \infty$
出力インピーダンス $= 0$

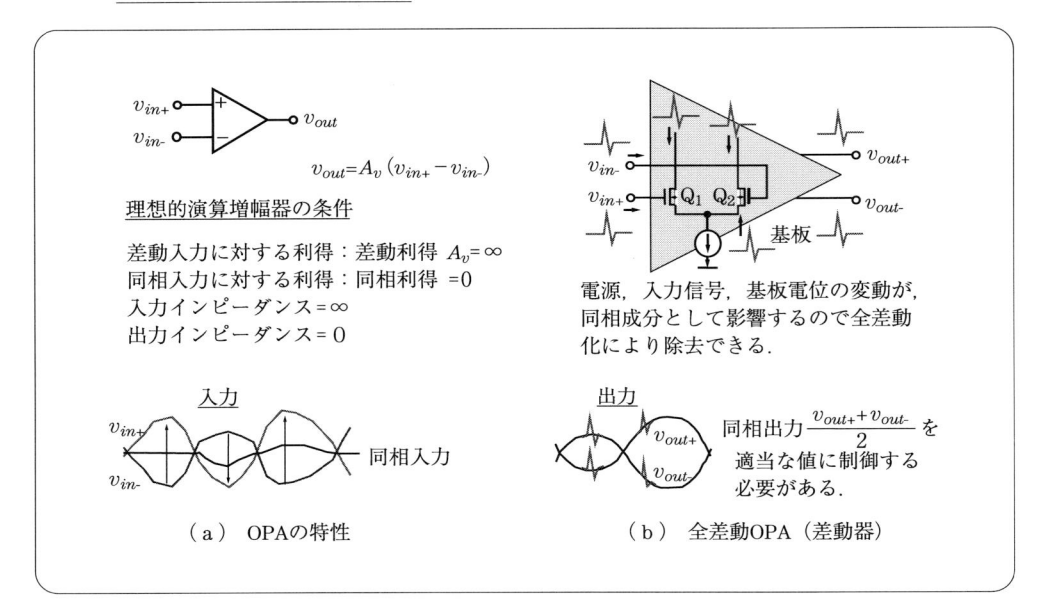

電源,入力信号,基板電位の変動が,同相成分として影響するので全差動化により除去できる.

同相出力 $\dfrac{v_{out+} + v_{out-}}{2}$ を適当な値に制御する必要がある.

(a) OPAの特性　　(b) 全差動OPA(差動器)

図6.1　演算増幅器

で,差動信号成分には現れないためである.演算増幅器の名前の由来は負帰還回路構成にすることにより,加算,減算,積分,微分など各種の演算回路を実現できることである.

6.2.1　シングル出力演算増幅器

基本的な演算増幅器は**図6.2**に示す基本回路2段で構成される.1段目にアクティブ負荷型差動アンプ,2段目にソース接地アンプを用いている.アクティブ負荷型差動アンプは差

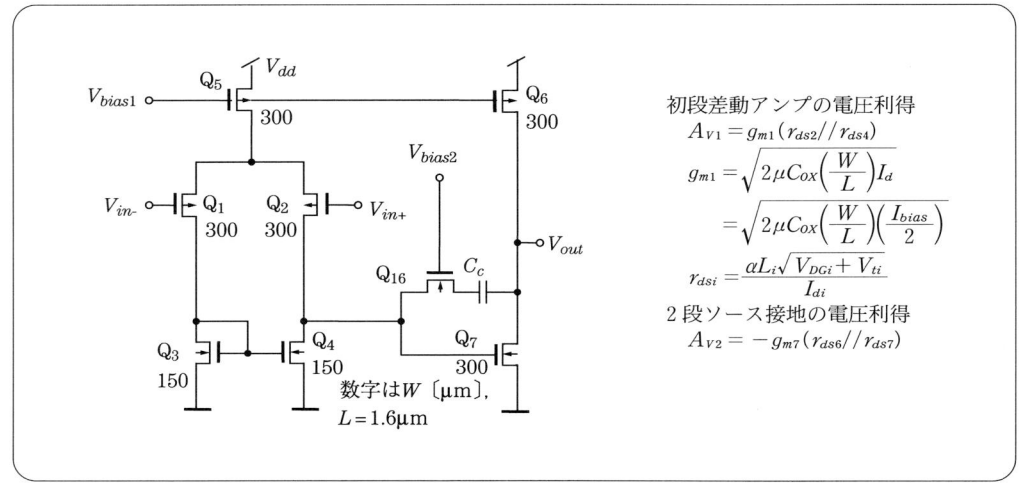

初段差動アンプの電圧利得
$$A_{V1} = g_{m1}(r_{ds2} // r_{ds4})$$
$$g_{m1} = \sqrt{2\mu C_{ox}\left(\frac{W}{L}\right)I_d}$$
$$= \sqrt{2\mu C_{ox}\left(\frac{W}{L}\right)\left(\frac{I_{bias}}{2}\right)}$$
$$r_{dsi} = \frac{\alpha L_i \sqrt{V_{DGi} + V_{ti}}}{I_{di}}$$

2段ソース接地の電圧利得
$$A_{V2} = -g_{m7}(r_{ds6} // r_{ds7})$$

数字は W [μm], $L = 1.6$ μm

図6.2　演算増幅器の基本回路

動信号をシングル信号に変換する際に信号電圧が2倍になるので，30～40 dB 程度の高い電圧利得が得られる．OPA の電圧利得は2段の利得の和

$$A_v\text{[dB]} = 20\log(A_{v1}\times A_{v2}) = A_{v1}\text{[dB]} + A_{v2}\text{[dB]}$$

となり 60～70 dB 程度が得られる．

演算増幅器の重要な特性を**表 6.6** に式及び等価回路で示す．サンプル値アナログ回路はクロックで動作するが，その際オペアンプの入力に大きな変化が加わる．大きな入力電圧が加わった状態では，差動対の一方の MOS は完全にカットオフして定電流源の電流 I_b はすべて他方の MOS に流れる．差動アンプの負荷容量は位相補償用の比較的大きな容量 C_c であるので，これを定電流 I_b で充放電する状態になる．したがって，出力電圧は時間的に一定の傾きで変化する．この傾きをスルーレート（slew rate, SR）と呼ぶ．SR が大きいほど応答性が速い．セットリング時間は，入力が変化してから SR 状態の時間を含めて，出力が必要な電圧精度までに静定する時間である．クロックで動作するアナログ回路に使う OPA のセットリング時間はクロックの周期の 1/2 以下である必要がある．

表 6.6　演算増幅器の特性

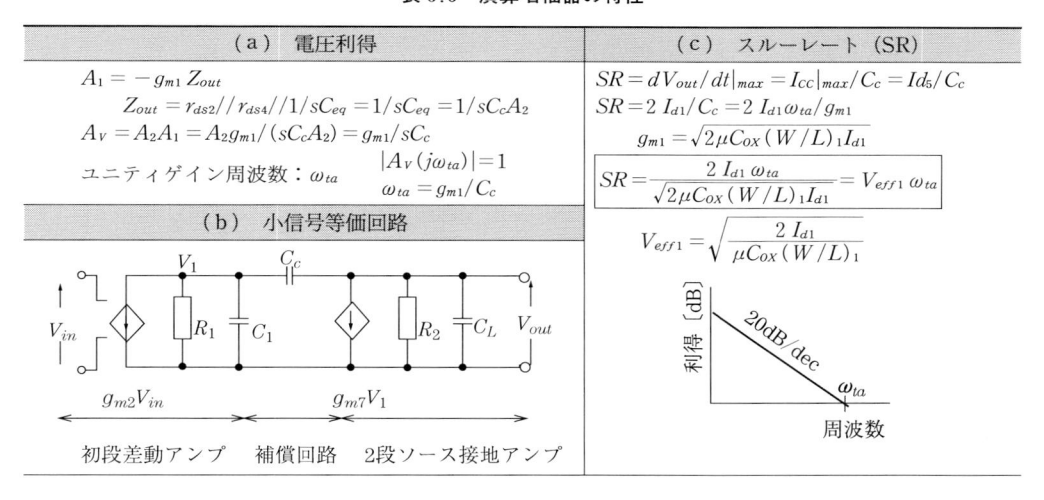

(a) 電圧利得	(c) スルーレート（SR）
$A_1 = -g_{m1}Z_{out}$ $Z_{out} = r_{ds2}//r_{ds4}//1/sC_{eq} = 1/sC_{eq} = 1/sC_cA_2$ $A_V = A_2A_1 = A_2g_{m1}/(sC_cA_2) = g_{m1}/sC_c$ ユニティゲイン周波数：ω_{ta} $\|A_V(j\omega_{ta})\| = 1$ $\omega_{ta} = g_{m1}/C_c$	$SR = dV_{out}/dt\|_{max} = I_{CC}\|_{max}/C_c = I_{d5}/C_c$ $SR = 2I_{d1}/C_c = 2I_{d1}\omega_{ta}/g_{m1}$ $g_{m1} = \sqrt{2\mu C_{ox}(W/L)_1 I_{d1}}$ $\boxed{SR = \dfrac{2I_{d1}\omega_{ta}}{\sqrt{2\mu C_{ox}(W/L)_1 I_{d1}}} = V_{eff1}\omega_{ta}}$ $V_{eff1} = \sqrt{\dfrac{2I_{d1}}{\mu C_{ox}(W/L)_1}}$
(b) 小信号等価回路　　初段差動アンプ　補償回路　2段ソース接地アンプ	利得[dB]　20dB/dec　ω_{ta}　周波数

帰還増幅器の設計では発振に対する安定性を考慮する必要がある．伝達関数の次数を n とすると，高周波における位相が 2π 回転すると発振を起こす．利得が 1 となる周波数における位相を $-180°$ から減算した値を**位相余裕**といい，位相余裕を増加させる必要がある．これが**位相補償**であり，最も基本的な方法は 2 段目のソース接地アンプの入力と出力の間に位相補償用の容量 C_c を接続することである．演算増幅器の位相補償の方法を**表 6.7** に示す．

表 6.7 演算増幅器の位相補償の方法

C_c が大きい場合	$C_c = 0$ の場合
位相補償なし（利得・位相の周波数特性グラフ）	位相補償あり（利得・位相の周波数特性グラフ、位相余裕）
位相が180°回ると負帰還が正帰還になって発振する	位相が180°回っても利得が0dBより小さければ発振しない
$\omega_{p1} = \dfrac{1}{R_1 C_c (1+g_{m7} R_2)} = \dfrac{1}{R_1 C_c g_{m7} R_2}$ $\omega_{p2} = \dfrac{g_{m7} C_c}{C_1 C_2 + C_2 C_c + C_1 C_c} = \dfrac{g_{m7}}{C_1 + C_2}$ $\omega_z = \dfrac{-g_{m7}}{C_c}$	$\dfrac{1}{R_1 C_1}$ $\dfrac{1}{R_2 C_2}$ （s 平面の極配置図）
$A_V = \dfrac{g_{m1} g_{m7} R_1 R_2 (1 - sC_c/g_{m7})}{(1+s/\omega_{p1})(1+s/\omega_{p2})}$	$A_V = \dfrac{g_{m1} g_{m7} R_1 R_2}{(1+s/\omega_{p1})(1+s/\omega_{p2})}$

6.2.2 全差動演算増幅器

全差動演算増幅器を図 6.3 に示す．図 (a) は差動カスコード回路と電流を折り返した構成，図 (b) は差動アンプとソース接地アンプの2段構成に同相帰還回路をつけた回路である．電源や基板に雑音が重畳された場合にこれが出力に現れるが，どの程度抑圧されるかを表すのが電源電圧抑圧比（power supply rejection ratio，PSRR）である．理想的な全差動回路では雑音が同相で回路に加わるので出力に現れない．しかし，入力出力ともに差動であるので，直流の動作点が決まらない．したがって，コモンモードの電圧を制御することが必要であり，このため，同相成分を検出して直流バイアス回路に帰還をかけて，同相成分を所要値に制御する同相帰還回路（common mode feedback，CMFB）回路が用いられる．

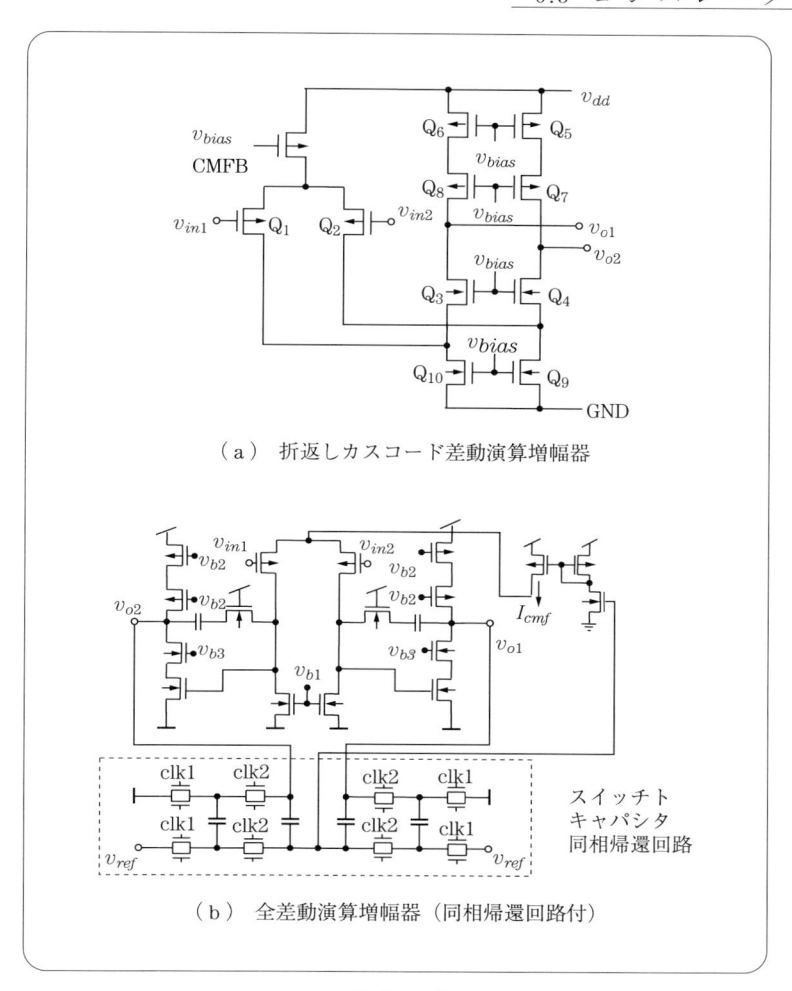

（a）折返しカスコード差動演算増幅器

（b）全差動演算増幅器（同相帰還回路付）

図 6.3　全差動演算増幅器

6.3 コンパレータ

6.3.1　基本機能

コンパレータは入力電圧（V_{in}）と基準電圧（V_{ref}）を比較し，$V_{in} > V_{ref}$ であれば "1" を出力し，$V_{in} < V_{ref}$ であれば "0" を出力する機能をもつ．演算増幅器を用いる構成と

ラッチ回路を用いる構成がある．演算増幅器は利得が大きい差動アンプであるので，正相入力に V_{in}，逆相入力 V_{ref} を加えるとコンパレータとして動作する．

6.3.2 インバータチョッパ型コンパレータ

3段インバータチョッパ型コンパレータを図 6.4 に示す．アナログスイッチでインバータに帰還をかけて，そのしきい電圧を容量 C に蓄え，しきい電圧の変動を補償して正確に比較動作をする．変動の要因には，素子の雑音，製造偏差，電源電圧変動，温度変動などがあるが，クロックの周波数より十分低い周波数成分の変動であれば補償される．インバータ1段では利得が 20 dB 程度であるので，電圧比較の感度を上げるために多段構成で用いる．各段のスイッチは段ごとに逆相で動作させている．

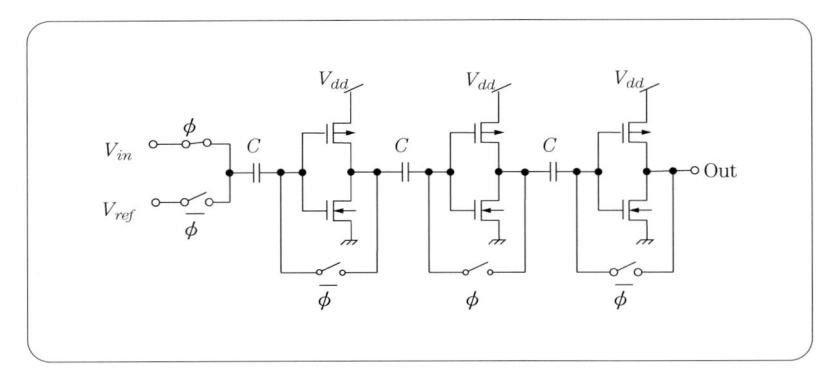

図 6.4 インバータチョッパ型コンパレータ

6.3.3 ラッチ型コンパレータ

図 6.5 に示すようにラッチ回路をコンパレータとして用いることができる．ラッチ回路は正帰還回路であるので，利得が高く，動作速度が速い．ラッチ回路には，差動アンプに正帰還をかけた構成と，2個のインバータに正帰還をかけた構成がある．ラッチ回路の前段に差動アンプを接続してバッファの役割を持たせる回路構成もある．また，オフセット電圧の補

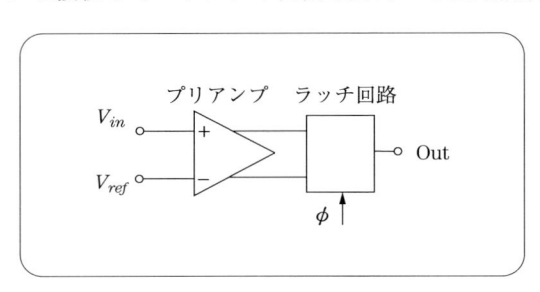

図 6.5 ラッチ型コンパレータ

償回路を付加して精度をあげる回路構成も用いられる．

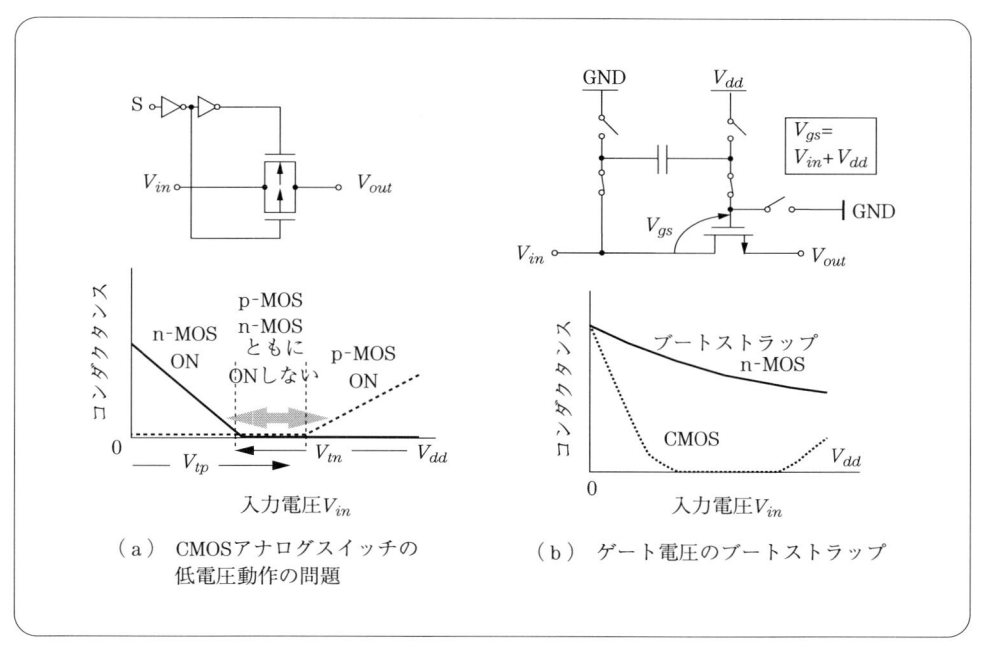

6.4 アナログスイッチ

アナログスイッチには3章で述べたトランスミッションゲートと同じように，単チャネル型とCMOS型がある．スイッチの信号帯域は $\{R_{on}(\text{オン抵抗})+R_s(\text{信号源抵抗})\}\times C_L(\text{負荷容量})$ の時定数で決まる．低電源電圧の場合，図6.6(a)に示すように，n-MOSで入力電圧が $V_{dd}-V_{tn}$ より高くなると V_{gs} がしきい値以下になってオン状態にならなくなる．CMOS型の場合も同様に入力電圧が中央付近にある場合オンしないことになる．この対策にはチャージポンプを使ってゲート駆動電圧を電源電圧以上に上げる方法がある．また，図(b)に示すように，容量に蓄積した電圧によってゲート電圧を上げる方法（ブートストラップ回路）がある．

(a) CMOSアナログスイッチの低電圧動作の問題

(b) ゲート電圧のブートストラップ

図6.6 アナログスイッチ

6.5 A-D, D-A 変換の基本動作

A-D 変換器はアナログ信号をディジタル信号に変換する回路であり，D-A 変換器はディジタル信号をアナログ信号に変換する回路である[2,3]．A-D 変換は，図 6.7 に示すように，① 標本化（sampling），② 量子化（quantization），③ 符号化（encoding）の手順で行われる．標本化に関してナイキストの定理がなりたつ．また，サンプリング周波数の整数倍の周波数（nf_s）の両側に高調数成分を持つ．これを**折返し雑音**と呼ぶ．f_s が $2f_b$ より低い場合には基本波と高調波成分との区別がつかなくなる．そこで，入力信号を $f_s/2$ より小さく制限するフィルタを A-D 変換器の前に置く必要がある．これを**折返し防止フィルタ**と呼ぶ．量子化は連続アナログ値を有限レベルの離散値にまるめることであり，この際に生じる誤差を**量子化雑音**と呼ぶ．A-D 変換器の分解能は量子化レベルの数を 2 進数で表したビット数 b で表現される．また，量子化雑音は雑音振幅がランダムな場合には平坦な周波数成分を持つ白色雑音であることが知られている．

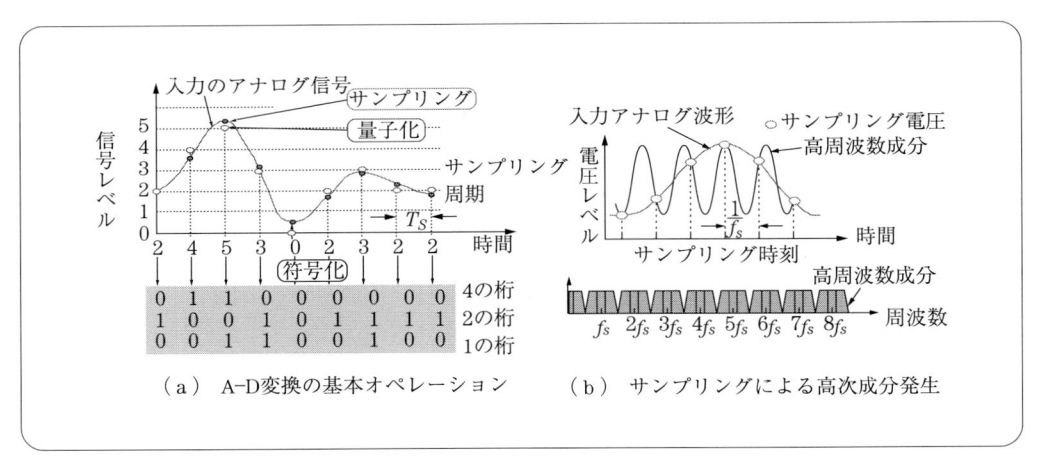

（a） A-D 変換の基本オペレーション　　（b） サンプリングによる高次成分発生

図 6.7　A-D 変換の原理

A-D, D-A 変換器の精度に関する性能は，① 分解能あるいはビット数，② 線形性（量子化誤差が LSB/2 以下となるビット数）で評価される．変換速度性能は，③ サンプリング周波数〔Hz〕あるいはサンプリングレート（sample per second, s/s）で表され，周波数特性は，④ 信号帯域〔Hz〕で評価される．

6.6 D-A 変換器

6.6.1 容量アレーD-A 変換器

回路と動作原理を図 6.8 に示す．ビット数 n の D-A 変換器は $n+1$ 個の 2 進重み付けした容量（**容量アレー**と呼ぶ）とアナログスイッチにより構成される．ここで容量 C_i は重みに応じて単位容量 C_0 の並列接続で実現される．電荷保存則により，容量アレーの上部電極の電荷の総和は 0 で保持される．V_{ref} 側につながる容量と接地側につながる容量の間で電荷再分布原理に基づいて D-A 変換される．容量アレーの共通電極の電荷が 0 で保持される

（a）回路

電荷保存の式

$$V_o\left(C_0+\sum_{i=1}^{n}\overline{b_iC_i}\right)-(V_{ref}-V_o)\sum_{i=1}^{n}b_iC_i=0$$

$$V_o=\frac{\sum_{i=1}^{n}b_iC_i}{C_0+\sum_{i=1}^{n}b_iC_i+\sum_{i=1}^{n}\overline{b_iC_i}}V_{ref}$$

（分母は全容量）

$$=\frac{V_{ref}}{2^n}\sum_{i=1}^{n}b_i 2^{i-1}$$

電荷再配分の原理

（b）容量アレーD-A変換器の動作

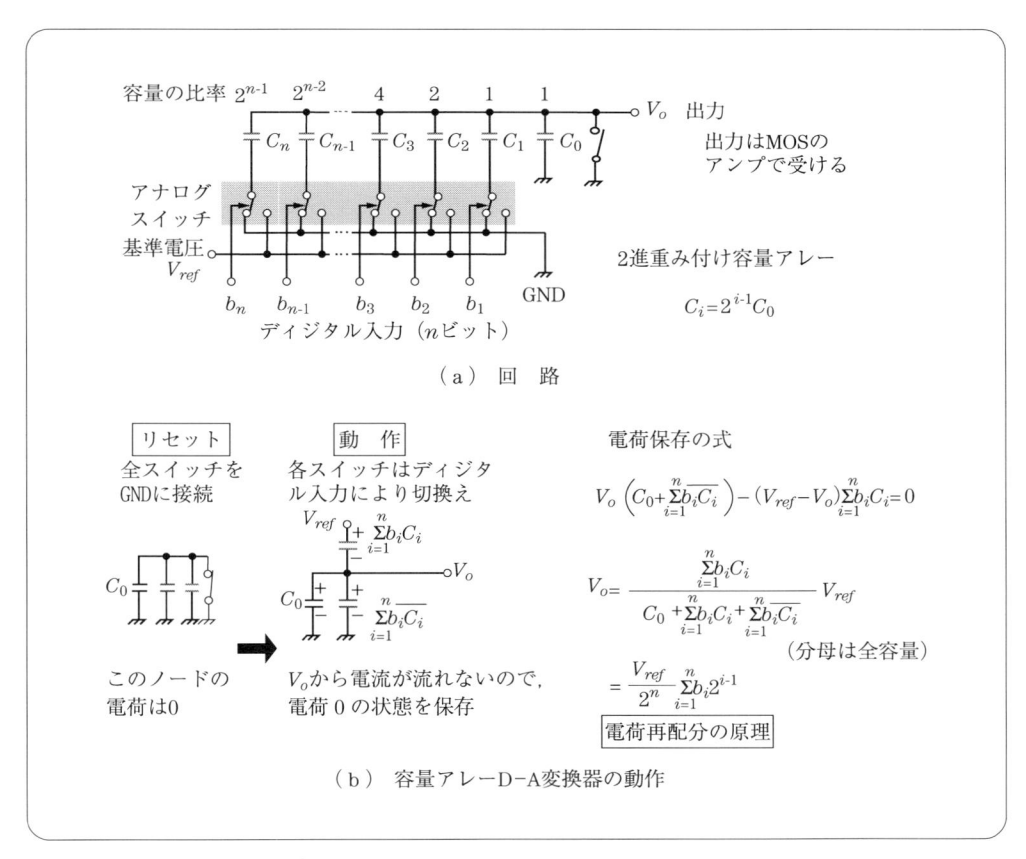

図 6.8 容量アレーD-A 変換器

ためにはバッファアンプで出力電圧を取り出す．変換精度は単位容量の比精度で決まる．

6.6.2 抵抗ストリング D-A 変換器

等しい抵抗値 r_0 をもつ 2^n 個の単位抵抗を直列に接続した抵抗ストリングを用い，この両端に基準電圧 V_{ref} を加え，各単位抵抗の接点の電圧をアナログスイッチで選択して出力する構成である．図 6.9(a) に回路を示す．アナログスイッチと高入力インピーダンスのアンプを必要とするので，MOS に適した D-A 変換器である．変換精度は単位抵抗の比精度で決まる．

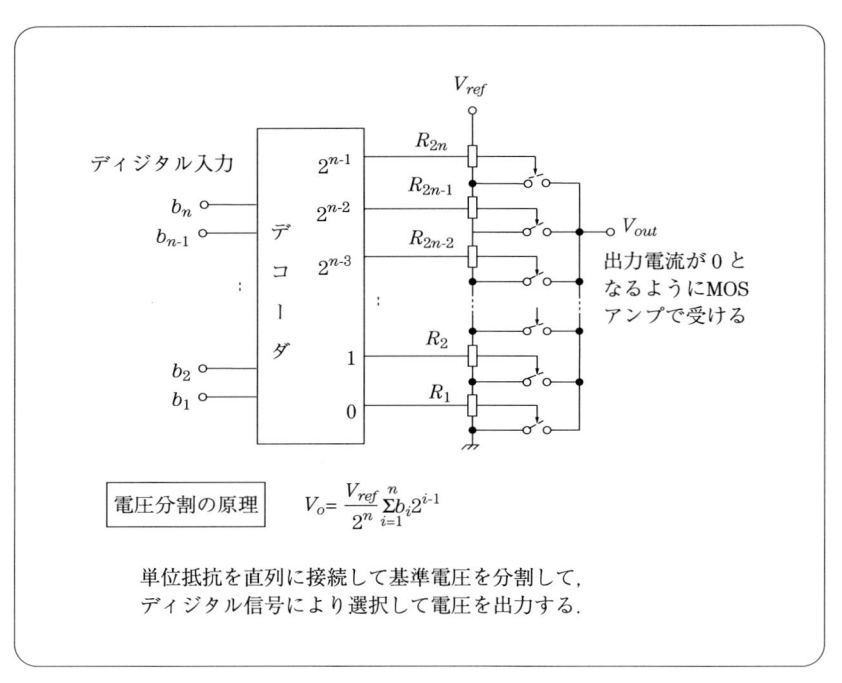

$$V_o = \frac{V_{ref}}{2^n} \sum_{i=1}^{n} b_i 2^{i-1}$$

電圧分割の原理

単位抵抗を直列に接続して基準電圧を分割して，ディジタル信号により選択して電圧を出力する．

図 6.9 抵抗ストリング D-A 変換器

6.6.3 電流加算 D-A 変換器

飽和領域で動作する MOS で構成した 2^n 個の電流源を用いる．ディジタル入力 b_i ($i=0$, $1, \cdots, n-1$) に応じて動作する電流スイッチで電流を加算して出力する．図 6.10 に回路を示す．変換精度は各電流源の電流の比精度によって決まる．

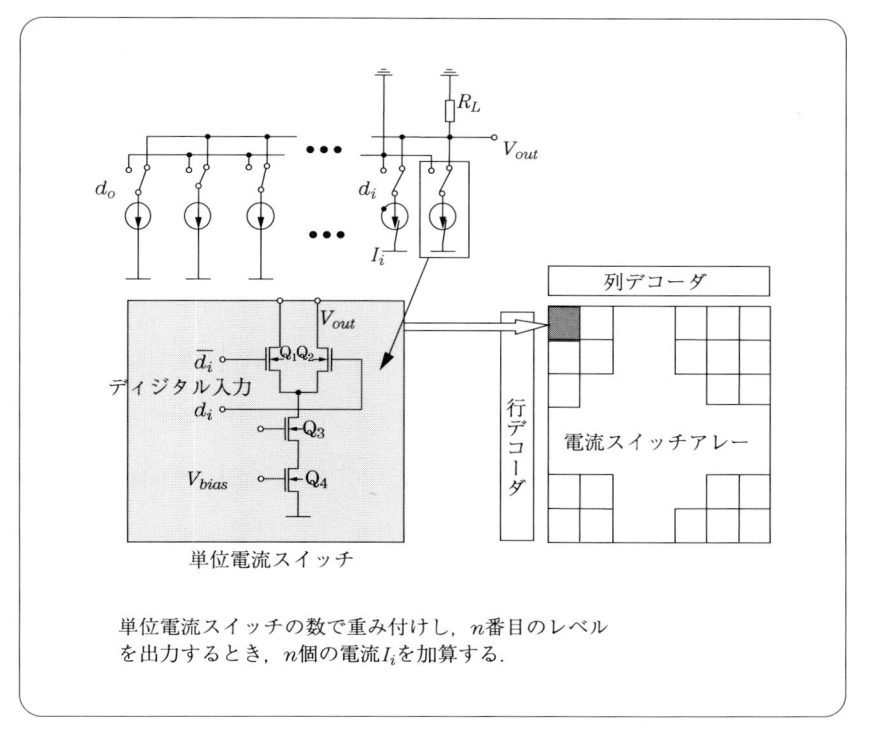

図 6.10 電流加算 D-A 変換器

6.7 A-D 変 換 器

6.7.1 サンプルホールド回路

アナログ電圧をクロック信号でサンプリングして，次のサンプリング時刻まで保持する回路である．アナログスイッチとバッファアンプで構成される．理想性能はサンプルパルス幅が狭いこと，クロックの周波数が高いこと，ホールド出力電圧が一定であること，信号帯域が広いことである．

6.7.2 逐次比較 A-D 変換器

逐次比較（succesive approximation）A-D 変換器の回路構成と動作波形を**図 6.11** に示

102　6. アナログ VLSI

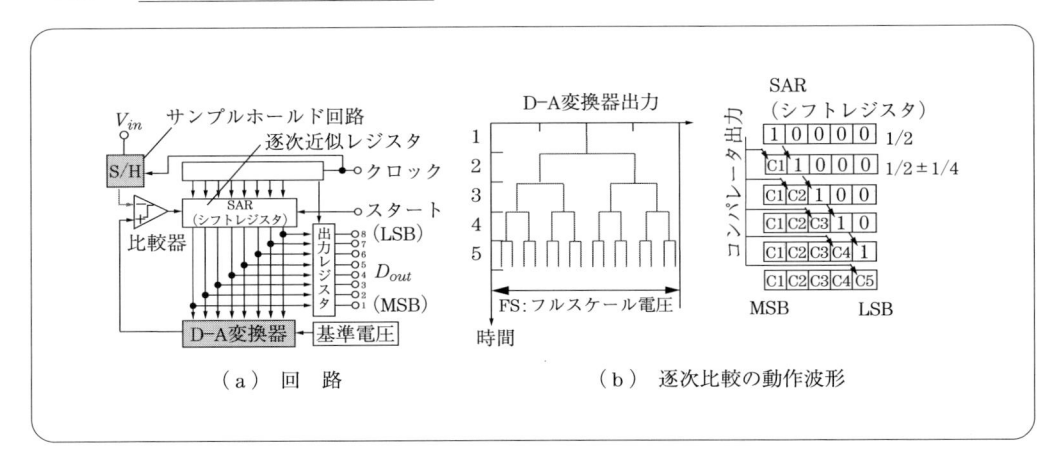

図 6.11 逐次比較 A-D 変換器

す．入力電圧をサンプルホールド（S/H）回路によってサンプリングし，1回の変換の間一定値にホールドする．最初に帰還 D-A 変換器で 1/2 フルスケール（FS）の電圧を発生して，これをコンパレータで入力電圧と比較して，入力電圧 > 1/2 FS なら最上位ビットを"1"，逆なら"0"とする．最上位ビットが"1"であれば，次のステップで D-A 変換器で (1/2＋1/4) FS の電圧を発生して，これを入力電圧と比較して，最初のビットと同じように 2 番目のビットの"1"，"0"を決める．最上位ビットが"0"であれば，次に D-A 変換器で (1/4) FS の電圧を発生して比較する．このように判定されたビットによって，次に D-A 変換器の与えるデータは SAR（successive approximation register）によって生成される．この逐次比較動作を繰り返すことにより，精度を上げながら A-D 変換を行う．ビット数と等しい回数の比較を行う必要があるが，この間に入力電圧が変化すると正確に変換されないので入力電圧をサンプルホールド（S/H）回路で一定に保つ．分解能と精度はおもに帰還 D-A 変換器と S/H 回路の精度に依存する．

この A-D 変換器では比較的小さい回路規模で中程度の精度と速度が得られる[4]．音声用の A-D，D-A 変換器を **CODEC**（符復号化）と呼び，容量アレー型 D-A 変換器を用いた逐次比較 A-D 変換器で実現された．これは最初の CMOS アナログ LSI であった[5]．

6.7.3　並列比較 A-D 変換器

並列比較 A-D 変換器の基本的な構成を**図 6.12** に示す．2^n 個（n はビット数）の全量子化レベルに対応した 2^n 個のコンパレータを用いて，1 クロックで同時に入力電圧を全量子化レベルと比較して量子化する方式である．

通常，基準電圧は抵抗ストリング型 D-A 変換器を用いて発生する．量子化された結果は

6.7 A-D 変換器

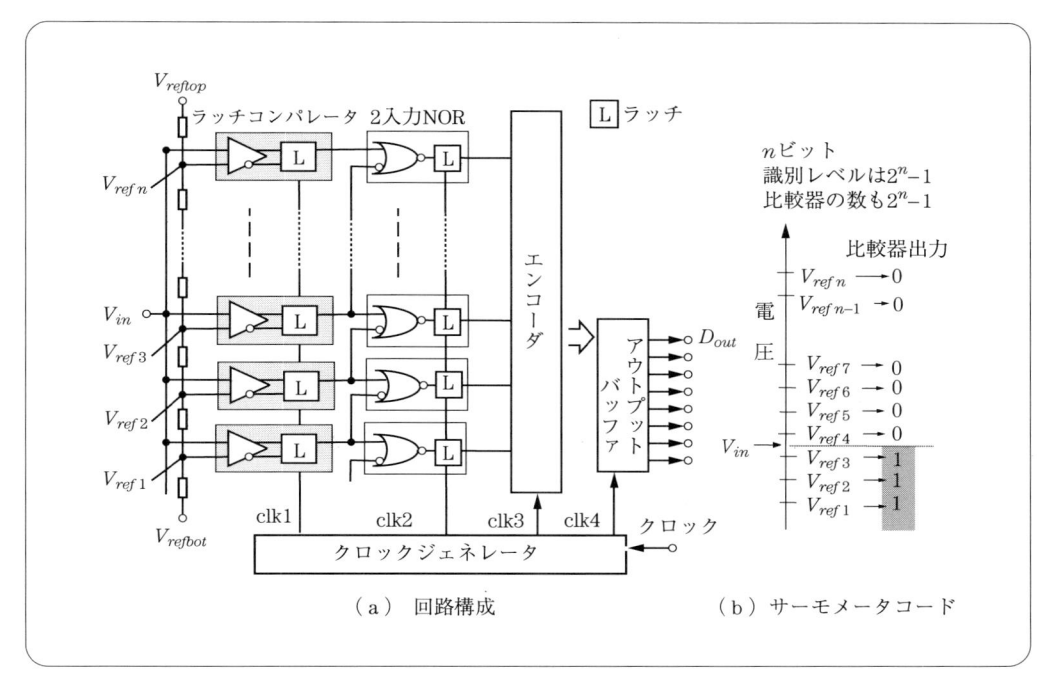

図 6.12 並列比較 A-D 変換器

(a) 回路構成
(b) サーモメータコード

コンパレータアレーの出力として，下位から"1"が連続し，ある 1 箇所で"0"に変化してそれより上位は"0"が連続するコード（温度計コード）となる．この変化点をエンコーダでバイナリ符号に変換して出力する．コンパレータとエンコーダはパイプライン動作をさせる．したがって，A-D 変換器の動作は最も高速な A-D 変換方式である．しかし，コンパレータの数が 2^n 個と多いため，分解能を上げると消費電力とチップ面積が 2^n で増加するので，8 bit より高い分解能を実現するのは困難である．各コンパレータの動作タイミングに偏差があると変換の誤差になるので，この偏差を抑える必要がある．CMOS では図 6.4 に示したインバータチョッパ型コンパレータがよく用いられる．オフセット電圧補償のためにアナログスイッチで帰還をかけるが，その際に貫通電流が流れ消費電力が大きくなるので，インバータの数を減らすために容量補間型コンパレータが考案された[6]．これは入力容量の減少にも有効である．S/H 回路は原理的には不要であるが，信号帯域が広くなるという利点がある．システム LSI の搭載できる A-D 変換器として分解能 8 ビット，変換速度 500 Ms/s が実現されている．また，測定器用に 8 bit，30 Gs/s という超高速 A-D 変換器も実現されている．

6.7.4 直並列 A-D 変換器

図 6.13 に示すように 2 段に分けて並列比較 A-D 変換を行う方式を直並列 A-D 変換と呼ぶ．入力を上位ビットの並列 A-D 変換器（粗変換）で変換し，その出力を D-A 変換してアナログに戻して入力から引き算して上位変換の量子化誤差を求める．次のタイミングでこの誤差を下位の並列 A-D 変換器（密変換）で変換する．密変換 A-D 変換器の入力レンジが全体のフルスケールと同じになるようにこの差分を増幅すると，同じ A-D 変換器が使える．A-D 変換器の分解能を n とし，上位，下位を同一ビットにするとすると，コンパレータの数は $2^{n/2+1}$ 個に減少する．この方式では 8 bit より分解能を高めることができ，またチップ面積と電力を低減することが可能である．しかし，S/H 回路と差分増幅器などのアナログ回路が必要になり，これらは変換誤差の要因になる．並列型の分解能限界の 9 bit 以上と 100 Ms/s 以上の速度を両立させることができる．

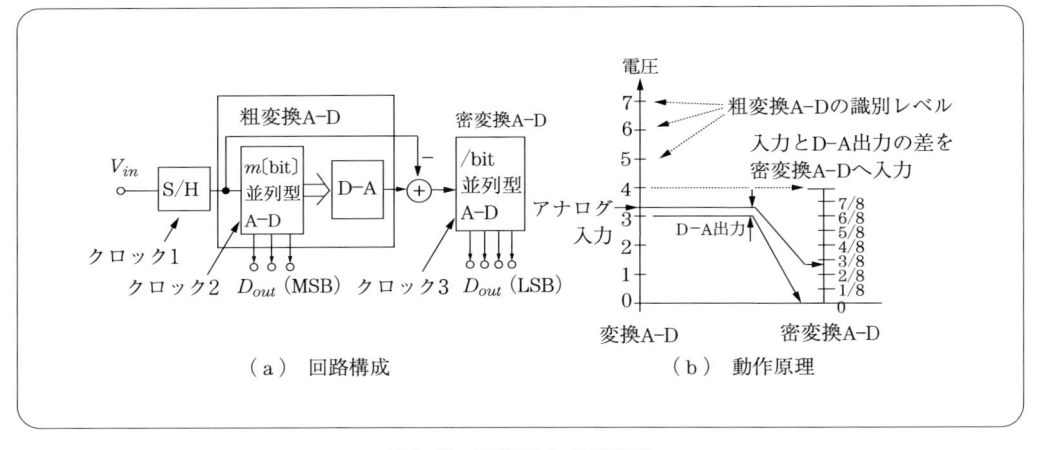

図 6.13 直並列 A-D 変換器

6.7.5 パイプライン A-D 変換器

直並列 A-D 変換器は 2 段構成であるが，各段を 1 ビットの低分解能にしてビット数に等しい段数にして，各段のパイプライン動作をさせる方法である．**縦続型 A-D 変換器**とも呼ばれる[7]．パイプライン A-D 変換器の構成を図 6.14 に示す．パイプラインの各段はコンパレータ，D-A 変換器，差分回路，2 倍のアンプで構成される．変換時間は量子化回路 1 段の動作時間で決まるので，高速に変換できる．コンパレータの数はビット数と等しいので回路規模が少なく，チップ面積と消費電力を低減することができる．図 6.15 に示すように，各段を 1.5 bit 構成にして冗長性を持たせて，ディジタル領域で誤差を補正する方式もよく用

6.7 A-D 変換器　　105

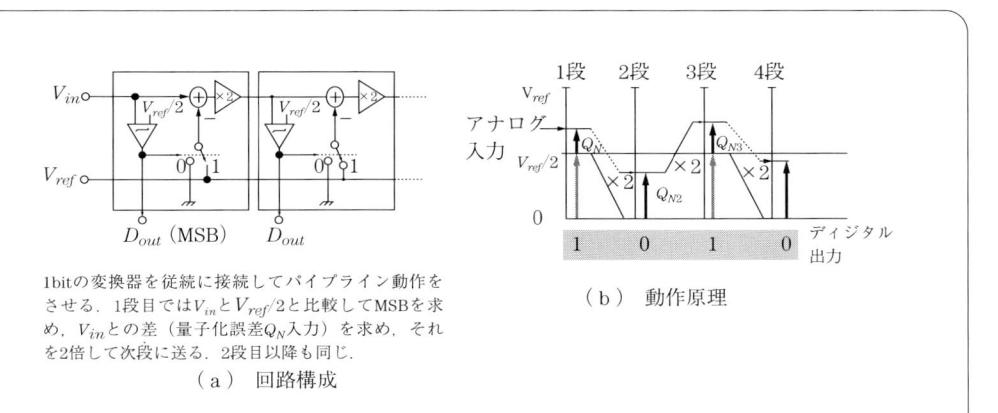

1bit の変換器を従続に接続してパイプライン動作をさせる．1段目では V_{in} と $V_{ref}/2$ と比較して MSB を求め，V_{in} との差（量子化誤差 Q_N 入力）を求め，それを2倍して次段に送る．2段目以降も同じ．

（a）回路構成

（b）動作原理

図 6.14　パイプライン A-D 変換器

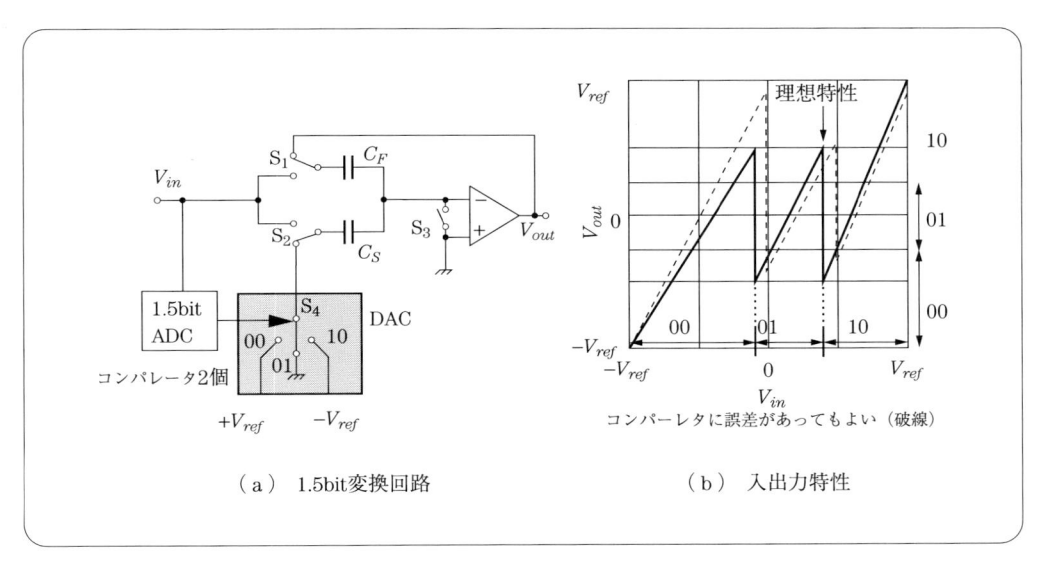

（a）1.5bit 変換回路

（b）入出力特性 　コンパレータに誤差があってもよい（破線）

図 6.15　パイプライン A-D 変換器の冗長構成

いられる[8]．最高性能として分解能 12 ビット，変換速度 100 Ms/s が実現されている[9]．

6.7.6　オーバサンプリング $\Delta\Sigma$ A-D 変換器

オーバサンプリング A-D 変換器はナイキストレート（信号周波数の2倍）の数十〜数百倍の高い周波数 f_{os} でサンプリングする方式である．この比を**オーバサンプリング比**（OSR）と呼び $f_{os}/2f_b$ で表す．

オーバサンプリング A-D 変換器には $\Delta\Sigma$ 型がよく用いられる[10,11]．図 6.16(a) に 1次 $\Delta\Sigma$ A-D 変換器のブロック図を示す．入力と D-A 変換器出力の差を積分する回路，コンパ

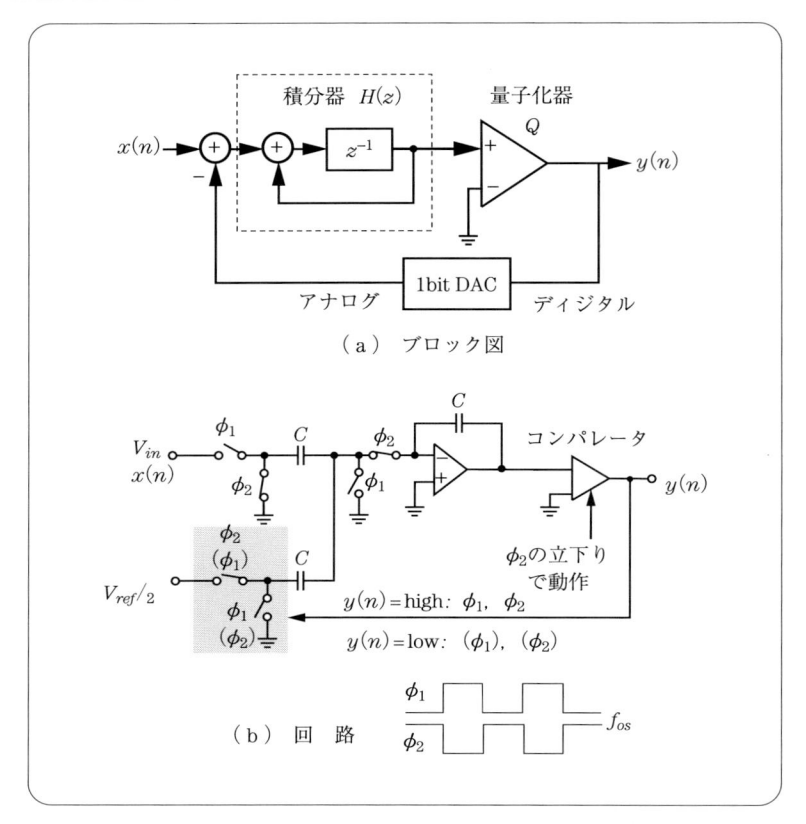

図 6.16　1次 $\Delta\Sigma$ A-D 変換器

(a) ブロック図
(b) 回　路

レータ，帰還 D-A 変換器で構成する．このループの利得は低周波ほど大きいので，低周波の量子化雑音は小さくなる．量子化雑音を f_{os} の 1/2 に近い高周波側に多く分布させて，低周波の帯域内成分を減らして SN 比を上げることが $\Delta\Sigma$ A-D 変換の原理であり，**ノイズシェーピング**（雑音周波数分布の整形）**方式**とも呼ばれる．

　CMOS による 1次 $\Delta\Sigma$ A-D 変換器の回路を図(b)に示す．積分器と 1 bit D-A 変換器にはアナログスイッチと容量素子を用いたスイッチトキャパシタ回路を用いる．$\Delta\Sigma$ A-D 変換器の SNR の OSR 依存性（計算値）を**図 6.17** に示す．k は積分器の次数であり，大きいほどノイズシェーピングの効果が大きくなり，SNR が向上する．サンプリング周波数 f_{os} を n 倍に上げると SNR は $30 \log n$ 〔dB〕向上する．また，k に対する SNR 向上は $20 \log (2^{k-1})$ となる．しかし，積分器の次数を 2次以上にするとループの位相が 2π 回って発振する可能性がでてくる．**図 6.18**(a)に 2次 $\Delta\Sigma$ A-D 変換器，安定に高い積分次数と，高い f_{os} を実現できる構成が必要である．このために，図(b)の 1次の $\Delta\Sigma$ ADC を多段接続した MASH（multi stage noise shaping）型が考案された[12,13]．MASH 型は安定な一次 $\Delta\Sigma$ の従属接続であるので，原理的に安定な高次ノイズシェーピングを実現できる．図(c)に示す

6.7 A-D 変換器

図 6.17　$\Delta\Sigma$ A-D 変換器の SNR の OSR 依存性（理論値）

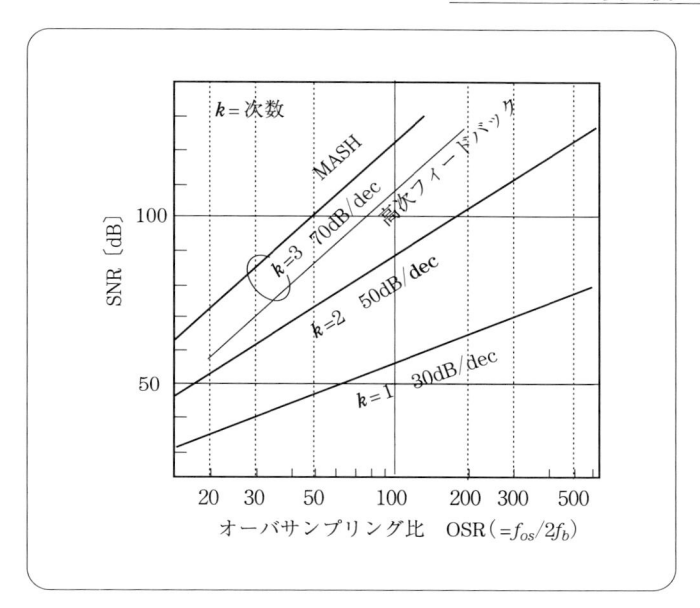

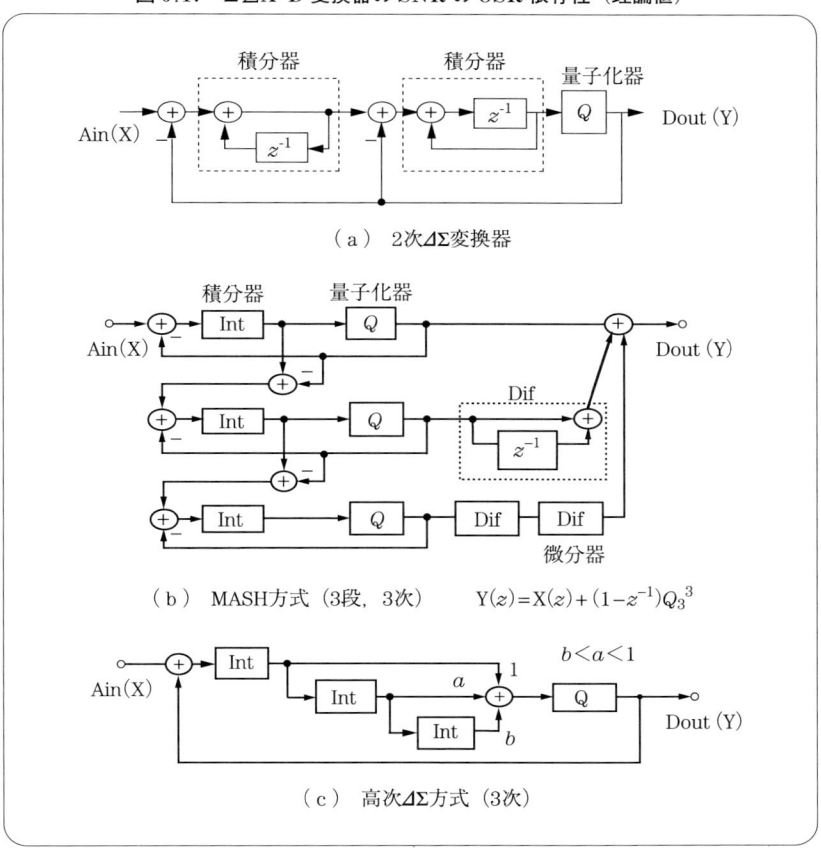

（a）2次$\Delta\Sigma$変換器

（b）MASH方式（3段，3次）　　$Y(z) = X(z) + (1-z^{-1})Q_3^3$

（c）高次$\Delta\Sigma$方式（3次）

図 6.18　高次 $\Delta\Sigma$ A-D 変換器

高次の積分器を用いた $\varDelta\varSigma$ はループの安定性を確保して SNR を上げるように伝達関数を設計する必要がある．$\varDelta\varSigma$ A-D 変換器の高精度化，高速化が進み[14,15]，ワイドバンド携帯電話用に $f_{os}=80$ MHz で帯域 2 MHz，SN 比=66 dB の性能が 1 mA の電流で実現されている[16]．スイッチトキャパシタ積分器の代わりにアナログのフィルタ（CT）を用いる CT-$\varDelta\varSigma$ A-D 変換器が考案された[17]．積分器用アンプのセットリング特性が緩和されるので，オーバサンプリング周波数を 100 MHz 以上に上げることができ，広帯域化に適しており，20 MHz 以上の帯域が実現されている[18]．

初段積分器を CT，2 段目以降を SC で実現する構成も提案され，オーディオ帯域で 106 dB の SNR が実現されている[19]．

6.7.7　開発例とシステム応用

各種の A-D 変換方式の性能とシステム応用を図 6.19 に示す．音声・オーディオ用の 13〜16 bit，10 k〜50 kHz の領域ではオーバサンプリング型がおもに用いられる．8 bit，20 MHz のビデオ帯の A-D 変換には最初は並列比較型が用いられたが，低電力，小チップ面積のパイプライン型が主流になった．10〜12 bit，100 MHz の性能の A-D 変換器をより低電力，小チップ面積で実現することが課題になっている．1 GHz 級の超高速 A-D 変換器は

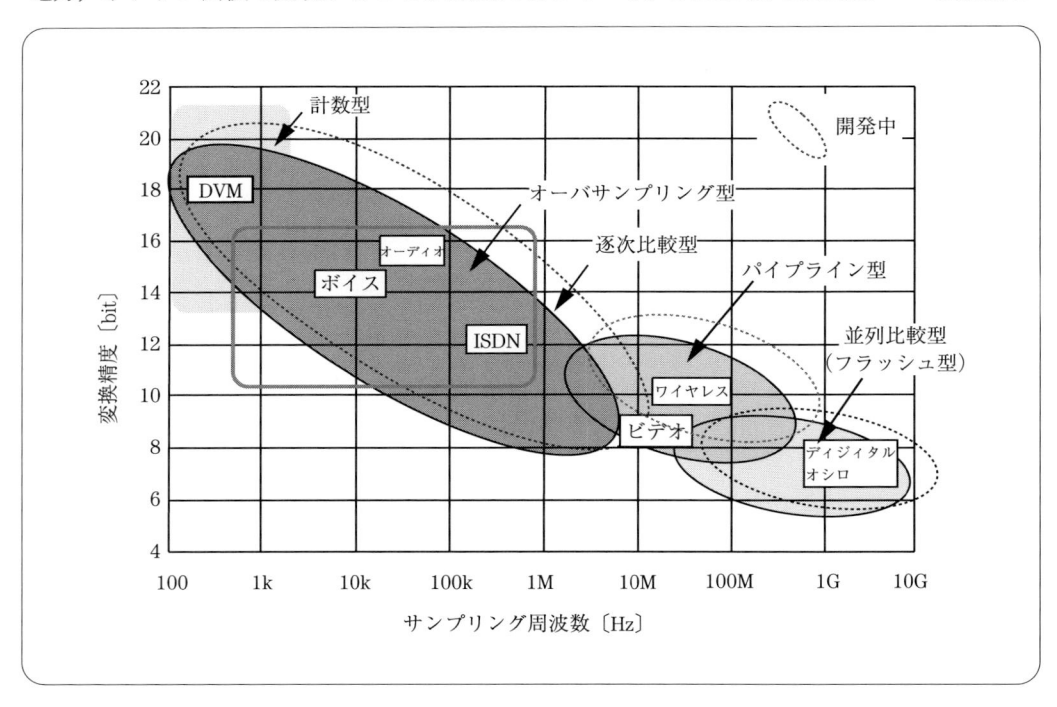

図 6.19　A-D 変換器の性能とシステム応用

ディジタルオシロスコープなどの計測器に用いられる．高精度領域では計数型 A-D 変換が主流であり，ディジタル電圧計やディジタル天秤に用いられる．

6.8 アナログフィルタ

フィルタとは，ある周波数帯の信号成分を通過させ，他の周波数帯の成分を減衰させる機能をもつ回路であり，信号成分を抽出したり，不要な雑音成分を除去するのに用いる．

6.8.1 時間連続フィルタ

時間連続のアナログ信号を扱うフィルタ（continuous time filter）である．

〔1〕 **RC アクティブフィルタ** 抵抗，容量と演算増幅器を用いた積分回路によって構成される．2個の積分回路，1個の反転増幅回路，1個の加算回路が用いて，任意の2次伝達関数を実現できる．この2次回路を従属接続することにより任意の伝達関数を実現できる．この回路の伝達関数周波数 ω_p は抵抗と容量の積（RC 時定数）で決まる．集積回路で実現できる抵抗や容量の値は，10～20% の製造偏差を持つので，高い周波数精度を実現するには調整が必要である．

〔2〕 **g_m-C フィルタ** オペレーショナル伝達コンダクタンスアンプ（operational transconductance amplifier, OTA）は，図 6.20(a)に示すように差動電圧入力に対して電流を出力するアンプである．入力抵抗が無限大，出力は負荷によらない電流を供給する電流源である．OTA の出力にキャパシタを接続した積分回路を使うのが g_m-C フィルタであり，**OTA-C フィルタ**とも呼ばれる[20]．差動入力差動出力の g_m-C 積分回路を図(b)に示す．キャパシタを1個用いる回路と2個用いる回路がある．前者は容量値が小さいのでチップ面積が小さいことが利点である．後者は4倍の容量値を必要とするが，接地された容量であるので寄生容量の影響を受けにくい．この積分器を用いて帰還回路を構成することにより，任意の電圧伝達関数を実現できる．基本的な2次の伝達関数実現する g_m-C フィルタを図 **6.21** に示す．OTA は電流出力であるので，OPA に比べて回路が簡単であるので，消費電力が低く，周波数帯域が広いという利点を持つ．100 kHz から 10 MHz 程度の高周波のフィルタに適している．

〔3〕 **特性自動調整回路** g_m-C 回路においては，素子の製造偏差を補償して，周波数

110　6. アナログ VLSI

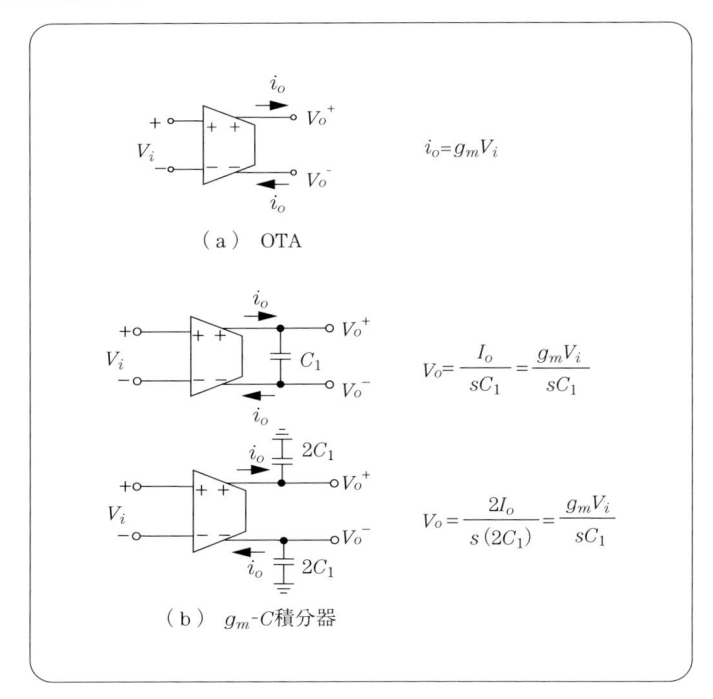

（a）OTA

$$i_o = g_m V_i$$

$$V_o = \frac{I_o}{sC_1} = \frac{g_m V_i}{sC_1}$$

$$V_o = \frac{2I_o}{s(2C_1)} = \frac{g_m V_i}{sC_1}$$

（b）g_m-C 積分器

図 6.20 OTA と全差動 g_m-C 積分回路

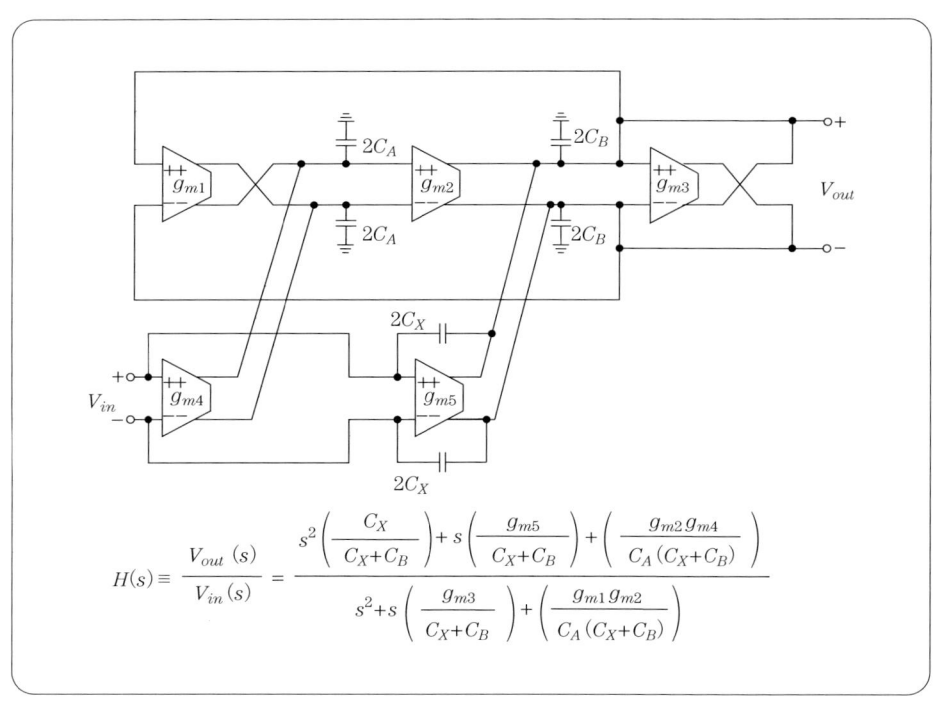

$$H(s) \equiv \frac{V_{out}(s)}{V_{in}(s)} = \frac{s^2\left(\dfrac{C_X}{C_X+C_B}\right) + s\left(\dfrac{g_{m5}}{C_X+C_B}\right) + \left(\dfrac{g_{m2}g_{m4}}{C_A(C_X+C_B)}\right)}{s^2 + s\left(\dfrac{g_{m3}}{C_X+C_B}\right) + \left(\dfrac{g_{m1}g_{m2}}{C_A(C_X+C_B)}\right)}$$

図 6.21 g_m-C フィルタ（2次回路）

特性などを所望の値に自動調整する技術が必要である．このために図 6.22 に示す特性自動調整機能を持つフィルタが用いられる．本体の回路中で時定数を決める素子と同一の素子で発振器を作り，この発振周波数を基準周波数と比較して所望の値になるように，PLL で制御する．PLL のループフィルタの出力をすべての MOS のゲートに共通に与えることにより，抵抗や g_m を自動的に調整するものである．

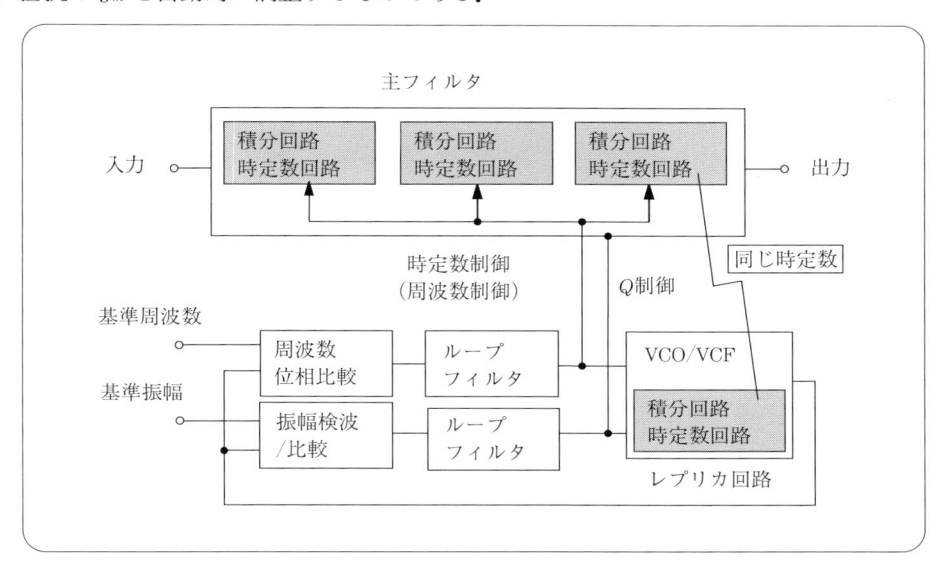

図 6.22 特性自動調整機能を持つフィルタ

6.8.2 スイッチトキャパシタフィルタ

図 6.23 に示すように容量とクロックで動作するアナログスイッチで構成されるスイッチトキャパシタ（switched capacitor, SC）は等価的な抵抗として動作する．容量の電荷をアナログスイッチでクロック周期ごとに V_1 端子から V_2 端子へ転送することで，入出力端の電位差に比例した電流を流すことができる．これが SC による等価抵抗の原理である．図に示すように等価抵抗の値は $1/f_c C$ となり，高抵抗を実現できる．また，SC は等価抵抗として熱雑音を発生する．その値は kT/C であるので，これを抑えるには C の値を大きくする必要がある．

スイッチトキャパシタフィルタ（switched capacitor filter, SCF）は RC アクティブフィルタの抵抗を SC で置き換えた離散時間のサンプル値アナログ信号フィルタである[21]．時定数はクロック周波数と容量の比で決まるので，無調整で高精度が得られるので VLSI に適しており，SCF の基本回路となる．スイッチトキャパシタ積分回路は，図 6.24 に示すように原形の RC 積分回路の R を SC で置き換えて作る．SC 回路に逆相型(1)，逆相型

6. アナログ VLSI

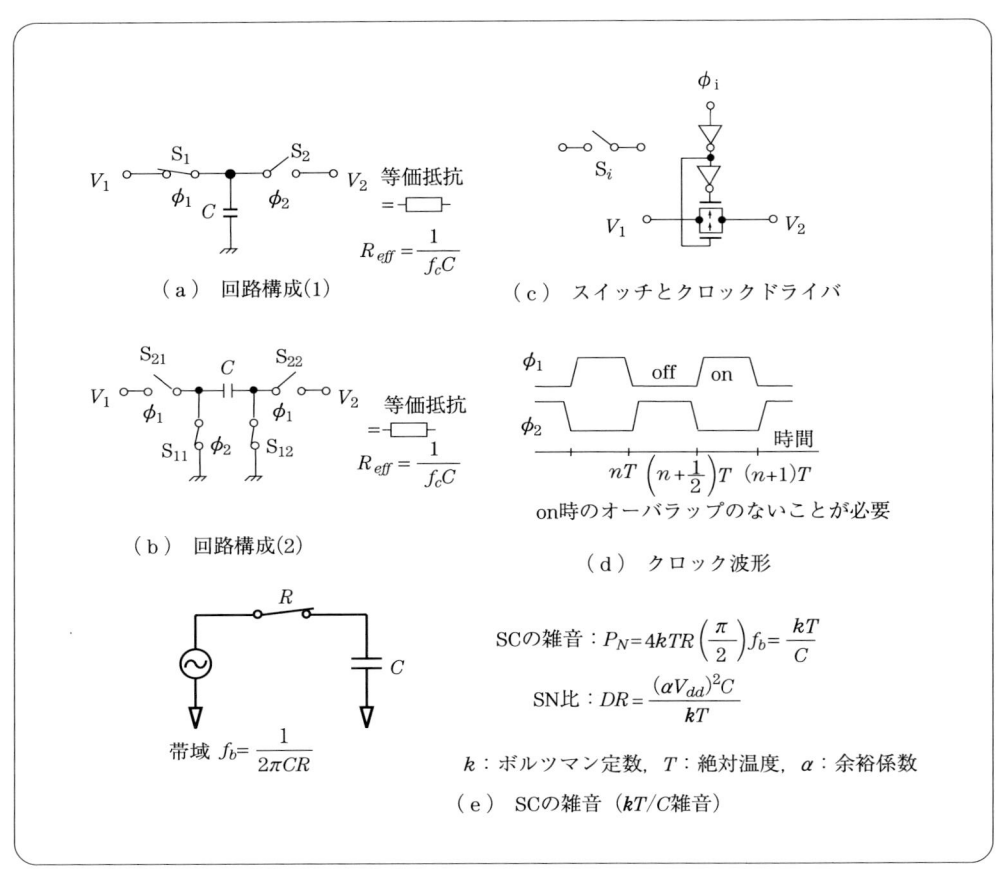

図6.23 スイッチトキャパシタ

(a) 回路構成(1): 等価抵抗 $= R_{eff} = \dfrac{1}{f_c C}$

(b) 回路構成(2): 等価抵抗 $= R_{eff} = \dfrac{1}{f_c C}$

(c) スイッチとクロックドライバ

(d) クロック波形 on時のオーバラップのないことが必要

(e) SCの雑音（kT/C雑音）

帯域 $f_b = \dfrac{1}{2\pi CR}$

SCの雑音：$P_N = 4kTR\left(\dfrac{\pi}{2}\right)f_b = \dfrac{kT}{C}$

SN比：$DR = \dfrac{(\alpha V_{dd})^2 C}{kT}$

k：ボルツマン定数，T：絶対温度，α：余裕係数

(2)，正相型(3)の3種類がある．逆相型(2)では，S_{11}，S_{12} で C_1 の電荷を放電したあとで，S_{21}，S_{22} で入力電圧に比例した電荷が充電され，積分容量の電荷として積分される．正相型は回路形は同じであるが，スイッチの動作タイミングが異なる．SCで電荷の極性が反転されるので正相積分器となる．また，寄生容量の影響を受けない回路が用いられる．SCFは10 MHz以下のフィルタの実現に適している．容量素子の電荷の和がスイッチ動作の前後で保存則が成り立つことに基づいて電荷保存則の式を求め，これを解くことにより，伝達関数を計算できる．

サンプル値回路の問題は雑音に弱いことである．電源や基板から漏れて雑音には高周波成分がサンプリングによって折り返されて低周波の信号帯域に漏れてくる．この対策として全差動型OPAを用いて回路を差動構成にすると雑音を同相成分としてキャンセルできる．MOSのスケーリングによって電源電圧が低下すると，アナログスイッチのオン抵抗が上昇して，セットリング時間が長くなる．MOSのしきい電圧を下げればオン抵抗も下がるが，

(a) 原形RC積分回路　　　　　　　　　　　　　伝達関数

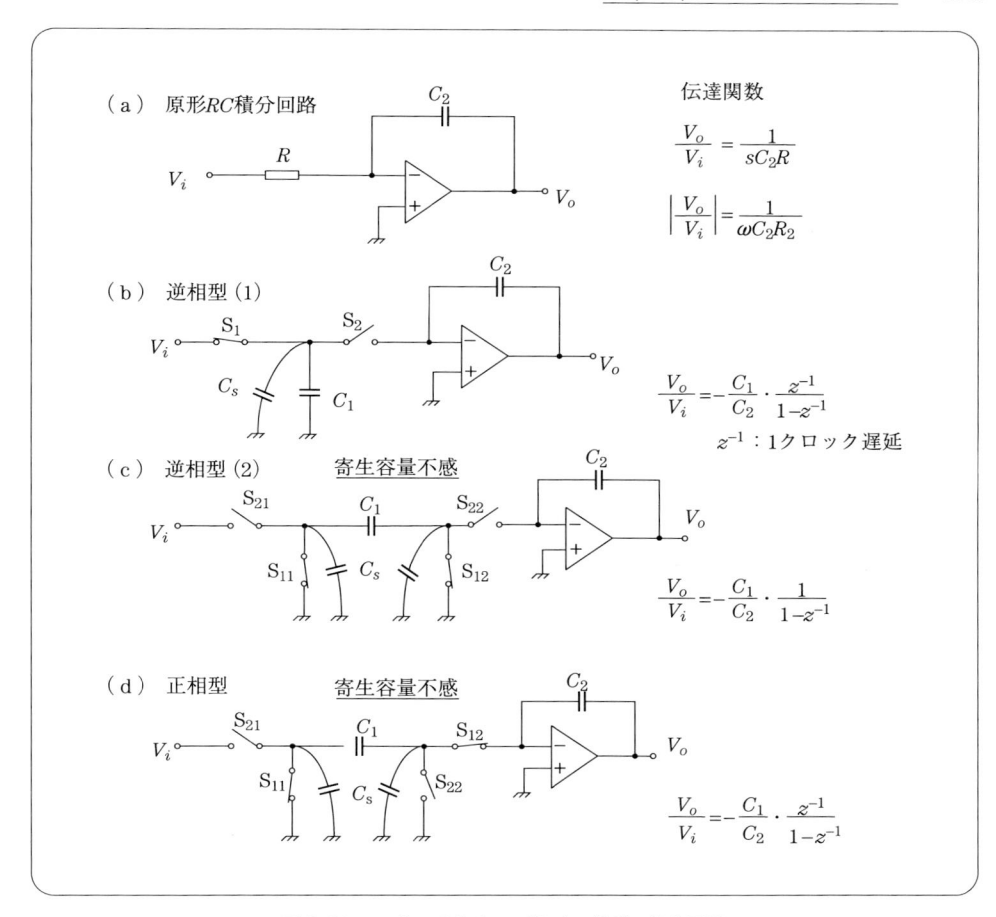

$$\frac{V_o}{V_i} = \frac{1}{sC_2R}$$

$$\left|\frac{V_o}{V_i}\right| = \frac{1}{\omega C_2 R_2}$$

(b) 逆相型(1)

$$\frac{V_o}{V_i} = -\frac{C_1}{C_2} \cdot \frac{z^{-1}}{1-z^{-1}}$$

z^{-1}：1クロック遅延

(c) 逆相型(2)　寄生容量不感

$$\frac{V_o}{V_i} = -\frac{C_1}{C_2} \cdot \frac{1}{1-z^{-1}}$$

(d) 正相型　寄生容量不感

$$\frac{V_o}{V_i} = -\frac{C_1}{C_2} \cdot \frac{z^{-1}}{1-z^{-1}}$$

図6.24　スイッチトキャパシタ (SC) 積分回路

オフ時のリーク電流が増大して完全にオフできなくなる．この対策として，同じく仮想接地点に接続する方法，アナログスイッチの一方の端子を電源あるいはグランドに固定する方法，図6.6に示すブートストラップ (boot strapping) を用いる方法がある．

本章のまとめ

❶ CMOSアナログ基本回路には，カレントミラー，ソース接地アンプ，ドレーン接地アンプ，ゲート接地アンプ，カスコードアンプ，差動アンプがある．一般に利得は駆動MOSのg_mと負荷抵抗の積で決まる．

❷ 演算増幅器には，差動入力，差動出力の構成が用いられる．利得，周波数帯域，同相入力範囲，出力電圧範囲などが重要である．CMOSアンプはフリッカ雑音が大きいので，通常は入力差動段のMOSのゲートサイズを大きくして低減する．

❸ D-A 変換器には荷重素子が必要であり，容量，抵抗，MOS が用いられる．精度は荷重素子の偏差で決まり，単位の素子を組み合わせて実現することにより 0.1％ 程度の比精度を得ることにより，調整なしで 10 ビット程度を実現できる．

❹ A-D 変換器には多くの方式がある．低周波高精度にはオーバサンプリングによる $\Delta\Sigma$ A-D 変換器が主流である．超高速には並列比較 A-D 変換器が適する．低電力で高速を実現するにはパイプライン A-D 変換器など多くの回路方式がある．

❺ 集積化可能なアナログフィルタには SCF 型と g_m-C 型がある．SCF は 100 kHz 以下の低周波に適し，調整なしで，高い精度が得られる．g_m-C は 1 MHz 以上の高周波に適するが，特性自動調整回路を搭載する必要がある．

● 理解度の確認 ●

問 6.1 ソース接地アンプの伝達関数を用いて，直流利得と 3 dB 低下帯域（$\omega_{-3\text{dB}}$）を求めよ．ただし，$R_i = 180\,\text{k}\Omega$, $g_m = 1\,\text{mS}$, $r_{ds1} = 100\,\text{k}\Omega$, $C_{gs} = 0.2\,\text{pF}$, $C_{gd} = 15\,\text{fF}$, $C_{sb} = 40\,\text{fF}$, $C_{db} = 20\,\text{fF}$, $C_L = 0.4\,\text{pF}$ とせよ．

問 6.2 ソースホロワアンプの直流利得，3 dB 低下帯域を前問と同じ素子定数で求めよ．ただし，$g_s = 0.2 g_m$ とせよ．そして，ソース接地とソースホロワの直流利得と 3 dB 低下帯域を比較してみよ．

問 6.3 $\Delta\Sigma$ A-D 変換器の SNR を計算せよ．量子化ビット数を N，量子化ステップを Δ，積分器の次数を k，オーバサンプリング比を OSR とする．

問 6.4 図 6.21 の g_m-C フィルタの伝達関数をキルヒホッフの電流法則を使って求めよ．

問 6.5 図 6.24(c), (d) の SC 積分回路の電荷保存則の式を求め，1 クロック遅延を z^{-1} で表して，z 伝達関数を求めよ．逆 z 変換の公式 $z = \exp(-sT)$（ただし，s は複素角周波数，T はクロックの周期である）を用いて S の関数に変換して，$S = j\omega$ として周波数特性を求めよ．

7 無線通信回路

　ユビキタス社会を目指した無線通信システムが急速に進歩している．携帯電話，ワイヤレス LAN，ディジタル TV などの無線システムの高性能化には 1～10GHz の無線通信（RF）回路の VLSI 化が必要である．CMOS による GHz 帯の無線送受信回路とディジタル信号処理論理回路を同一チップに搭載した RF-アナログ，ディジタル VLSI が開発されている．本章では RF 回路の基礎から最新の RF-VLSI について述べる．

7.1 無線通信回路

7.1.1 無線通信方式

　近年，無線技術を用いて種々の情報を通信するシステムが急速に進歩している[1,2]．携帯電話の発展型は，インターネットアクセス，画像や動画の通信，モバイルコンピュータとなり，また，ワイヤレスLANの発展型として高速広帯域化が進み，オフィス，ホームの広帯域ネットワークとなる．また，微弱な電波を使ったICカード，無線TAGなども進歩している．CMOSデバイスの高周波化により，GHz以上のRF回路の集積化が可能になり，携帯電話や無線LANの装置の小型化，低コスト化が進んでいる[3]．

7.1.2 無線回路のブロック構成

　無線受信機の機能はチャネル選択，増幅，復調であり，送信機の機能は変調，送信電力増幅である．受信方式にはスーパヘテロダイン方式がよく用いられ，変調方式にはディジタル方式で二相PSK(binary phase shift keying, BPSK)や直角位相（quadrature phase shift keying, QPSK）が用いられる．BPSKはキャリヤの位相をディジタル符号の"1"，"0"に対応させて0°と180°に変調する方式であり，QPSKは±45°，±135°の4状態に変調する方式である．
　スーパヘテロダイン方式を用いた2000年のディジタル携帯電話器の構成とチップ分割を図7.1に示す．この方式は2段階に周波数変換を行い，二つの中間周波数を持つ．RF信号をLNAで増幅したのち，ミクサで第1中間周波数に変換する．ミクサに加えるキャリヤ信号の周波数で受信チャネルが選択されるが，これを**局部発振器**と呼び，PLL周波数シンセサイザで実現される．
　図7.2(a)に示すように，周波数変換の際に不要な周波数成分が中間周波帯にもれてくるのを防ぐためにイメージ除去フィルタが必要であり，中間周波フィルタには急峻な特性のBPFが必要である．キャリヤの周波数間隔の狭いシステムではPLLには優れた位相雑音特性が要求される．位相雑音による周波数成分があると，図(b)に示すようにレシプローカルミクシングによって隣接チャネルの信号が中間周波数に混ざって妨害波成分になる．第2ミ

7.1 無線通信回路

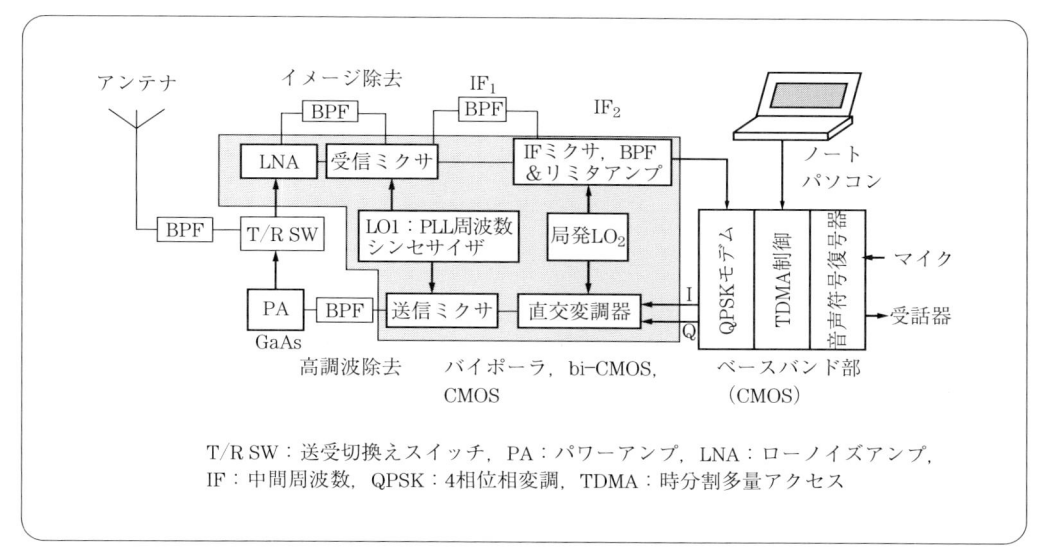

図7.1 2000年のディジタル携帯電話器の構成とチップ分割

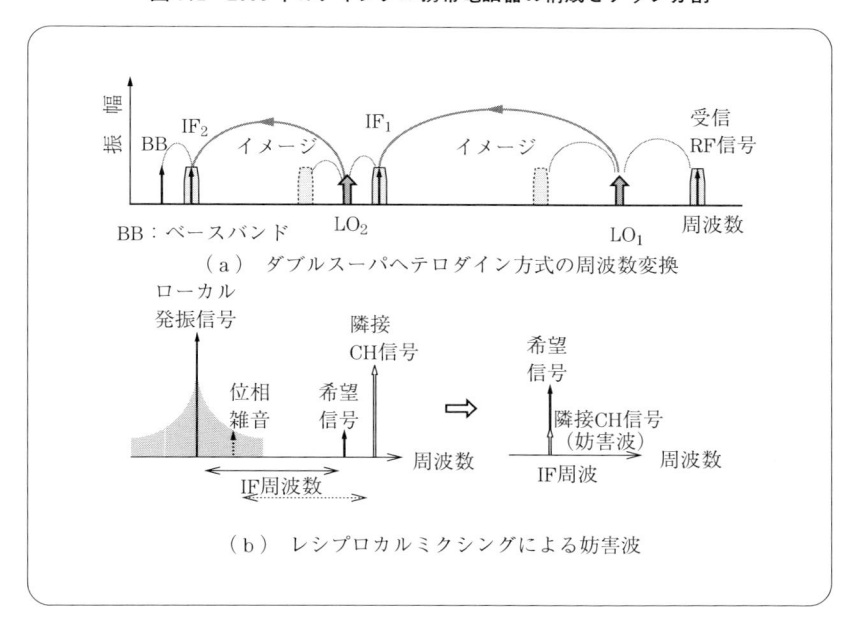

図7.2 ダブルスーパヘテロダイン方式

クサで第2中間周波数変換したのち，IFアンプで80～90 dBの高利得の増幅を行い，その後ベースバンド信号に復調する．第2中間周波数で急峻な特性のBPFを用いてチャネル選択を行い，所望のチャネルの信号のみを取り出す．このBPFには従来セラミックフィルタが用いられてきたが，g_m-CフィルタやSCFが用いた集積化が進んでいる．しかし，中間周波増幅を使わないで直接ベースバンドに復調するダイレクトコンバージョン方式（**ホモダイン方式**とも呼ばれる）も研究されている[4]．回路構成を簡単化でき，部品数も少なくでき

7. 無線通信回路

るので，短距離データ通信用の Bluetooth 方式などに用いられている．

図7.3にダイレクトコンバージョン方式のトランシーバのブロック図を示す．この受信機の長所はイメージ信号の混信がなく，回路が簡単なことであり，集積化に向いている．一方，以下の短所を持つので，解決策が必要である．受信周波数と LO（局発）信号が等しいので，LNA やアンテナで反射してミクサで周波数変換されて DC オフセット成分になる（セルフミキシング）．信号に直流信号に周波数変換されるので，素子の偏差によってベース

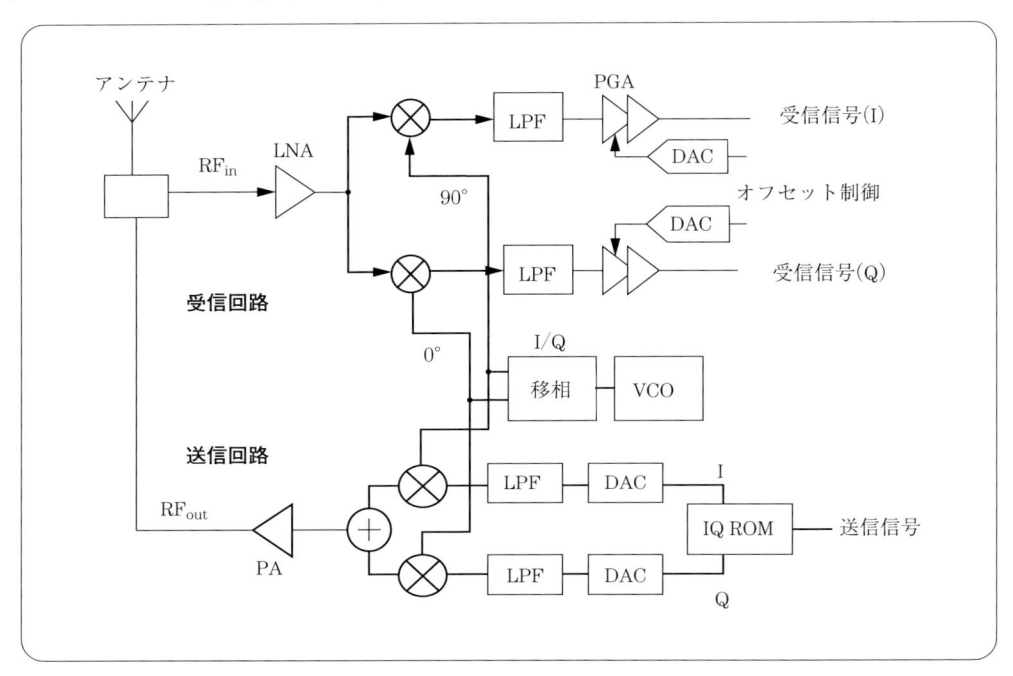

図7.3 ダイレクトコンバージョン方式のトランシーバのブロック図

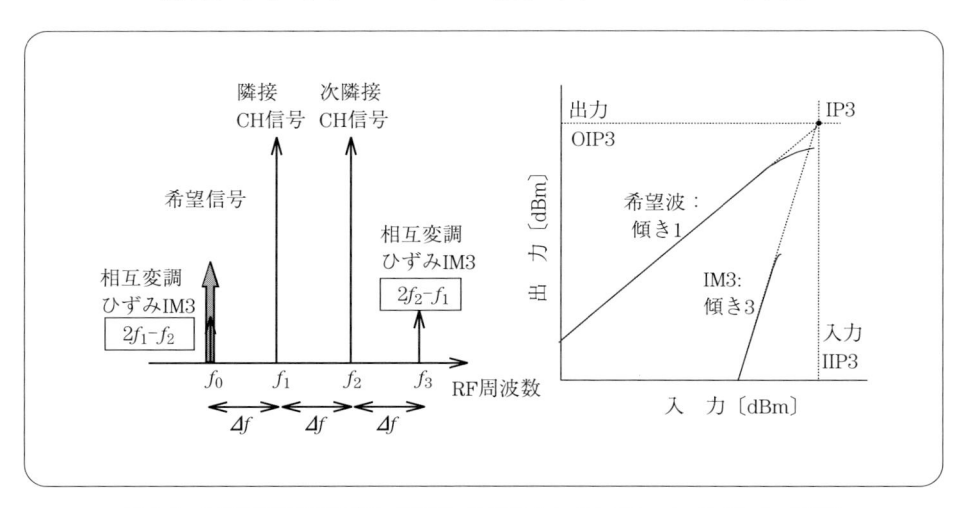

図7.4 3次相互変調ひずみ（IM3）と3次インタセプションポイント（IP3）

バンド信号にオフセット成分が重畳される．また，アンプのフリッカ雑音の影響を受けやすい．図ではオフセットを抑圧する回路を付加している．送信側では中間周波数に変調をかけて，送信ミクサでRF信号に変換して，アンテナから送信される．

スーパヘテロダイン受信機では，図7.4に示すように，隣接チャネルの周波数をf_1，次隣接チャネルの周波数をf_2とすると，3次の相互変調ひずみ（$2f_1-f_2$）が受信チャネルの周波数f_0に重なって妨害波になる．これがLNAの3次ひずみが重要な理由である．LNA以外にもミクサ，パワーアンプでも3次ひずみは重要である．3次相互変調ひずみ（IM 3）は，入力レベルに対して3乗で増加する．基本波と3次ひずみのクロスする点を**3次ひずみインタセプションポイント**（IP 3）と呼び，これが大きいほど3次ひずみが小さい．

7.1.3　低雑音増幅器

LNAは受信機の入力部に用いられ，利得は10 dB程度で低いが低雑音，低ひずみの特性を持ち，アンテナとのインピーダンス整合と出力に接続されるミクサ以降の雑音の影響を緩和するものである．雑音特性は

$$\text{雑音指数(noise figure)} = \frac{\text{出力SN比}}{\text{入力SN比}}$$

で評価される．入力のインピーダンス整合は

$$\text{リターンロス } \Gamma = \frac{Z_{in} - R_0}{Z_{in} + R_0}$$

で評価される．

入力インピーダンスを50 Ωに整合させる方法として3種類の回路がある．
① 並列帰還アンプ：入力インピーダンスを下げ，信号源と直列の抵抗で整合する
② ゲート接地アンプ：入力インピーダンスは$Z_{in}=1/(g_m+g_{mb})$となり，NF$=1+\gamma=$3/2 チャネルノイズ $I_n^2 = 4kT\gamma g_m$（$\gamma=2/3$）となる．
③ インダクタンス直列帰還アンプ（ソースディジェネレーション）

最もよく使われるインダクタンス直列帰還LNAの回路と等価回路を**図7.5**(a)に示す．ソース側にインダクタンスを挿入することにより，入力部のボンディングワイヤのインダクタンスと合わせて，入力インピーダンスを純抵抗50 Ωに整合させ，出力も後段のフィルタとインピーダンス整合させ，反射を抑える（図(b)）．インダクタンスL負荷を用いると，抵抗負荷に比べて熱雑音を小さくできる．図(c)はL負荷のカスコード回路である．L負荷は直流レベルと交流の電圧振幅を切り離して考えられるので，低電圧で動作範囲を拡大できる．しかし，Lを用いるとインピーダンスは共振特性を持つので回路は狭帯域になる．

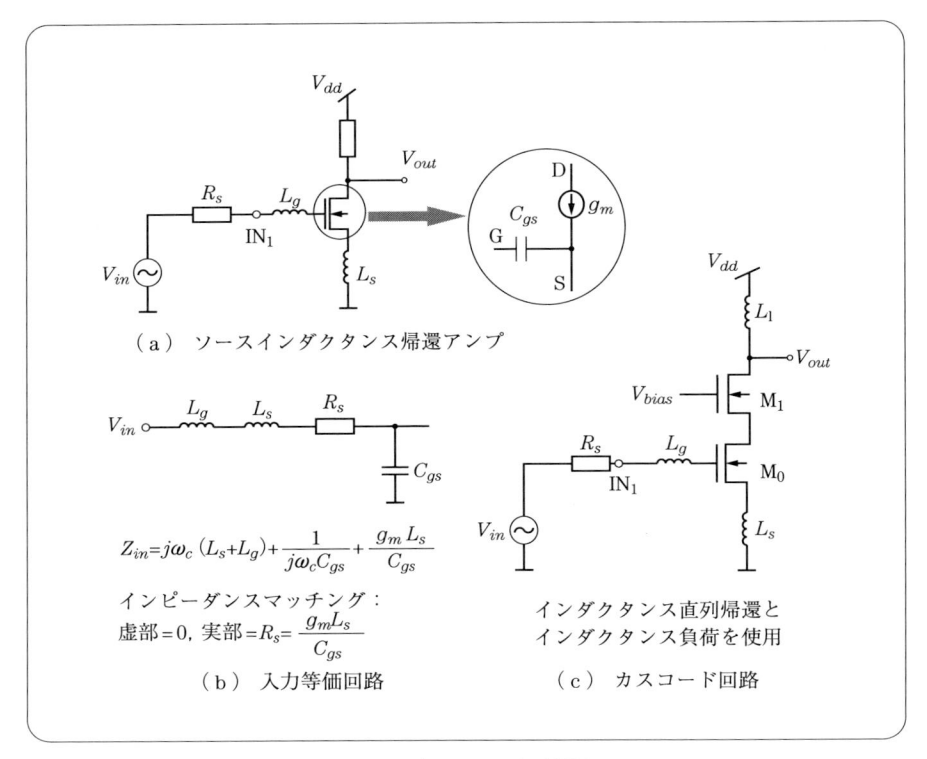

図7.5 インダクタンス直列帰還LNA

1.5 GHz で利得＝17.7 dB，入力インタセプトポイント−6 dBm，NF＝3.8 dB が得られている．電源電圧は 1.5 V，消費電力は 20 mW である．

7.1.4 ミクサ

ミクサの機能は周波数変換であり，入力信号（RF）と局部発振出力信号（LO）の乗算
$$\sin(\omega_R t)\cdot\sin(\omega_L t)=0.5\{\sin(\omega_R-\omega_L)t+\sin(\omega_R+\omega_L)t\}$$
により，差の周波数成分（$\omega_R-\omega_L$）と和の周波数成分（$\omega_R+\omega_L$）が得られる．

LSI では，図7.6(a)に示すギルバート乗算回路が差動入力・差動出力のダブルバランスミクサ（DBM）として使われる．この回路は特性がよいが，差動増幅回路を2個縦積みにしているので，高い電源電圧が必要である．折返しダブルバランスミクサ（図(b)）を用いると縦積み段数が減るので，電源電圧を下げられ，抵抗負荷の代わりに L 負荷を用いると直流バイアスと交流信号とを分離できるので低電圧化ができる．

DBM を2個用いた直交変調型（図7.7(a)）にすると，和の周波数を打ち消すことができるので，**イメージリジェクションミクサ**と呼ばれ，LPF を後置することが不要になる．

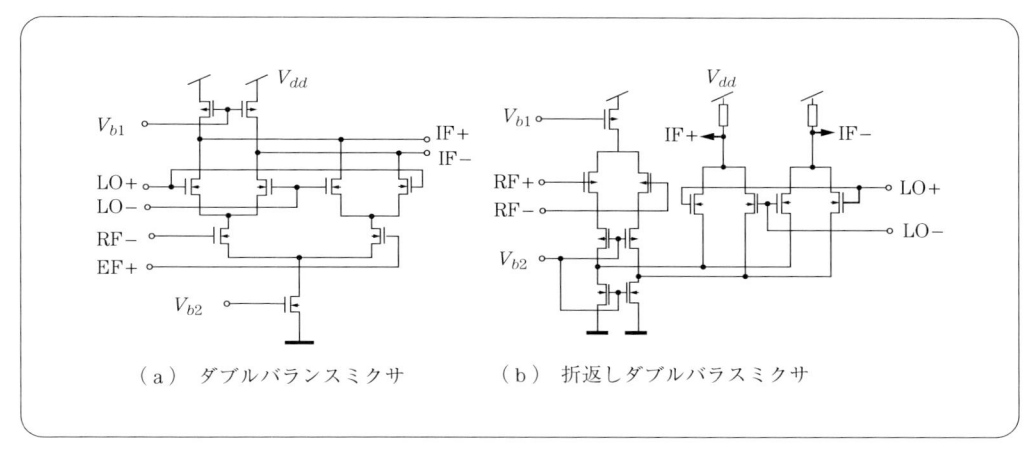

図7.6 ダブルバランスミクサ（DBM）

(a) ダブルバランスミクサ
(b) 折返しダブルバランスミクサ

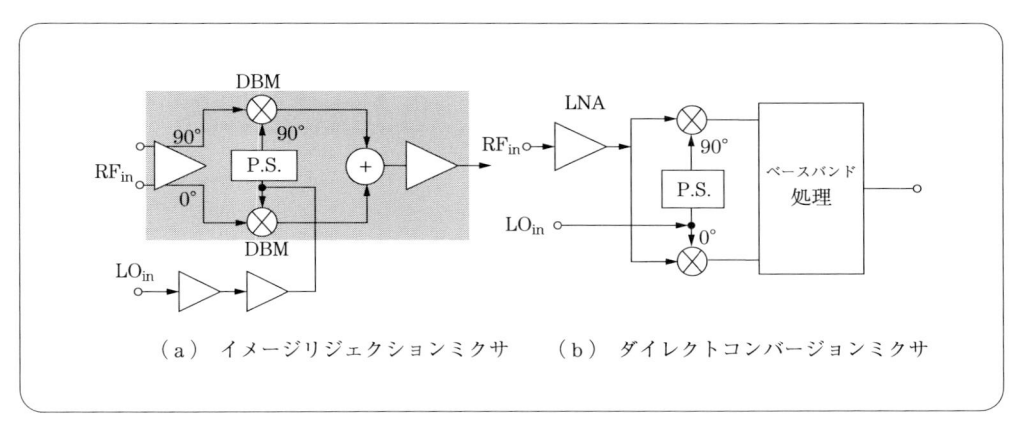

図7.7 直交変調器型ミクサ

(a) イメージリジェクションミクサ
(b) ダイレクトコンバージョンミクサ

ダイレクトコンバージョン方式では，図(b)に示すように直交変調器を用いて直接ベースバンドの信号に変換する．このとき，入力のRF信号が大きい場合に，これがLO信号に回りこんで，復調出力にDCオフセットが発生するので，これを補償する回路が必要になる．

7.1.5 中間周波回路

中間周波回路にはIFアンプと変復調器が使われる．IFアンプは多段構成の高利得な狭帯域アンプである．利得が大きいのでDCカットする必要がある．振幅リミタ機能，自動利得制御（AGC）機能を持たせる場合もある．高い線形性を持つAGCアンプにはギルバート回路を用い，乗算機能でゲインを可変にする．前述のDBMは図7.8に示すように直交変復調器にも用いられる．

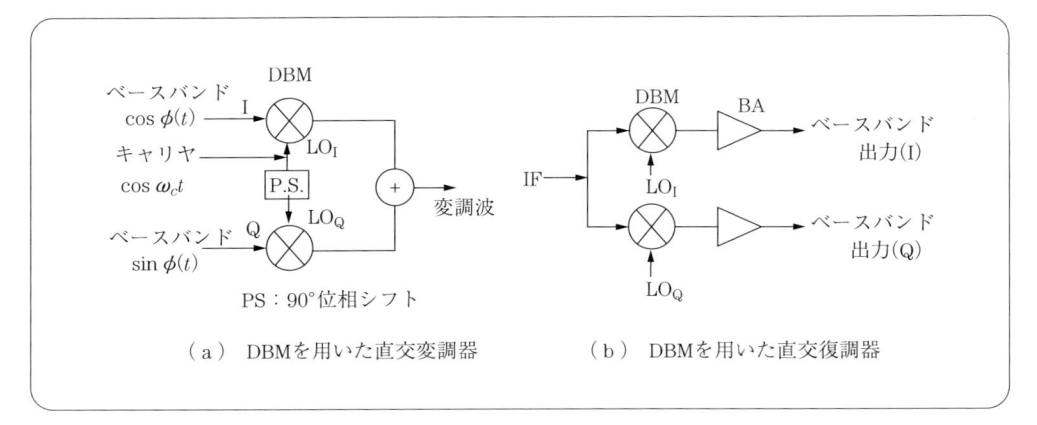

```
            DBM
ベースバンド        I
  cos φ(t)    ⊗
キャリヤ          LO_I
  cos ω_c t   P.S.        +  → 変調波
ベースバンド        LO_Q
  sin φ(t)   ⊗
         Q
      PS：90°位相シフト

   (a) DBMを用いた直交変調器

        DBM    BA
        ⊗  →  ▷ → ベースバンド
              出力(I)
IF →    LO_I
        ⊗  →  ▷ → ベースバンド
        LO_Q      出力(Q)

   (b) DBMを用いた直交復調器
```

図7.8　直交変復調器

7.2　電圧制御発振回路

電圧制御発振回路（voltage controlled oscillator, VCO）は，制御電圧によって発振周波数を可変可能な発振回路であり，回路構成にはLC型，リングオシレータ型などある．

7.2.1　LC型VCO

CMOSを用いたLC型VCOには**図7.9**に示す種々の回路がある．並列LC共振回路とMOSの正帰還回路で負性抵抗を実現して，共振回路の抵抗成分によるエネルギー損失を補償して，安定な出力を得るものである．図(b)に等価回路を示す．

Lには，LSI多層配線を用いたスパイラルインダクタを用いる．容量Cには，電圧で容量値が可変できる可変容量素子（variable capacitor）を用い，これはpn接合あるいはMOSゲート容量で実現される．発振出力の品質を上げるには，共振回路のQをあげることが必要であるが，これは抵抗成分を低減し，共振回路の周波数選択性を急峻にすることで達成される．共振回路のQはLの損失項が支配項であり，この損失には，①Lの抵抗損，②Lの発生する電界が容量結合で基板に生じさせる電位差による電流抵抗損，③磁界によって基板を流れる渦電流損がある．**図7.10**のように各損失を低減するために，①の対策は配線幅を太くし，多層配線を用いて抵抗を下げること，②の対策は電界シールドのためのメタル層を設けること，メタル層にスリットを設けること，③の対策は基板抵抗を高く

7.2 電圧制御発振回路

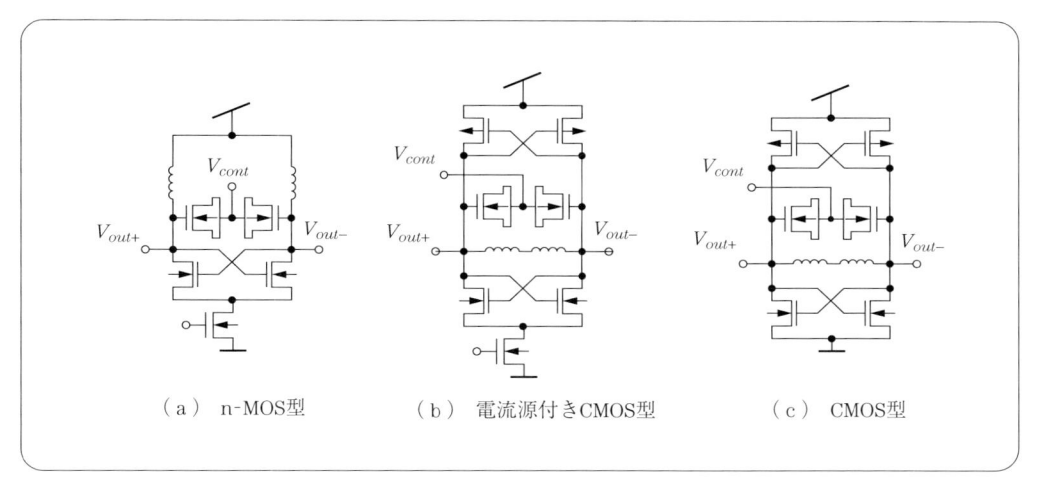

（a）n-MOS型　　（b）電流源付きCMOS型　　（c）CMOS型

図 7.9　LC型 VCO

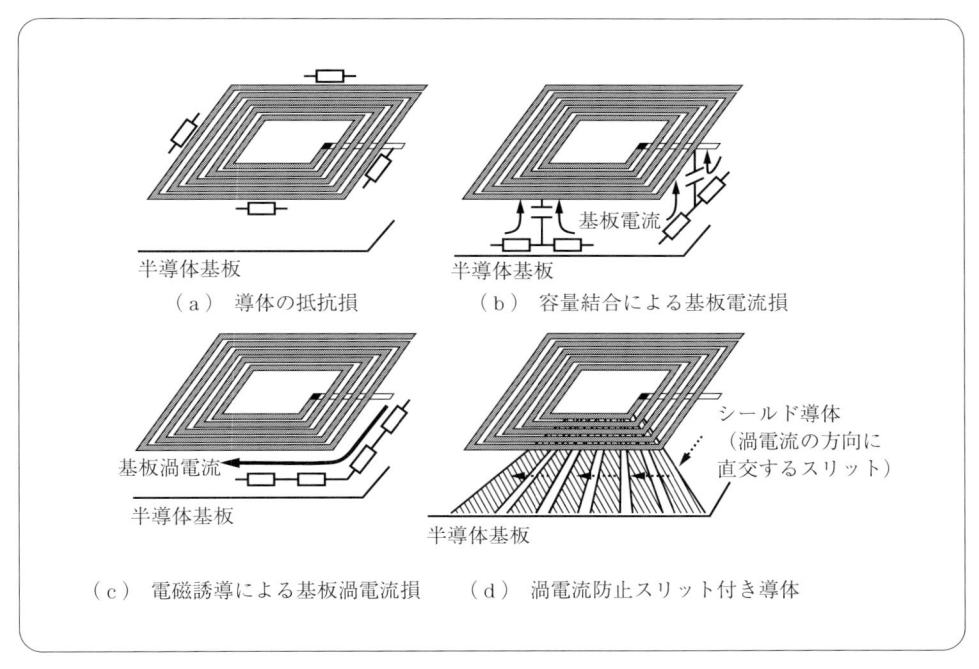

（a）導体の抵抗損　　（b）容量結合による基板電流損

（c）電磁誘導による基板渦電流損　　（d）渦電流防止スリット付き導体

図 7.10　スパイラルインダクタ（Q の低下効果と，Q を上げる方法）

することである．このような Q の高い L を実現するには $100\,\mu\text{m} \times 100\,\mu\text{m}$ 以上の大きなチップ面積が必要となる．

　発振周波数 ω_0 の VCO の位相雑音は，図 7.11（a）に示すようにオフセット（離調）周波数 $\Delta\omega$ における雑音電力と発振電力 P_s との比率で評価される．位相雑音電力密度 $L(\Delta\omega)$ は式（7.1）に示す Lesson のモデルで与えられる[5]．

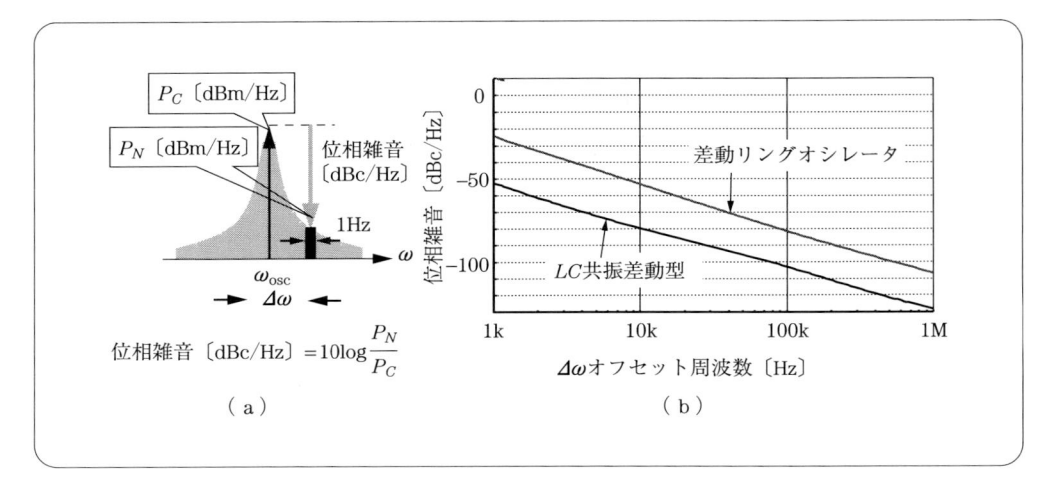

図 7.11　VOC の位相雑音

$$L(\Delta\omega) = \frac{2}{P_s} FkT \left(\frac{\omega_0}{2Q\Delta\omega}\right)^2 \tag{7.1}$$

ここで，F：パラメタ，k：はボルツマン定数，T：絶対温度，Q：共振回路の Q

このモデルによれば，位相雑音は周波数に比例し，発振振幅に反比例して小さくなる．1 GHz 以上で 10 以上の高い Q が要求される．LC 型 VCO の位相雑音の代表的な特性を図 (b) に示す．7.1 節で述べたように，無線受信機の局部発振器には，特に高い位相雑音特性が要求されるので，この LC 型が用いられる．

7.2.2　リングオシレータ型 VCO

リングオシレータ型 VCO は，**図 7.12** に示すように可変遅延回路で正帰還ループを構成した VCO である．チップ面積は小さいが位相雑音特性は LC 型に比べて悪い．可変遅延回路としては CMOS インバータに電流制御回路を付加したもの，電流モード論理回路の電流源を制御して遅延時間を可変にする回路を用いる．このリングオシレータは 100 MHz 以上の高周波の発振に適している．N 段の遅延回路で構成される VCO の位相雑音電力密度は式 (7.2)（Razavi の式）で与えられる[6]．

$$L(\Delta\omega) = \frac{2}{P_s} NFkT \left(\frac{\omega_0}{2Q\Delta\omega}\right)^2 \tag{7.2}$$

ここで，Q：等価的な値であり，3 段構成の場合，1.3 程度の値

図 7.11 (b) に示したようにリングオシレータ型 VCO の位相雑音特性は LC 型に比べて 10〜20 dB 低い．7.1 節で述べたように，MPU のクロック源は，クロック周期の 1% 程度

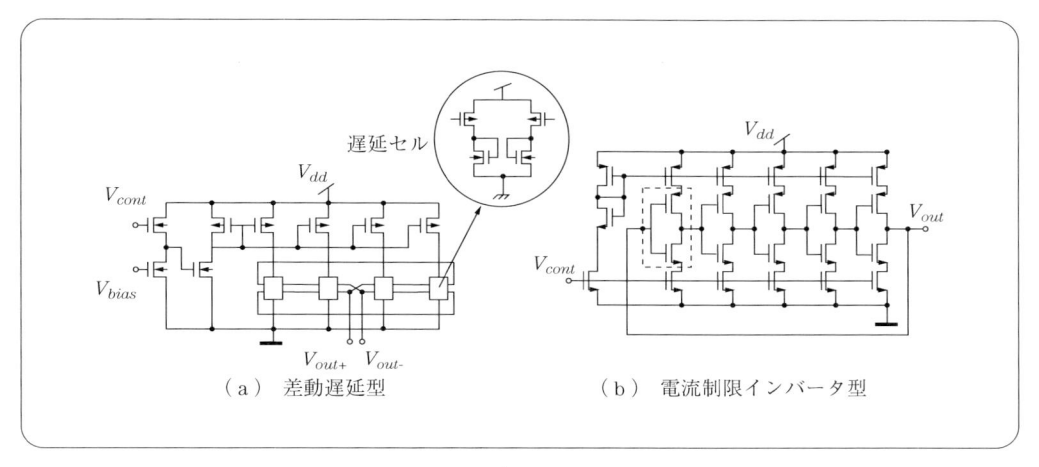

図 7.12 リングオシレータ型 VCO

のジッタ (jitter) 特性を持てばよいので,リングオシレータ型が用いられる.高速・大規模な論理回路の雑音の影響を受けないように設計することが課題である.

7.3 位相同期ループ

7.3.1 位相同期ループの概要と応用

位相同期ループ (phase-locked loop, PLL) は,集積化に適した高精度な発振器として重要な回路であり,無線器などの通信用 LSI やマイクロプロセッサなどのディジタル LSI にも広く使われている[7].外部から与えた基準信号に同期した高周波信号を発生することができる.広い範囲で位相雑音(ジッタ)の小さい高品質の RF 信号を得ることができる.

PLL を用いると,ディジタルデータで指定された精密な周波数の発振回路が実現できる.これを**周波数シンセサイザ**と呼び,ラジオやテレビのチャネル,無線機のチャネルを決める局部発振器に用いられる(図 7.1).また,数 GHz 以上の高周波のクロックを発生できるので,高速マイクロプロセッサ VLSI にクロック源として搭載されている.また,PLL は位相同期機能を持つので,ディジタル通信や光通信システムにおいて受信信号からクロックを抽出するのに用いられる.また,無線通信で周波数変調信号の変調器,復調器としても用いられる.

7.3.2 位相同期ループの構成

PLLの構成を図7.13に示す．位相比較器，チャージポンプ，ループフィルタ，電圧制御発振器（VCO）で構成される．

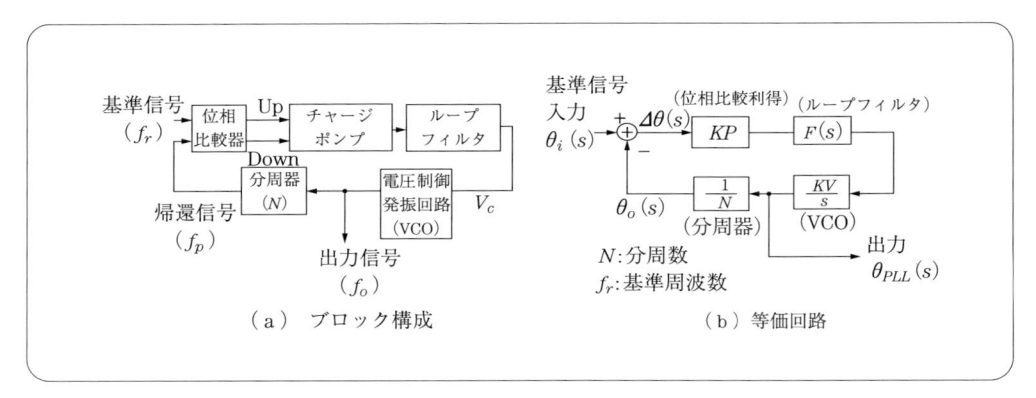

図7.13　PLLの構成

位相比較器には基準周波数信号（f_r）とVCOの出力信号（f_{vco}）を入力する．両者の位相が比較され，f_r に対して f_{vco} の位相が進んでいれば周波数を下げるようにDown信号パルスが発生し，逆に遅れていればUp信号パルスが発生する．チャージポンプでUp信号パルスの幅に応じて容量に電荷を充電し，Down信号パルスの幅に応じて電荷を放電する．この電荷による電圧の信号をループフィルタに加える．ループフィルタで高周波成分を抑圧してVCOに入力する．VCOは入力電圧が上がると周波数が上がり，下がると周波数が下がるように動作する．VCOの発振周波数 f_0 は，基準周波数を f_{ref}，分周器の分周数を N とすると

$$f_0 = N f_{ref} \tag{7.3}$$

N は整数であると，周波数を細かく設定できないので，分周数を分数にできるようにしたのがフラクショナルN型のPLLである．

7.3.3 位相同期ループの要素回路

位相比較回路と動作タイミングを図7.14に示す．入力信号をパルスに変換してパルスの立上りの位相を検出する回路であるのでLSIに適している．チャージポンプはUp信号でオンとなるp-MOSと，Down信号でオンとなるn-MOSからなる簡単な回路で実現できる．ループフィルタには R, C で構成されるフィルタが用いられる．PLLはフィードバックシステムであるので，帰還ループの特性によって安定性，応答特性が決まる．このループの特性を制御するためにループフィルタの設計が重要である．種々のフィルタがあるが，簡

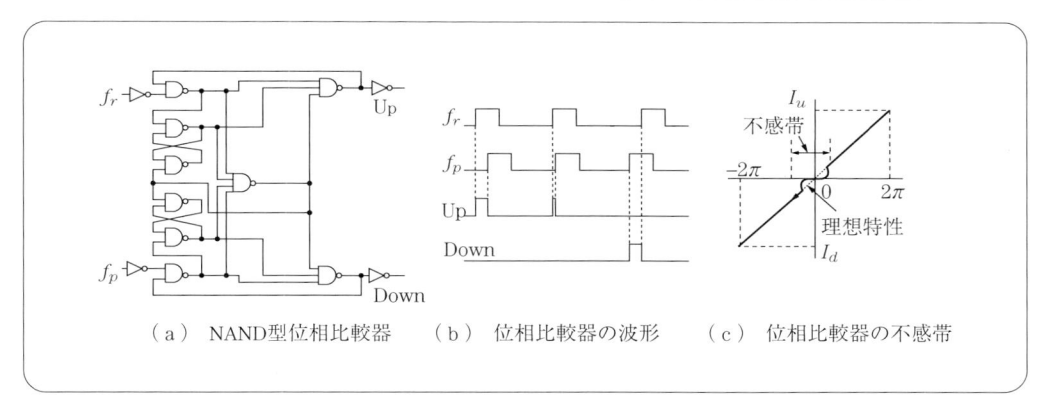

(a) NAND型位相比較器　　(b) 位相比較器の波形　　(c) 位相比較器の不感帯

図7.14　位相比較回路

単でよく使われるのはリードラグフィルタである．このフィルタの伝達関数は

$$T(s) = \frac{1+sCR}{1+sC(R_1+R_2)} \tag{7.4}$$

このループフィルタによってループの特性が決めることができる．この場合，PLLの出力信号の位相（周波数）の誤差関数は2次関数になり，ループフィルタの定数設計により応答特性を適切な状態に設定できる．ループフィルタの次数を3次以上に上げること，特性を収束状態により変えることにより，分周数が切り換わった場合の応答特性と出力波形の純度を両立させることができる．

7.3.4　位相同期ループの特性

PLLが同期していない状態から同期状態になることができる周波数範囲を**ロックレンジ**と呼び，同期した状態で基準周波数や分周数を変えた場合に同期が外れない範囲を**キャプチャーレンジ**と呼ぶ．このように基準周波数や，分周数がステップ的に変化した場合の応答特性は，ループの特性周波数とダンピングファクタによって決まる．応答時間を速くするは自然周波数 ω_n を大きくし，ダンピングファクタを適切な値にする必要がある．ループ利得の周波数特性を**図7.15**に示す．ループ内で発生する雑音はループ利得が大きいと抑圧される．低周波では抑圧されるが，帯域外の高周波帯域外では抑圧されない．外部から加わる雑音はそのまま位相雑音劣化につながる．位相雑音やジッタを抑えるには帯域を狭くする必要があり，高速応答とは相反する関係にある．これを解決するためにループフィルタの特性を切り換える方式が用いられる．

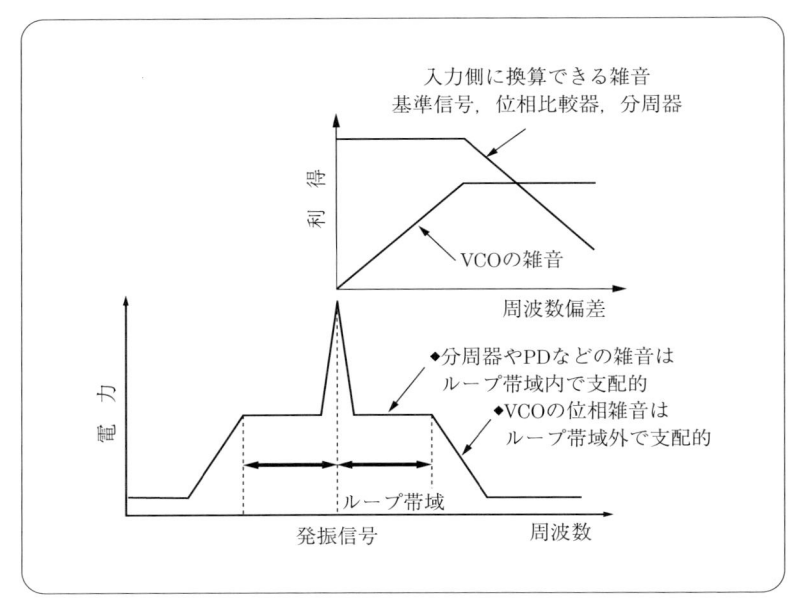

図7.15　ループ利得の周波数特性

7.4 ディレイロックドループ

　PLLに類似した回路としてディレイロックドループ（delay locked loop, DLL）がある．これはVCOの代わりに可変遅延回路を用いる．基準信号を可変遅延回路で遅延させ，この遅延信号を元の基準信号と位相比較して，遅延時間と基準信号の周期が合うように位相を同期化する．位相比較器の出力の位相差を電圧に変換するチャージポンプ回路と平滑化するループフィルタはPLLと同一である．DLLでは可変遅延回路をn段（nは整数）の単位可変遅延段で構成し，各段から個の出力を取り出すと基準信号に同期したn相のクロック信号が得られる．VCOにリングオッシレータを用いたPLLとの違いは，VCOでは出力信号が帰還されて発振するのに対して，可変遅延回路では帰還されないので，位相雑音が低いことが特徴である．多相クロックの発生回路，多相のサンプリング回路，時間をディジタル信号に変換するTDC（time-to-digital converter）などの機能の実現に用いられる．具体例として，高速半導体メモリ，シリアルディジタル信号受信回路，A-D変換回路などに広く用いられている．

7.5 RF回路混載システムVLSIの開発例

　無線周波数を直接サンプリングして時間離散値による無線信号処理を用いたBluetooth受信チップが開発された[8]．受信信号をLNAで増幅し，8段インタリーブ動作のサンプラーで等価的に2.4 Gs/sでサンプリングして，その後2回ダウンサンプルして，$\Delta\Sigma$A-D変換器でディジタル化している．多相クロックの発生にはディジタル制御のVCOを用いている．新しいVLS向きの回路技術として発展する回路方式である．また，90 nmCMOS技術を用いてPHSトランシーバチップが1チップ化された[9]．図7.16に示すように，メモリチップを接続するのみで携帯電話機器が実現できる．また，800 MHz～5 GHzの帯域で複数の無線方式に対応できるソフトウェア受信回路SDR（software defined radio）も発表された[10]．これらは今後の技術の方向性を示している．

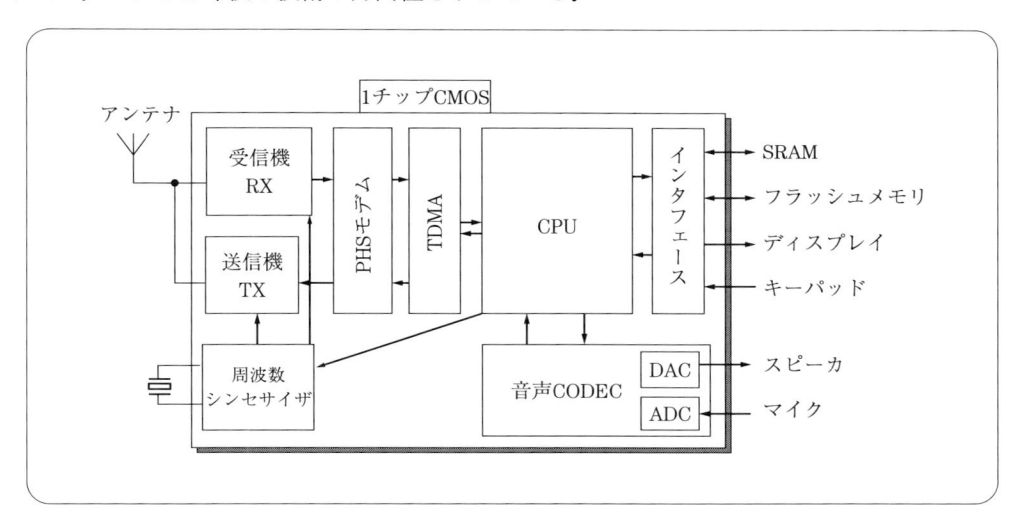

図7.16　1チップPHSシステムLSIのブロック図

本章のまとめ

❶ 無線送受信回路にはローノイズ（LNA），ミクサ，変復調器，中間周波数アンプが用いられる．LNAには低雑音特性とインピーダンスマッチング特性のためにインダクタンスを用いる．ミクサ，変調器，復調器にはダブルバランスミクサ（DBM）が用いられる．

❷ VCO 回路には LC 共振型，リングオシレータ型がある．LC 型は 1 GHz 以上の高周波に向いており，低位相雑音であるが，インダクタンスのチップ面積が大きい．リングオシレータ型は 100 MHz 以上が実現でき，チップ面積は小さいが，LC 型に比べて位相雑音は大きい．

❸ PLL は VCO，位相比較器，チャージポンプ，ループフィルタ，分周回路で構成される．無線機の局部発振器，高速ディジタル VLSI のクロック源として広く用いられる．

――●理解度の確認●――

問 7.1　無線方式を 3 種類あげて，特徴を比較せよ．

問 7.2　多段のアンプにおける雑音特性（ノイズフィギュア）を求めよ．ただし，n 段目のアンプの利得と NF を A_n，NF_n とする．どのような場合，NF が初段のアンプで決まるようになるか．

問 7.3　リングオシレータ型 VCO と LC 型 VCO の発振周波数はどのように決まるかを述べよ．

問 7.4　無線受信機において，VCO を局部発振器に用いる場合，位相雑音特性が重要である理由を述べよ．

問 7.5　PLL のループフィルタの帯域を切り換える回路を考えよ．

8 VLSIの設計法と構成法

　VLSIの設計法とコンピュータ支援設計（computer-aided design, CAD）について述べる．集積回路の規模の拡大に伴い，設計効率と設計品質の向上が必須になっている．このために設計のレベルを論理設計から機能設計へ上位化するために，各種の合成プログラム，検証プログラムが鍵になっている．また，ハードウェアとソフトウェアを並行して同時に進めることも重要になっている[1)-4)]．各種のLSI構成法があり，性能要求，生産量などから選択する必要がある，また，システムオンチップ，システムオンパッケージなどのシステム実現法にも多くの選択肢がある．実装については本シリーズの「VLSI工学――製造プロセス編――」を参照されたい．

8.1 VLSI 設計法と開発の流れ

集積回路設計開発の流れを**図 8.1** に示す．開発チップの機能・仕様をもとに，機能設計，論理設計，回路設計，レイアウト設計という順に設計される．設計の最終結果はマスクデータとなり，マスク作成に渡され，ウェーハ製造プロセスに投入される．製造されたウェーハは検査され，良品チップ組み立て，検査を経て製品になる．この開発フローは複雑であり，膨大な作業量とデータ量が必要となり，**コンピュータ支援設計（CAD）**が必須である．CAD の目的は設計を自動化して設計時間を低減し，厳密な設計検証により設計品質を上げることである．CAD プログラムには論理回路やレイアウトを自動的に合成（シンセシス）するツールがある．また，検証ツールには機能シミュレーション，論理シミュレーション，

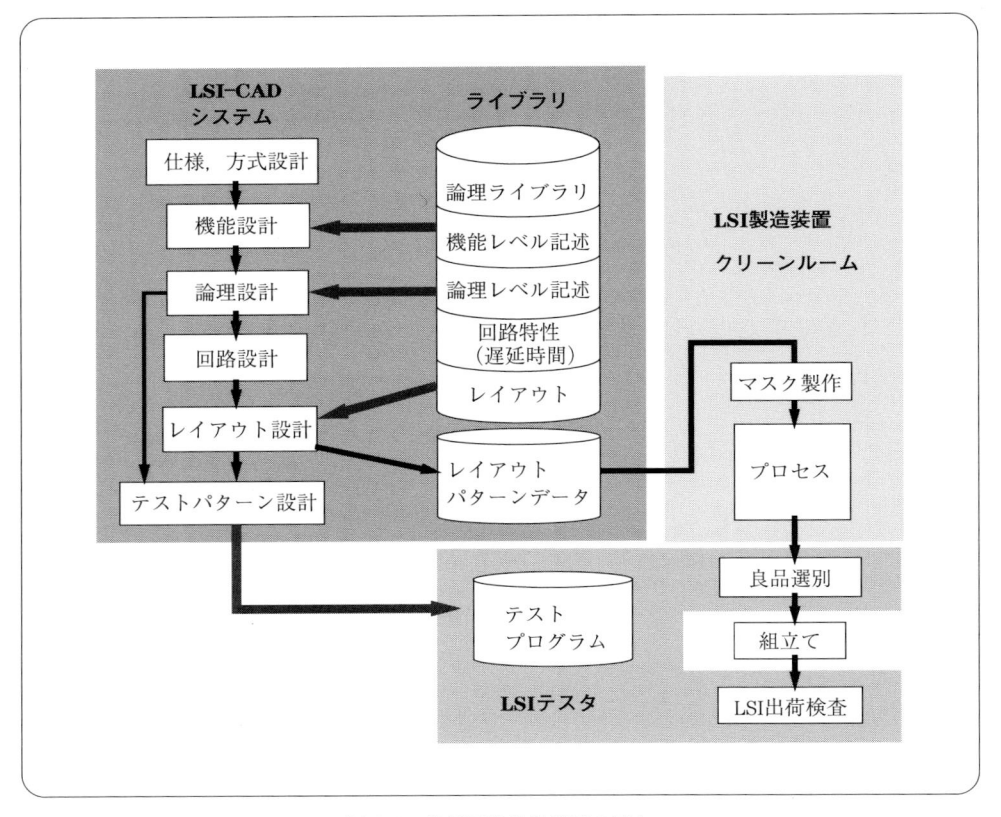

図 8.1　集積回路設計開発の流れ

タイミングシミュレーション，回路シミュレーション，レイアウト検証ツールがある．

図 8.2 に LSI-CAD 技術の進歩と設計生産性の年次推移を示す．このように設計生産性を上げるには機能設計から論理設計，回路設計，レイアウト設計というように，上位の記述から順に下位に自動設計する手法が有効である．このトップダウン設計により，設計できる回路規模を大幅に向上できる．図 8.3 に自動設計の上流化と大規模化の様子を示す．また，設計ミスを排除することができる．更に，動作速度を向上させる設計，チップ面積を最小にす

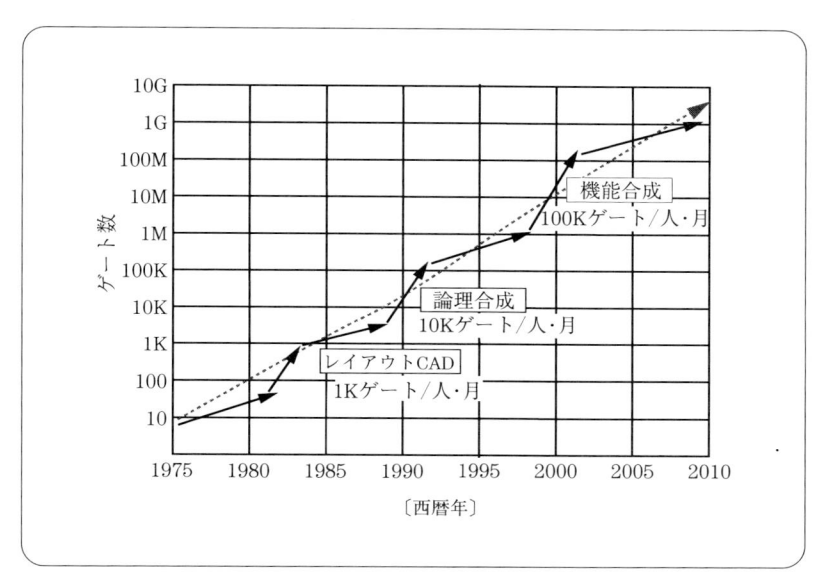

図 8.2　LSI-CAD 技術の進歩と設計生産性の年次推移

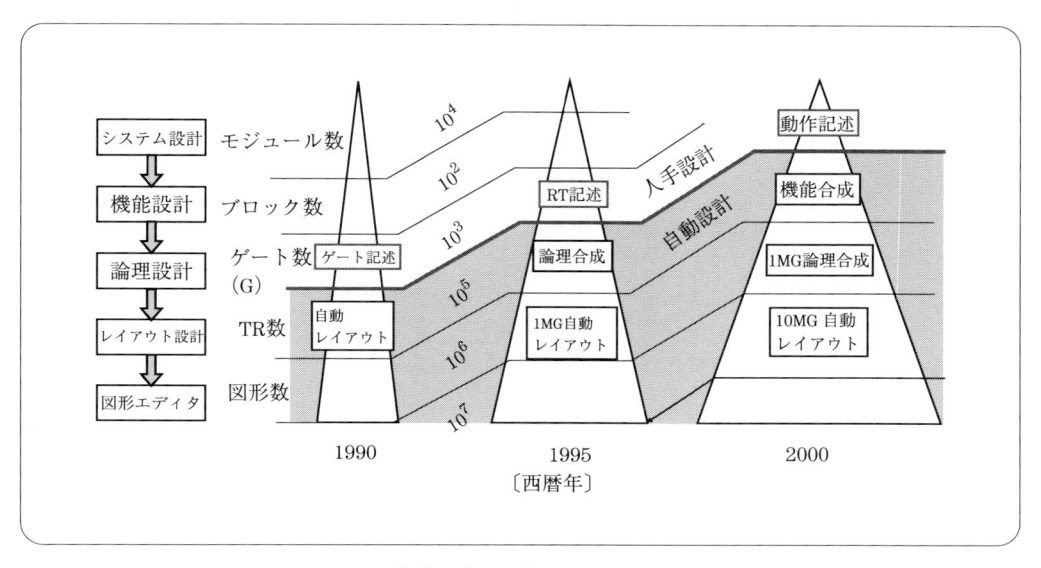

図 8.3　自動設計の上流化と大規模化の様子

る設計，消費電力を最小にする設計など，最適化技術も可能となる．また，システムをハードウェアとソフトウェアを並行して同時に開発すること（hard-soft co-design）により，システム全体の最適化，開発期間の短縮を図ることが可能になる．

　設計する際に種々の設計情報（technology files）使う．スタンダードセル，マクロセルなどの回路情報とレイアウトをライブラリとして登録しておき，これらを共用，再利用する．種々の設計検証用のデータ（デザインルールファイル）なども用意されている．

試作品をテストして正常動作しない場合，設計ミスを解析して設計不具合を修正して再試作することを**リワーク**と呼ぶ．リワークによって開発コストと開発期間が増加するので，これを減らすように設計を綿密に検証することが重要である．

　ミスのない設計データで製造してもチップ上の1億個レベルのデバイスが正常に動作する割合は100％ではない．このなかには動作しない場合と特性ばらつきが規定値を超す場合がある．この割合を**製造歩留り**と呼ぶ．LSIテスタを用いて正常動作する良品チップを選別す

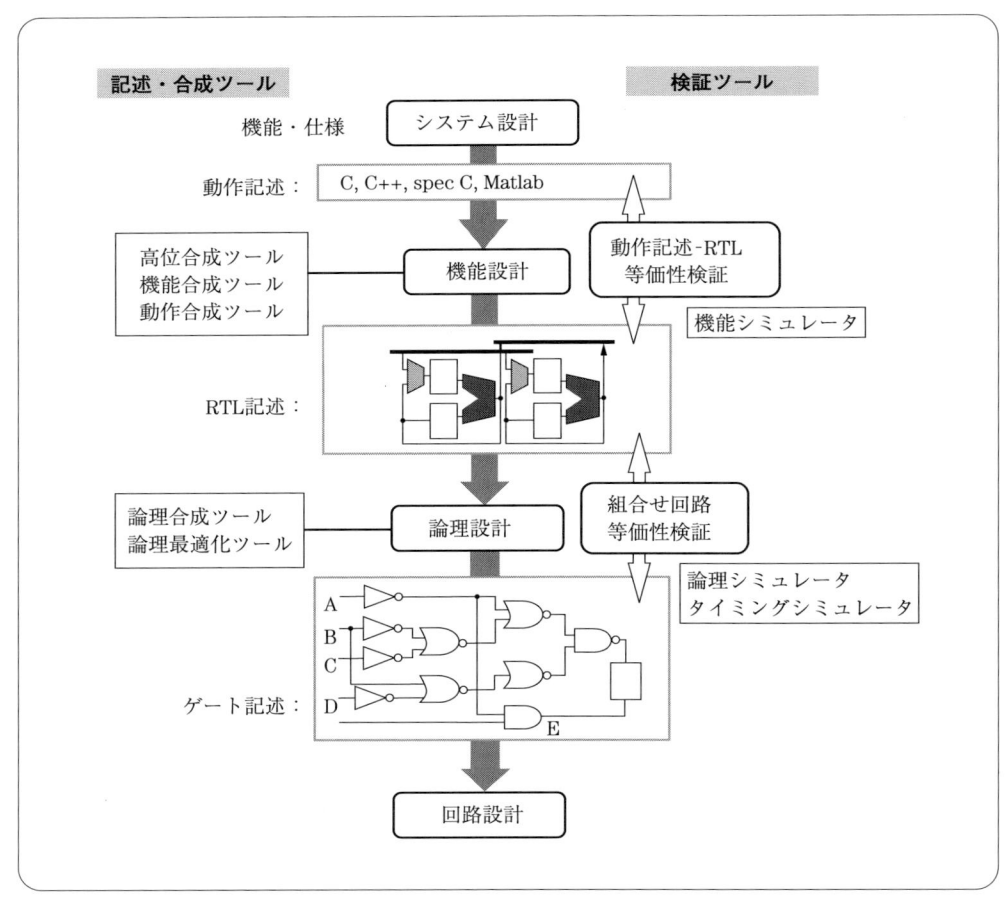

図8.4　VLSIの設計フロー（上位）とCADツール

る．チップの入力データと出力データの期待値をテストプログラムとしてテスタにロードして，これに従って自動的にテストする．これらの技術は**コンピュータ支援試験**（computer-aided testing, **CAT**）と呼ばれる．正常に動作しない不良チップは破棄される．良品チップを保護するケース（LSI パッケージ）に入れ，チップ上の端子と外部リードとを電気的に接続する．これを**組立て**（assembly）という．組み立て後に LSI テスタを用いて製品としての最終的な検査（出荷検査）を行う．

　VLSI の設計フロー（上位）と CAD ツールを**図 8.4** に，VLSI の設計フロー（下位）と CAD ツール**図 8.5** に示す．また，動作記述，RTL 記述，ゲート記述，回路記述の記述例を**表 8.1** に示す．システム LSI のように組込みソフトが必要なもの，システムの短期開発が必要なものでは，**図 8.6** に示すようにハードソフト（HW/SW）協調設計・検証技術が開発されている[5]．

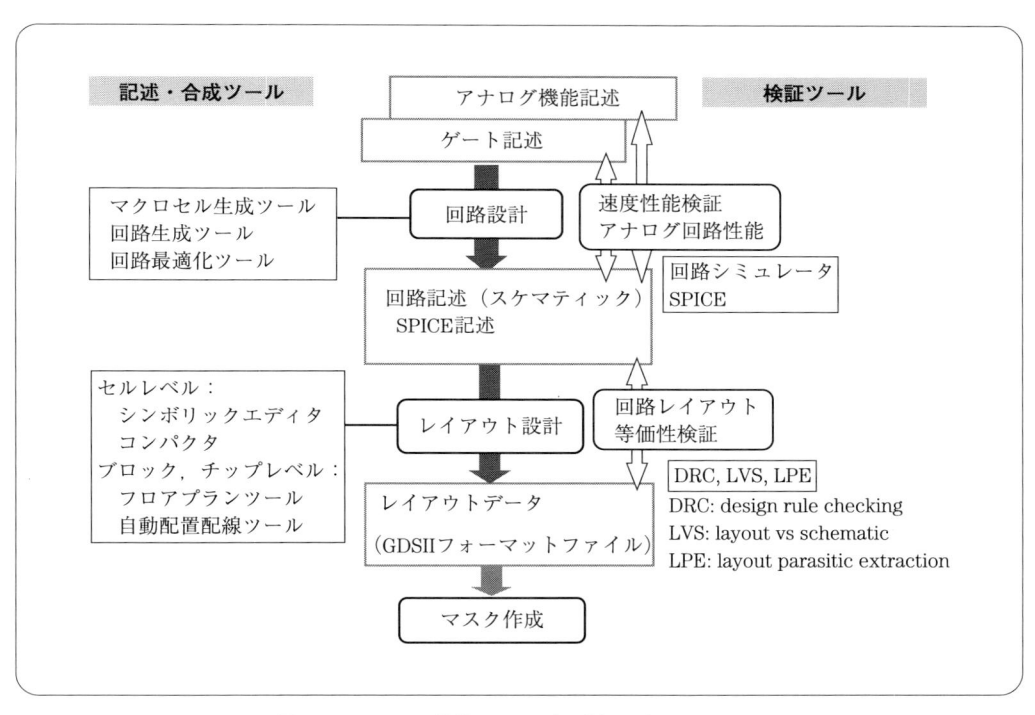

図 8.5　VLSI の設計フロー（下位）と CAD ツール

表 8.1 VLSI 記述レベルと記述例

レベル	記述例	説明

動作記述
behavioral level
	char A,B,C,D,E,F
	main () {
	　char X;
	　X=A+B;
	　E=X * D;
	　F=(B+C):X;
	}
		グローバル変数
		ローカル変数
		演算

RTL 記述
register transfer level
	register acc, ii
	always (@clk) begin
	　if (Reset) begin
	　　acc=1; ii=1;
	　else if (ii<=N)
	　　acc=acc * ii; ii=ii+1;
	　end
	end
		レジスタ定義
		クロック同期で動作
		リセットの場合
		レジスタ初期化
		カウント未了の場合
		演算
		カウント了の場合終了

ゲート記述 gate level	Module log (in 1,in 2,...,out 3) 　input in 1,in 2,in 3 ...; 　output out 1,out 2...; 　nand 1 (in 1,in 2,); 　nand 2 (in 3,in 2,); endmodule	モジュール名 入力端子 出力端子 ゲート ゲート
回路記述 SPICE 記述	Inverter　回路名 m 1 2 1 0 0 nmos w=20u l=0.8u m 2 2 1 3 3 pmos w=10u l=0.8u cl 2 0 10pF vdd 3 0 5V vc 1 0 pulse 0 5 0 1n	m 1：トランジスタ名 2 1：ノード名, 0：グランド nmos 1：モデル名, w：チャネル幅, l：チャネル長 cl：容量名, 10 pF：容量値, vdd：電源, 5 V：電圧値 vc：入力パルス
物理的図形データ ストリームフォーマット	locos: rect(x1,y1,x2,y2) poly: rect(x3,y3,x4,y4) cont: rect(x5,y5,x6,y6)	矩形の座標

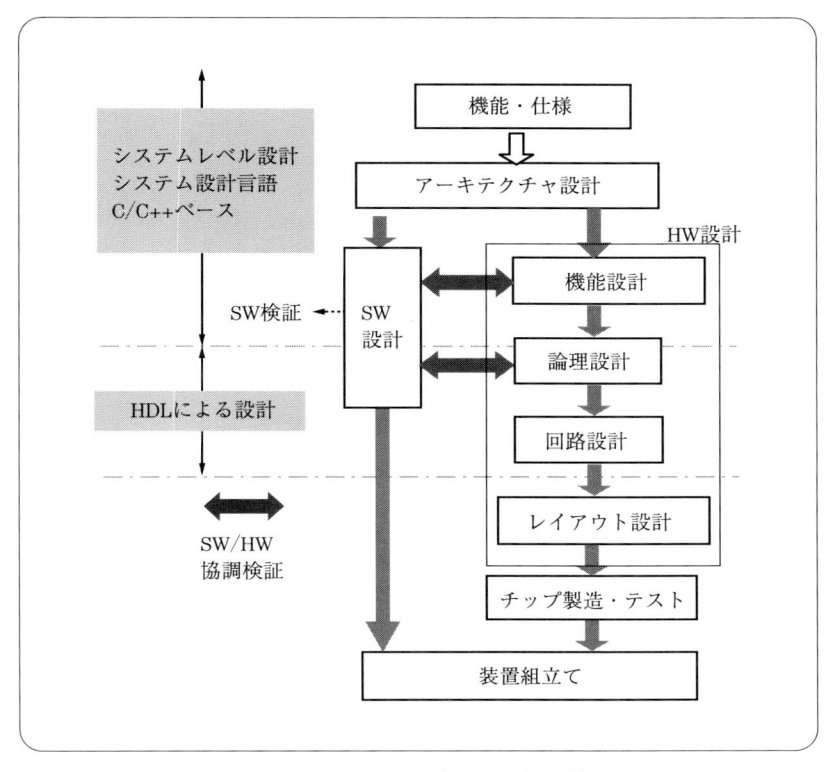

図 8.6　システムレベル設計と HW/SW 協調検証

8.1.1　システム設計（動作レベル記述）

システムの動作レベル記述[6]にはC言語を拡張したC++，spec Cなどが用いられる．ハードウェアを意識しないで動作を機能的に記述するものである．記述の方法には論理式，真理値表，状態遷移図，フローチャートなどが用いられる．

また，ビット精度を考慮した記述レベル，サイクル精度，クロックサイクルを意識した記述レベルもある．

8.1.2　機能設計（RTL 記述）

ハードウェアとしてのレジスタを明示的に定義し，レジスタからレジスタへのデータ転送を基本として記述する．このためには RTL 記述（register transfer level）を用いる．レジスタを動作させるクロックを明示的に表現し，レジスタ間の組合せ論理は論理関数で記述する．記述言語としては機能記述レベルの VHDL，Verilog HDL が標準的に用いられている．動作記述から RTL 記述を合成することを**機能合成**と呼ぶ．

8.1.3 論理設計（ゲートレベル記述）

論理ゲート，フリップフロップなどの論理セルを用いて，論理セルと配線を明示的に記述する．この記述を**ゲートレベル記述**と呼ぶ．この論理レベル設計は，初期は人手で行われていたが，上述した動作記述あるいは RTL 記述のファイルからから自動的にゲートレベル記述を生成する．これを**論理合成**と呼び，そのための CAD を**論理合成ツール**（logic synthesis tool）と呼ぶ．この際，速度優先，面積優先，電力優先などの評価関数を設定して，目的に合った最適な論理生成を行う機能をもっている．

8.1.4 機能／論理検証

動作記述-RTL 記述の等価性検証は RTL 記述と動作記述の等価性を検証するものであり**機能シミュレーション**と呼ばれ，RTL-ゲート記述の等価性検証はゲート記述を検証するものであり，**論理シミュレーション**と呼ばれる．

機能／論理シミュレータには VHDL シミュレータ，Verilog-VHDL シミュレータなどが用いられる．機能と論理の違いは入力となる HDL の記述レベルに違いによる．

論理ユニット（ゲート，FF など）の遅延を考慮しないもの，単位の遅延時間を持たせるもの，個々の遅延時間を精密に考慮するものがある．ゲートの遅延時間は，ゲート自体の遅延，配線容量に比例する遅延，接続されるゲートの数に比例する遅延の和でモデル化される．更に，遅延の標準状態の値以外に，種々の変動要因による，最悪値，最良値をモデル化される．これらをライブラリに登録しておき，これを参照して，厳密な動作タイミングをシミュレーションする．論理／機能シミュレータには，**イベントドリブン方式**と**サイクルベース方式**がある．前者は遅延情報を考慮して，精密なタイミング検証が可能であるが，シミュレーション時間は長い．後者は記述から演算順序を静的に決めてシミュレーションするので速いが，精密なタイミングのシミュレーションはできない．

クロックごとに入力パターンを加え，論理動作をシミュレーションし，タイミングチャートの形で出力結果を得る．結果の期待値とシミュレーション結果を比較する．これにより論理動作の検証，クリティカルパスの遅延時間の評価，グリッチ発生の検出を行う．

〔1〕**タイミングシミュレーション**　大規模な論理を回路レベルで高速にシミュレーションするために NanoSim, HSIM などが用いられる．これらは演算を減らして高速化するために，デバイスの特性をテーブル化して，これを参照して回路の応答を解いているので，解析精度は犠牲になっている．

〔2〕**エミュレーション**　ソフトウェアによるシミュレーションでは実際のチップの動

作に比べて，2桁〜3桁の時間がかかるので，実データに基づく検証は不可能である．そこで，HDL で記述された論理情報を FPGA にダウンロードして，シミュレーションする方法である．最新の FPGA を用いたエミュレーションシステムが市販されている．実チップ動作に対して 1 桁以内の時間で検証が可能になる．

8.1.5　回路設計

〔1〕**回路記述言語**　表 8.1 に示したように，トランジスタ，抵抗，コンデンサなどの実際の回路素子とそれらの接続を記述するものを**回路記述**（トランジスタレベル記述）という．回路シミュレータとして SPICE (simulation program for integrated circuit emphasis) が標準的に使われる．SPICE 記述はこのシミュレータの入力言語であるが，回路レベル記述には標準的にこの記述が用いられる．

〔2〕**回路シミュレーション**　回路シミュレータは，トランジスタレベル記述を入力とし，各素子の電気的な特性つまり電圧，電流をモデル化して，回路の法則に基づく回路方程式や微分方程式を数値解析で解析するものである．抵抗やコンデンサは線形素子で近似できるが，論理回路などでは電圧・電流の振幅が大きいので，MOS の非線形を考慮しなければならない．MOS の動作特性や寄生効果をできるだけ厳密に記述できるモデルが必要であり，回路シミュレータに組み込まれている．バイポーラデバイスは Ebers-Moll モデル，Gammel-Poon モデルが用いられ，MOS デバイスには BSIM 3, BSIM 4, HiSIM などがある[7]．SOI デバイスは基板の電位や電流がバルク MOS とは異なるので独特のモデルが必要である．

次に回路シミュレーションの解析の種類と解析項目について述べる．

・**DC 解析**（**直流解析**）：直流動作点の解析，直流の入出力伝達特性，直流的な電力の解析，論理回路の入出力伝達特性，しきい値，ローレベル，ハイレベルの解析に用いる．回路モデルは線形と非線形ともに適用できる．

・**AC 解析**（**交流解析**）：**小信号線形解析**とも呼ばれ，正弦波入力信号に対する線形アナログ回路の利得と位相の周波数依存性をシミュレーションする．非線形素子モデルを含む回路の場合は交流信号の平均値を動作点として，そこで線形化した線形モデル（図 2.7(b)）を用いる．

・**TR 解析**（**過渡解析**）：回路に任意の電圧，電流の時間波形を入力した場合の，回路のノード電圧と，素子の電流の時間波形を解析できる．パルス波形，正弦波，三角波など任意の電圧，電流波形を入力できる．論理回路では大振幅の電圧，電流を扱うので，MOS のモデルには非線形モデル（図 2.7(a)）を使用する．

論理回路やメモリなどのディジタル回路では遅延時間，立上り時間，立下り時間の解析に用いる．アナログ回路では任意波形の入力に対するアナログ的な電圧，電流の時間波形を解析する．時間波形から，オペアンプや D-A 変換器のセットリング時間を求めたり，FFT を行って周波数領域に変換して，高調波ひずみや SN 比を求めることもできる．また，回路の電源電流の時間波形を解析して瞬時の消費電力を求め，更に，これを積分して平均電力を求めることもできる．素子のばらつきに対するシミュレーションとして，素子感度，スキュー解析，モンテカルロシミュレーションなどが用いられる．

8.1.6 レイアウト設計

トランジスタレベル記述を物理的な素子や配線の配置のための図形情報にしなければならない．これがレイアウト設計である．このマスクパターンをもとにレチクルと呼ばれるマスクを作り，縮小投影露光装置（ステッパ）を用いてパターンを 1/5〜1/10 に縮小してシリコンウェーハに転写する．

マスクパターンを設計の際に守るべき制約を**デザインルール**と呼ぶ．ウェル，アクティブ領域，ソース，ドレーン，ゲート，コンタクトなどの幅の大きさの最小値 W (width)，同一レイヤのパターン間の間隔の最小値が S (separation)，異なるレイヤ間のパターンの包含関係の最小値がマージン (margin) として規定される．フォトリソグラフィによってパターンをウェーハ上に転写する際に，分解能で決まる寸法の最小値があり，寸法や位置の設計値からの偏差が発生する．また，形成されたパターンを元にして，加工する際にも誤差が発生する．最小寸法や最小間隔はパターン転写と加工の際の寸法精度，位置精度によって決まる．また，レイヤ間の包含関係の最小値は前の工程でウェーハに加工されているパターンと次工程のパターン位置合わせ精度によって決まる．これらの誤差を許容するようにデザインルールは設計されている．デザインルールをチェックするために DRC (design rule checking) プログラムが使われる．

〔1〕 **レイアウトの人手設計**　メモリやアナログ回路のレイアウトは人手で設計する場合が多い．このためにレイアウトエディタが使われる．レイアウトの要素となる図形（矩形，多角形など）を入力し，編集するコマンドをもっている．編集コマンドには図形の選択，図形の移動，図形のアレー配置などがある．編集した図形は任意の段階でライブラリとして登録し，これを再利用して，設計の効率を上げる．素子をシンボル化して，概略レイアウト図を作って，これをもとにデザインルールを満足する条件でコンパクションする方法もある．

〔2〕 **チップフロアプラン**　レイアウト設計する前にチップレベルのブロックの配置，

バスラインやクロック配線の概略を設計して，チップ面積，遅延時間，消費電力などを評価する．このための CAD プログラムを**フロアプラン**と呼ぶ．

〔3〕 **論理スタンダードセル，マクロセル自動生成** メモリや演算回路などのマクロセルはその要素となるセルを用いて自動的に合成することができる．これを**セルジェネレータ**と呼ぶ．

〔4〕 **機能ブロック設計** ランダム論理の論理ブロックはスタンダードセルを用いた自動配置配線 CAD プログラムで設計する．チップの全体にレイアウトにはブロック間の配線を行う CAD プログラムもある．このように階層的なレイアウト以外に，全体を一括して自動レイアウトする方法もある．

〔5〕 **レイアウトの検証** レイアウトされた図形データを調べて，デザインルールの許容範囲で正しく設計されているか否かを検証するプログラムを **DRC**（design rule checker）と呼ぶ．DRC では，マスクの同一の層あるいは異なる層で，図形間の包含関係，隣接関係，内包関係，図形の大きさなどをすべてチェックし，ルール違反の箇所を探し出してくれる．出力は図形上の表示及びリスト表示される．LVS（layout vs. schematic）は，レイアウトデータから回路の接続情報を抽出し，論理・回路設計で作成したネットリスト（SPICE 記述）と比較照合して，不一致の個所を探して表示してくれるプログラムである．

レイアウトデータから回路の接続情報を抽出する際に，配線抵抗，配線容量などの寄生素子を計算し，ネットリストに追加する寄生素子抽出プログラム **LPE**（layout parasitic extractor）も用いられる．このように，レイアウト設計データから回路情報を抽出して，回路シミュレーションにより，厳密な回路動作特性を求めることを，**バックアノテーション**という．微細なデバイスを用いた大規模 LSI の高品質な設計には必須である．

8.1.7　素子の偏差を考慮した設計

VLSI 素子偏差と環境変動を考慮した総合的な設計モデルの考え方を**図 8.7** に示す．性能を向上させるには回路性能ばらつきが小さいほど有利である．歩留りを向上することもできる．スケーリングされた MOS の L_g，t_{ox}，N_A の製造偏差を基にして，MOS のしきい電圧，オン電流，オフ電流の偏差を統計的に求める．更に，配線特性の偏差，環境変動，経時変動を考慮して，VLSI の速度性能，消費電力を求める．そのための各種統計量のモデリング，統計的最適化，統合 CAD システムなどが重要になる．

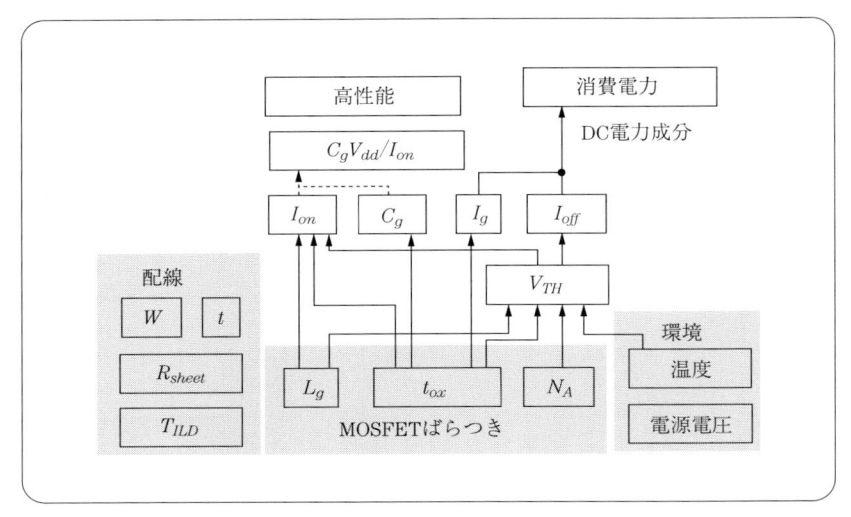

図 8.7　製造偏差と温度変動を考慮した設計モデル

8.1.8　AD混載LSIにおけるクロストーク雑音

　大規模な論理回路とアナログ回路の両者を集積した LSI を **AD 混載 LSI** と呼ぶ．このチップでは論理回路が動作することにより発生する雑音がアナログ回路に漏えいして，性能を劣化させるという問題がある．これが**クロストーク雑音**であり，アナログ回路が高周波化するほど大きくなる．このクロストーク雑音を抑圧することが重要な課題である[8]．

　クロストーク雑音の原因には電源やグランドの配線を介するもの，半導体の基板を介するもの，空間を通した電磁的の結合などがあるが，基板を介するものの扱いがむずかしい．現状では設計段階でチップ規模の雑音シミュレーションすることは不可能であるが，将来的には必須な技術である．種々の雑音の経路を回路モデル化して回路シミュレータ（SPICE）で計算することは原理的には可能である．しかし，チップ規模になると，回路規模が大きすぎて解析できないので，解析ノード数を減らして大規模な解析法を可能にする基板雑音解析モデルが開発された．**図 8.8** に基板雑音解析モデルを示す．要点は

① 基板に接続される配線の抵抗を考慮した基板のモデル化
② 基板を 3 次元の抵抗メッシュでモデル化したのち，基板内部のノードの電圧，電流を解析することは不要であるので，そのノードを消去すること
③ 雑音源となる論理回路は 1 000 ゲート程度のブロックをモデル化して 1 個の雑音ソースを生成することである．

　基板雑音の測定方法を**図 8.9** に示す．コンパレータをオンチップ化して，等価サンプルの原理を用いて，基板雑音波形を測定することができる．帯域 1 GHz，電圧分解能 100 μV，

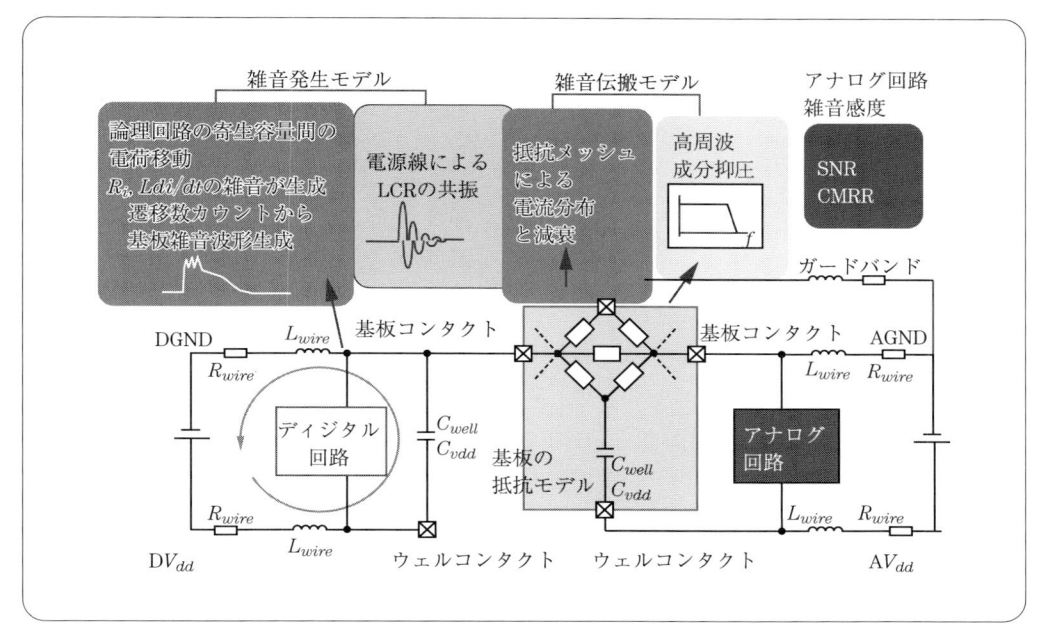

図 8.8　基板雑音解析モデル

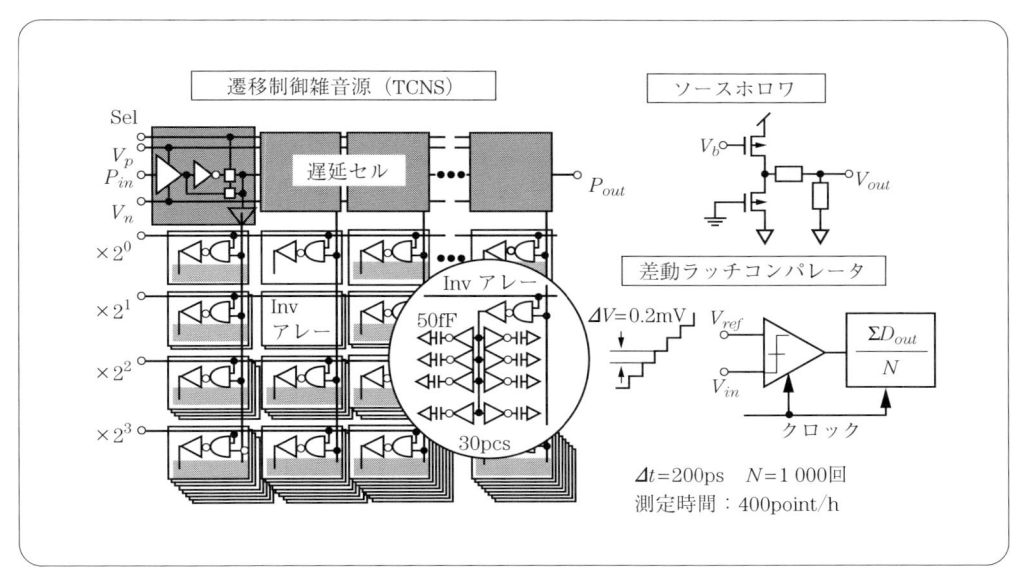

図 8.9　基板雑音の測定方法

時間分解能 0.1 ns が達成されている[9]．

　低雑音化に適した集積回路構造，特に，基板を介する雑音を抑圧するための基板構造が重要である．レイアウト設計時にはディジタルとアナログの回路ブロックの配置，基板コンタクトによる基板電位を抑えるガードバンドの配置，ウェルによるシールドの配置などが重要

である．アナログ回路では差動回路のレイアウトの対称化などが重要である．

8.2 VLSI 設計方式

LSI の設計法・構成法による分類を図 8.10 に示す．完全な専用設計（フルカスタム設計），ゲートアレー方式，セルベース方式，プログラマブルデバイス方式がある．セル方式には小規模なセルを用いるスタンダードセル方式と，規模の大きなマクロセルも用いるマクロセル方式がある．

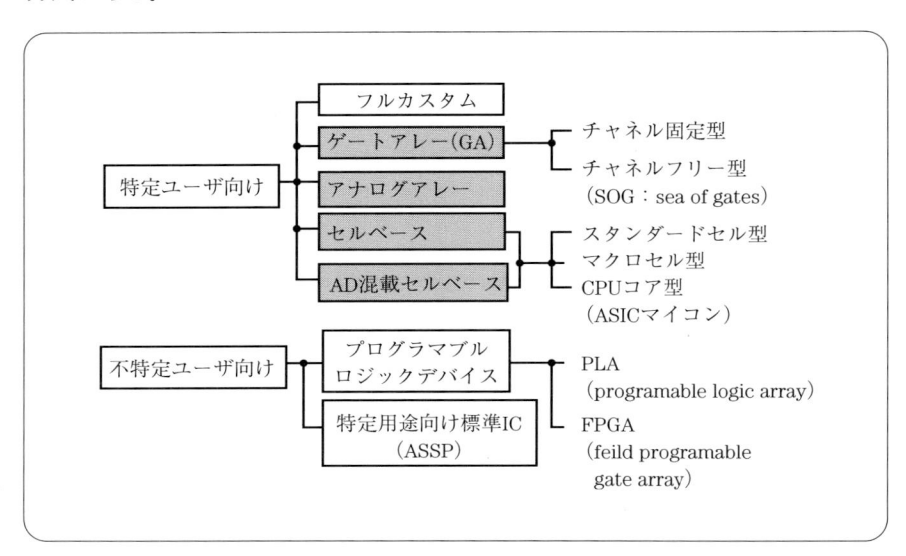

図 8.10　LSI の設計法・構成法による分類

8.2.1　フルカスタム方式

メモリ，マイクロプロセッサなど大量生産される汎用 LSI 向きの設計方法である．大量生産される LSI では，設計工数が増加しても，回路，レイアウトともに品種ごとに専用に最適設計する．これによりクロック周波数，アナログ回路の精度などチップの性能を向上させる．また，可能なかぎり低消費電力に設計する．また，チップサイズをできるだけ小さくして 1 枚のウェーハから生産されるチップ数を増加させて，製造コストを低下させることが要求される．設計費用は膨大になるが，これは全生産量で割られるので，大量生産の場合は

あまり効かないからである．

8.2.2 セルベース方式

論理ゲートやフリップフロップをスタンダードセルとして設計しておき，これを使って論理設計やレイアウト設計を行う方法を**スタンダードセル設計方式**と呼ぶ．スタンダードセルより大規模の演算器やメモリなどを用いる方式を**マクロセル設計**と呼ぶ．これらを総称して**セルベース設計**とも呼ばれる．これらのセルセルライブラリは，LSI メーカやデザインハウスからユーザに提供される．

スタンダードセルのレイアウトは，セルの高さ，電源やグランド線の幅と位置，入力と出力の端子の間隔などを統一して設計されている．セルを横に並べるのみで電源，グランドは自動的に接続される．自動配置の CAD プログラムを用いて大規模なセルの配置と配線のレイアウト設計を行うことが容易である．スタンダードセルにも遅延時間の小さい高速版や消費電力の小さい低電力版など種類を増やすことにより，各種の仕様に対応するように考えられている．しかし，セルベース設計では MOS ゲート幅が一定である，すべてのゲート幅を最適に設計して，遅延時間，消費電力ともに最適化することはできない．

8.2.3 ゲートアレー方式

ゲートアレー（GA）は，あらかじめ多数のトランジスタを規則的に配置したウェーハを用意しておく．これを用いてユーザの論理回路を配線のみでカスタム化する方法である．配線設計のみでよいので設計工数が少なく，製造は配線工程のみで済むので製造時間が短いという利点がある．GA のチップ面積はスタンダードセル方式より大きくなり，遅延時間もやや遅くなり，消費電力もやや大きいという欠点がある．これらは設計工数が少なく，製造時間が短いという利点とのトレードオフで考える．GA に実装できるゲート数はチップに搭載されているゲートの総数に対して，40〜50％ 程度である．この割合は配線層数が増加するほど向上する．また，自動的に配線する CAD の性能にも大きく依存している．最近，CAD の進歩によりセルベース設計の効率が上がり，先端デバイス技術による FPGA の性能が向上したので，両者にはさまれて GA の適用領域が狭くなった．

8.2.4 フィールドプログラマブルゲートアレー

フィールドプログラマブルゲートアレー（FPGA）は，ユーザが現場（フィールド）でプ

146　8. VLSIの設計法と構成法

ログラムすることにより論理回路を即座に実現できるものである．プログラマブルロジックデバイス（PLD）の代表例である．容易に論理構成を変更できるので，システム仕様や処理アルゴリズムが確定していないプロトタイプシステムに適している．

一般的なFPGAの構成を図8.11（a）示す．チップには論理ブロックと配線が規則的に配置されている．図（b）にFPGAの内部回路を示す．論理ブロックはルックアップテーブル，フリップフロップ，マルチプレクサから構成されている．組合せ論理は真理値表を用いて設計し，これをルックアップテーブルのRAMに書き込む．これとフリップフロップで順序

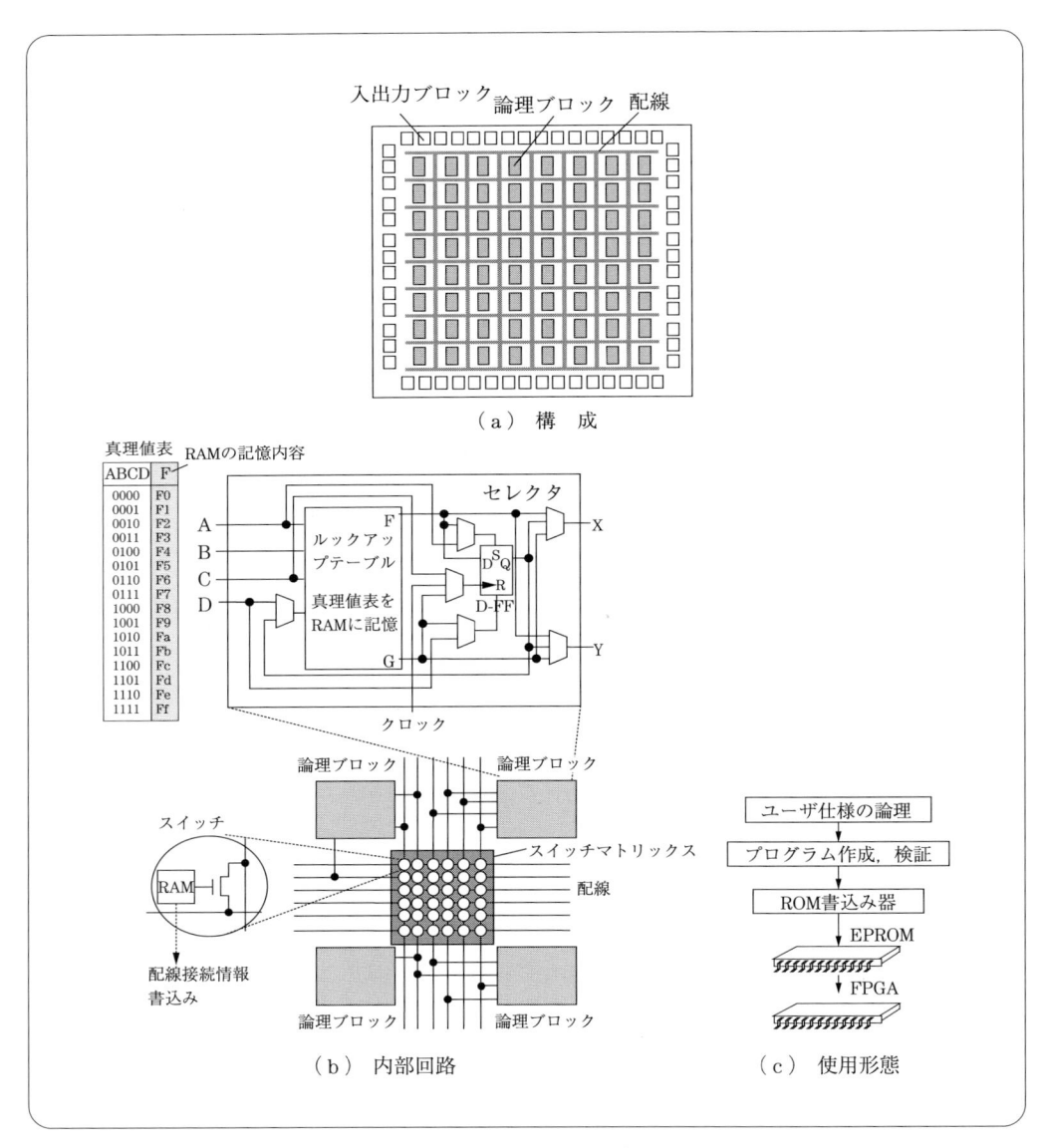

図8.11　FPGAの構成

回路を実現する．ブロック間の接続は，複数の配線と RAM で制御されたスイッチマトリックスで実現される．この RAM にインタコネクションの情報を書き込むことにより任意の接続を実現する．

　FPGA の使用形態を図(c)に示す．論理検証の済んだ論理ファイルを FPGA のプログラムに変換し，EPROM に書き込む．システムの電源投入時に PROM やフラッシュメモリからデータを FPGA にダウンロードして，FPGA 内の RAM に書き込む．これにより，必要な論理機能が実現される．RAM を使用する利点は高速な書き換えができることである．動作中に一部の RAM の内容を書き換えれば，ダイナミックに論理機能を変更することもできる．これを**動的再構成技術**という．

8.2.5　システム実現法の比較

　システム実現方法として MPU，MPU＋DSP，MPU＋専用ハードが選択肢としてある．
　システムオンチップ（SOC）とシステムオンパッケージ（SOP）の比較も重要である．SOC は究極の形態であるが，技術的な課題として，デバイスプロセス，DRAM 混載，アナログ混載，RF 受動素子混載は電源電圧，コスト的に苦しい．SOP は複数チップで実現し，実装技術で高性能の受動素子を実現する．1 パッケージに集積できればユーザから見れば SOC と同じである．

本章のまとめ

❶ LSI の設計には CAD が必須であり，合成ツールと検証ツールがある．
❷ 規模の膨大化には，合成技術の上位化で，設計生産性を向上して，対処してきた．動作記述による設計・検証とハード・ソフト協調設計が課題となっている．
❸ 検証には，動作記述と RTL，記述 RTL と論理回路，論理回路とレイアウトの間の等価性検証と遅延時間やタイミング性能の検証が必要である．
❹ アナログ回路では精度の高い回路最適化，RF 回路，モデルの高周波化，レイアウトの最適化が必要である．アナログ混載では基板雑音の低減が重要であり，解析モデル，雑音測定評価技術が重要である．
❺ 設計法には，カスタム設計方式，スタンダードセル方式，ゲートアレー方式がある．スタンダードセル方式と，FPGA の適用領域が拡大している．
❻ システムオンチップ（SOC）とシステムオンパッケージ（SOP）の比較も重要である．

●理解度の確認●

問 8.1 論理シミュレーションと回路シミュレーションの違いを述べよ．

問 8.2 現状の CAD ツールの機能，システム構成について CAD ベンダーのホームページで調査せよ．

問 8.3 LSI の設計方式を列挙し，それぞれの特徴を述べよ．

問 8.4 FPGA の仕様（回路規模，動作速度，使用できる回路ブロック，入出力インタフェースなど）について，ホームページで調査せよ．

9 VLSIの試験

　VLSIの試験は設計，製造とならんで重要な工程である．VLSIの大規模化，高速化，アナログ・ディジタル混載化に伴って，試験項目が多くなり，時間がかかるようになった．試験の効率を上げるために，テスト回路をチップに組み込んむ方法（BIST）が普及している．アナログ・ディジタル混載VLSIの高機能化が進み，チップに試験回路を組み込むまないと試験が困難な場合も多い[1]．

9.1 試験の目的

LSI の試験には，研究・開発段階における評価試験（evaluation）と，量産段階における良品選別試験（testing）がある．前者は，開発された LSI が機能・性能の仕様を満足するか否か，機能，回路，レイアウトの設計が正しいか，プロセス変動に対するマージがあるか，信頼性は十分あるかを試験結果から判断する．更に仕様を満足しない場合には，原因を解析して，設計修正の情報を得る．一方，後者は，大量生産される LSI の 1 個 1 個に製造欠陥が存在するか否かを GO/NO-GO 試験により判別するので，できるだけ短時間で大量の LSI の良否判定を正確に行う必要がり，高スループットのテスタテスト手法が要求される．研究・開発段階の評価試験及び量産段階の良品選別試験の流れを図 9.1 に示す．

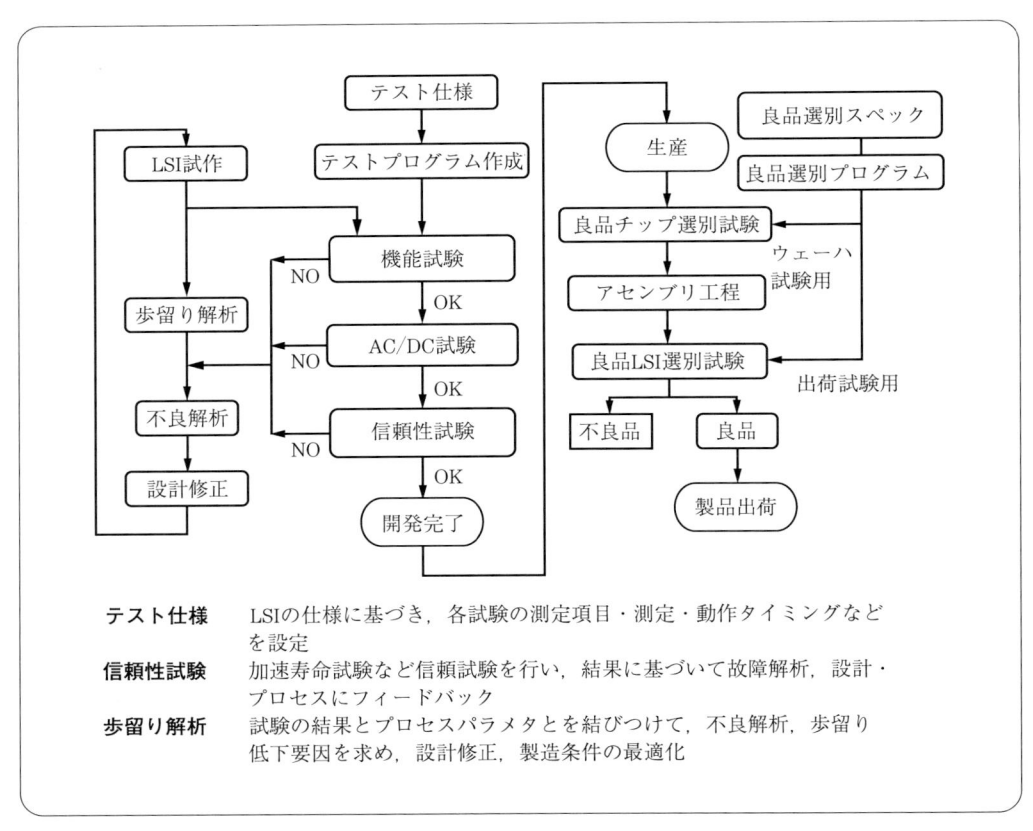

テスト仕様	LSI の仕様に基づき，各試験の測定項目・測定・動作タイミングなどを設定
信頼性試験	加速寿命試験など信頼試験を行い，結果に基づいて故障解析，設計・プロセスにフィードバック
歩留り解析	試験の結果とプロセスパラメタとを結びつけて，不良解析，歩留低下要因を求め，設計修正，製造条件の最適化

図 9.1　VLSI の試験の流れ

9.2 試験の種類

VLSI の試験には直流試験（DC パラメトリックテスト），交流試験（AC パラメトリックテスト），機能試験（ファンクショナルテスト）の 3 種類がある．

9.2.1 DC 試 験

DC 試験には入力・出力・入出力伝達の各特性測定及び消費電力の測定が必要である．入力特性は測定する入力端子に高レベル（"1"）と低レベル（"0"）の電圧を印加し，入力電流を測定する．更に広範囲の入力電圧を印加することにより降伏電圧を求めたり，規格に対するマージンを測定する．出力特性は測定する出力端子に電圧を印加し，出力電流を測定する．また，出力端子が HiZ（トライステート）状態をとる場合は，出力端子に "1" 及び "0" の電圧を印加し，リーク電流を測定する．入出力電圧伝達特性はファンクショナルテストを行いながら入力電圧を変化させ入出力応答特性を測定する．消費電流は実働作をさせたときの電源の平均電流を測定する．クロック周波数依存性を測定することが多いが，ほかにピーク電流測定，スタンドバイ電流測定などがある．

9.2.2 AC 試 験

AC 試験では LSI の入力・出力のスイッチング特性を測定する．規定の入力波形に対して出力波形が規定の電圧値に達するまでの時間差（遅延時間）を測定する．このときの出力には規格で定められた負荷を接続して測定する．

LSI では各種の入力（クロック，コントロール，データなど）をもつ場合が多く，入力相互のタイミング関係が複雑に規定されるため，LSI が大規模・複雑化するにつれて，これらのタイミング測定の項目も増加する傾向にあり，また高精度の時間測定の要求も増えている．

9.2.3 機能試験

LSIが仕様通りの機能を持つこと確認する試験である．論理機能試験はLSIの入力に入力テストパターンを印加し，そのときの出力応答と期待値とを比較することにより行われ，テストパターン蓄積法，比較試験法，アルゴリズミックパターン発生法，エミュレーション法，実装試験法，コンパクトテスト法などがある．

機能試験においては効率の良い，故障検出率の高いテストパターンが必須となる．これはすべての回路の動作を確認できることが好ましい．90%の不良検出率を達成することは難しい．テストパターンの自動生成法が提案され，組合せ回路には使われているが，順序回路には使えない．より一層大規模・複雑化するVLSIのテストパターンの完全自動発生は重要な課題である．このため，VLSIの設計時点から試験可能性・容易性を考慮しないと試験不能な場合があり，このため試験容易化設計が重要である．

9.3 研究・開発段階での試験（評価）

機能試験では，分類されたテストパターンをもとに機能試験を行う．更に必要であれば不良解析のためのテストパターンを作成し解析する．不良がLSIテスタで特定できない場合は，後述の電子ビームテスタ，ホットエレクトロン解析装置，マイクロプローブなどを用い，VLSIの内部を測定して，不良の特定を行う．解析結果はLSIの設計・試作にフィードバックする．

信頼性試験では，高温動作，高温高湿など厳しい環境で，加速寿命試験などの信頼試験を行い，故障解析を行い，必要に応じて設計・プロセスにフィードバックする．

歩留り解析では，量産に移行できる歩留りを保証するために，歩留りを低下させる要因を把握し歩留りを向上させる．機能試験，AC・DC試験，信頼性試験の結果とプロセスパラメータの測定結果を結びつけてデータ解析・不良解析を行い，歩留り決定要因を求め適切な製造条件を求める．

9.4 量産における選別試験

　各試験項目ごとに上限値及び下限値を設定し，それを満足しているか否かを判定して全試験項目を満足していれば良品，その他は不良品として振り分ける試験である．また同じ製品でも，動作数が 20 MHz，30 MHz というようにランク分けする試験もある．

　テストプログラムでは，効率よく良否を判定することが課題となるので不良の発生しやすい試験項目順に試験する．不良品であることが早く分かればその他の試験を行う必要がないからで，0.1 秒でも早く試験が終ハプローバを用いてウェーハ上の良品チップの選別を行う．また冗長回路付のメモリではウェーハ試験の際に救済の可否を判断し，レーザによるフューズカットなどの工程も行う．パッケージングされた LSI の試験は製品出荷検査といわれ，オートハンドラを LSI テスタとつないで試験を行う．LSI を高温または低温に保ちながら GO/NO-GO 試験により良品か不良品かを判定する．

9.5 試験装置

　高機能・高性能の LSI テスタ (automatic test equipment, ATE) が開発されており，論理 VLSI，メモリ VLSI 用，AD 混載 VLSI 用（ミクストシグナル用）がある．研究開発用と量産用では機能や性能が多少異なる．

9.5.1　論理 VLSI テスタ

　論理用テスタでは，試験周波数が 500 MHz，ピン数が 512 ピン以上，総合タイミング精度が ±200 ps 以下というのが主流である．図 9.2 に論理 VLSI テスタの構成を示す．基本構成は，コントローラ，タイミング発生器，テストパターン発生器，フォーマッタ，ピンエレクトロニクスなどからなる．コントローラはテスターの制御やプログラム，テストパターンの作成に使われる．タイミング発生器はプログラムで指定されたタイミングの発生に使わ

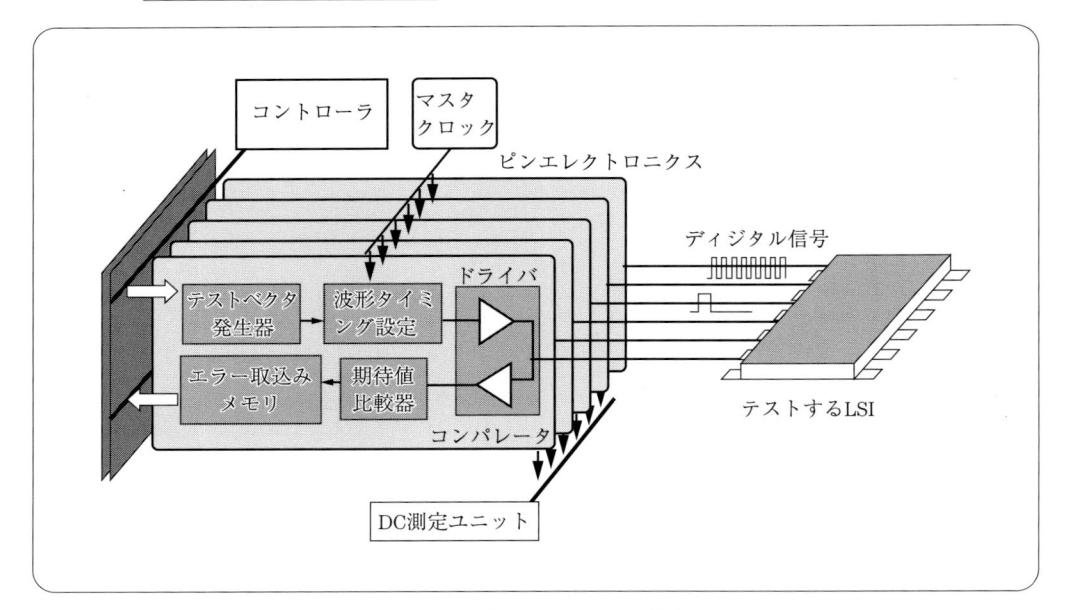

図9.2 論理 VLSI テスタの構成

れる．テストパターン発生器はロジックパターンを高速に発生する．フォーマッタは LSI に印加する波形の種類（RZ・NRZ など）を選ぶ．ピンエレクトロニクスは定められた波形を出す最終出力段であり，また LSI の出力を検出する比較器を持つ．

VLSI テスタの性能を決める項目には，試験周波数・ピン数・（総合）タイミング精度・パターン発生器のメモリ容量・タイミング発生器の相数・DC 測定ユニットの数，プログラム言語の種類・ユーティリティプログラムの内容などがある．

試験周波数とは，実時間でくり返し波形を発生できる最大の動作周波数で，この1周期の間にタイミングを設定したりテストパターンの発生を行う．マルチプレクスモード機能により，使用可能ピン数は減るが，二つのチャネルに同じパターンを用意して交互に発生し，見かけ上動作周波数を倍にできる装置が多い．タイミング精度とはタイミングの設定精度と測定精度の和である．タイミング誤差の要因としては，マスタクロック発生器の非直線性誤差，ドを追加した構成になっている．そのほかにアナログ測定機能をオプションで用意している．アナログの測定には，波形の種類が多く，信号帯域，精度など多様であるので，複数の測定ユニットを用意して，システム構成する必要がある．

近年，AD 混載システム LSI 開発が活発になっているのでが，これには論理 VLSI テスタにアナログ信号の検出回路と発生機能を加えたミックストシグナル VLSI テスタ（AD 混載 VLSI テスタ）が使われる．

9.5.2 電子ビームテスタ

図 9.3 に電子ビームテスタの構成を示す．VLSI の配線にパルス化された電子ビームを当てると 2 次電子が発生するが，配線の電位が低いと発生しやすく，高いと発生しにくい．この原理で，チップ内の任意の配線電位や電圧波形を非接触で観測できる．チップや測定ボードにチャージアップが起こると 2 次電子検出の支障になるので注意が必要である．

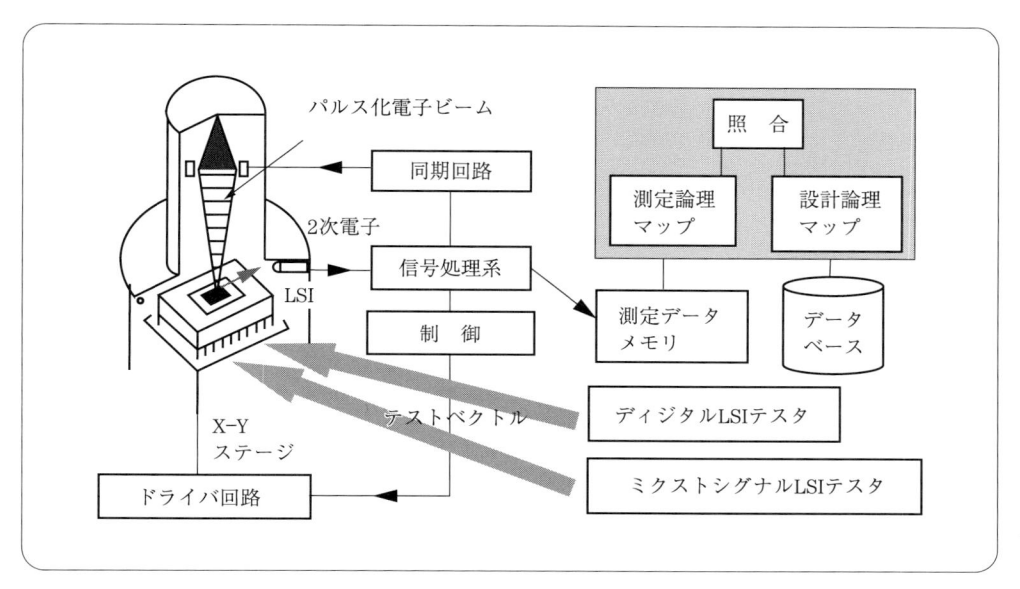

図 9.3　電子ビームテスタの構成

9.6　テスト容易化技術

9.6.1　スキャンパス

スキャン手法を用いた試験は，多くの論理 LSI で実施されており，一般化されたテスト容易化手法になった．スキャンパス手法の概念を図 9.4 に示す．回路ブロック内のフリップフロップなどの記憶回路をすべて外部から制御・観測できるスキャンチェーンとして再構成し，これを用いて動作のデータを測定するものである．

スキャンパス設計において重要な問題は，シフト及びラッチ両方の機能を有するフリップ

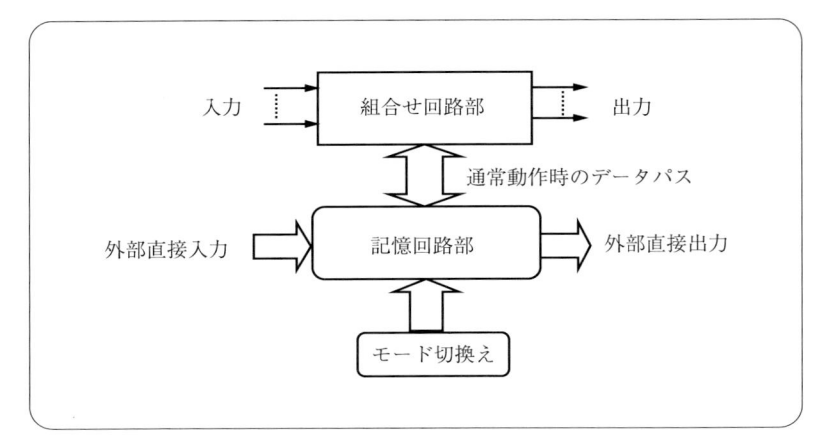

図9.4　スキャンパス手法の概念

フロップの回路構成である．その判断基準としては以下が考えられる．
① 試験のための付加回路による回路の増加ができるだけ少ないこと
② 試験のための付加回路により，正常動作時の動作速度が遅くならないこと

　スキャン設計を用いる場合，回路動作には通常モードとテストモードがある．通常モードでは，記憶回路は本来の回路機能どおりに動き，一方，テストモードでは，記憶回路は，外部から直接アクセス可能な記憶回路として動作する必要がある．

9.6.2　レベルセンシティブスキャンデザイン

　この設計手法はスキャンパスの概念にレベルセンシティブの概念が結合したものである．レベルセンシティブ設計とは，設計規則に従った任意の入力信号に対する回路の安定状態における応答が，配線遅延などのAC特性に左右されない場合，また，複数の入力信号が変化する場合，回路の安定状態が入力信号の変化する順序に依存しない場合である．これらを満足するとき，そのシステムは**レベルセンシティブ**であるという．テスト発生の難しい順序回路の試験を，組合せ回路の問題に置き換え，テスト発生の労力を大幅に軽減する．

9.6.3　バウンダリスキャン

　この手法は1990年にIEEEの標準規格として標準化されており，ボードのみならず，MCM（マルチチップモジュール）には必須の手法と見られている．図9.5に示すように，テストのためにバウンダリスキャンレジスタのほかにいくつかのレジスタが用いられるが，これらへのデータ入力はすべてTD_Iから行われ，またデータ出力はすべてTD_Oから出力さ

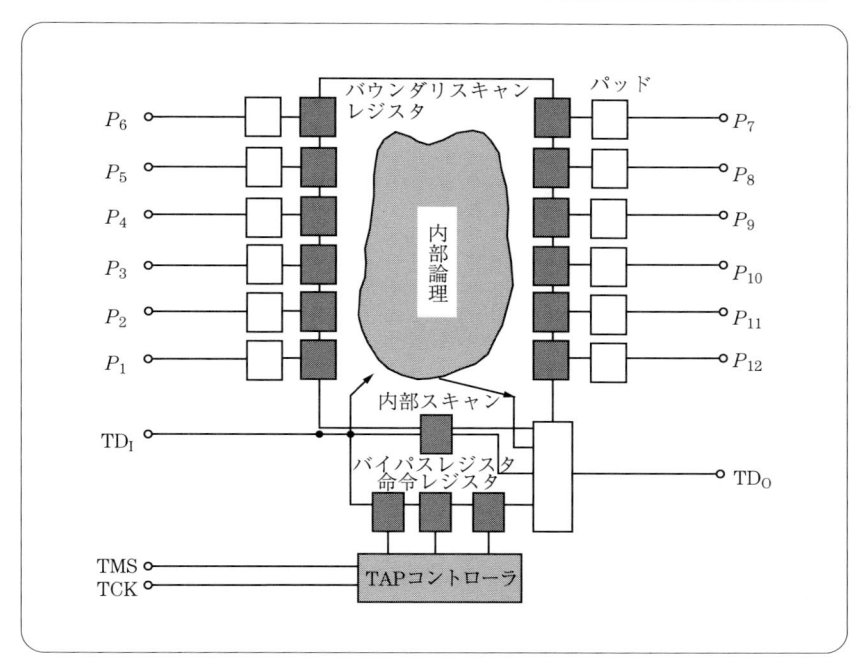

図9.5 バウンダリスキャンの概念

れる．バウンダリスキャンレジスタは，LSI の外部回路，基本的にはボード上の部品間の接続配線試験や，LSI の外部に対し決められた論理状態を設定しておく機能を有する．LSI の外部入出力端子に対応してシフトレジスタセル（バウンダリスキャンセル）を配置し，これらを直列に接続し，適当な制御回路を設けることにより，スキャン手法を用いて信号を観測制御するものである．制御はテストアクセスポート（test access port，TAP）を使って行われ，テストモードの切換え・データの入出力が行われる．

9.6.4 組込み自己試験

組込み自己試験（built-in self-test，BIST）は，チップ内にテスト回路として，テストベクトル生成，期待値との比較，判定の機能を搭載して，テスタを使わずに試験を行う．

従来の試験方法では，①テストパターンの生成コストが回路規模の少なくとも2乗に比例して増大していく，②回路規模の増大につれ，テストパターンの量が膨大になり，試験時間のみでなく，試験装置のハードウェアのコストが増大する，③デバイスが高速化し，実スピード試験を行うためにはテスタコストが上昇する．

したがって，チップに各機能ブロックにテスト機能ブロックを組み込み，独立して試験するBISTがコスト/効率の面からも有利になる．

現在のシステムオンチップでは，内蔵メモリ，メガセル，アナログブロックなどがチップに組み込まれると，チップ全体を一括して試験するための故障検出率の高いテストパターンを生成することは不可能である．回路の大規模化に伴い，外部端子から直接各ブロックを独立にアクセスすることもかなり困難になってきている．ブロックごとに試験を行う手段としてBISTが有望な手段となっている．

BISTの実現には，テストパターン生成機構，応答出力判定機構に工夫が必要である．このため，検査系列生成機構に関しては，アルゴリズムで発生する方式か，ランダムパターンを発生させる方式が現実的である．検査系列をROMに格納する方式もあるが，検査系列が長大な場合には現実的でなくなる．一方，応答出力判定機構は，期待値を記憶させておく方法が重要である．長いテストパターンをそのまま記憶するのでなく，圧縮して，応答も同様に圧縮してこれらを比較する方式が有効である．

本章のまとめ

❶ LSIの試験の目的には開発段階の設計評価，生産時の良品選別，信頼性の評価がある．試験の種類には，DC試験，AC試験，機能試験がある．

❷ 試験に使うLSIテスタには，ディジタルテスタ，メモリテスタ，アナログ・ディジタル混載テスタ（ミクストシグナルテスタ）がある．電子ビームテスタは，チップ内各部の電位を測定できるので評価と故障解析に用いられる．

❸ 試験容易化技術は大規模な論理を少ないピンの追加で，できるだけ完全にかつ高速に試験できるようにする技術である．スキャンパス，LSSD，バウンダリスキャン，BISTなどがある．試験回路を組み込み，試験を容易化する方法をBISTと呼ぶ．大規模な論理の効率的な試験，高速な動産試験などに有効である．

●理解度の確認●

問 9.1 開発段階の評価試験と量産段階に良品選別試験の違いをまとめよ．

問 9.2 論理VLSIの機能試験における，入力パターンの作成方法と出力パターンの評価方法について述べよ．

問 9.3 故障検出率とは何か，それを向上する方法について述べよ．

問 9.4 論理VLSIテスタの構成を書き，各ブロックにおける総合タイミング精度を決める要因を記入せよ．

問 9.5 スキャンパス試験の回路について説明せよ．

引用・参考文献

(**1 章**)
1) 集積回路の基礎的な教科書，例えば，岩田　穆：CMOS集積回路の基礎，科学技術出版（2000）．田丸敬吉，野澤　博：集積回路工学，共立出版（1999）．
2) 半導体技術ロードマップ専門委員会，http://strj-jeita.elisasp.net/strj/

(**2 章**)
1) S. M. Sze : Physics of Semiconductor Devices, 2 nd Ed., John Wiley & Sons Inc. (1981).
2) 岩田　穆編：CMOSアナログ回路設計技術，"第2章 CMOSデバイス"，トリケップス（1998）．
3) S. M. Sze : Semiconductor Devices, Physics and Technology, 2 nd Ed., John Wiley & Sons Inc. (2002).
4) 香山　晋編：超高速MOSデバイス，培風館（1986）．
5) 岩田　穆編：CMOSアナログ回路設計技術，"第5章 回路シミュレーションとMOSモデル"，トリケップス（1998）．
6) T. Ytterdal, Y. Cheng and T. A. Fjeldly : Device Modeling for Analog and RF CMOS Curcuit Design, John Wiley & Sons Inc. (2003).
7) 三浦道子，名野隆夫，盛　健次：回路シミュレーション技術とMOSFETモデリング，サイペック（2003）．
8) 半導体技術ロードマップ専門委員会，http://strj-jeita.elisasp.net/strj/

(**3 章**)
1) 榎本忠儀：CMOS集積回路，培風館（1996）．
2) J. M. Rabaey : Digital Integrated Circuits, Prentice Hall (1996).
3) A. Chandrakasan and R. W. Brodersen (Editors) : Low Power CMOS Design, Wiley-IEEE Press (1998).
4) C. Mead and L. Conway : Introduction to VLSI Systems, Addison-Wesley (1980).
5) S. Mutoh, et al. : "1-V Power Supply High-Speed Digital CircuitTechnology with Multithreshold-Voltage CMOS", IEEE J. Solid-State Circuits, **30**, 8, pp. 847-864 (1995).
6) T. Kuroda et al. : "A 0.9-V, 150-MHz, 10-mW, 4 mm , 2-D Discrete Cosine Transform Core Processor with Variable Threshold-Voltage (VT) Scheme", IEEE J. Solid-State Circuits, **31**, 11, pp.1770-1779 (1996).

(**4 章**)
1) 榎本忠儀：CMOS集積回路，培風館（1996）．

2) A. D. Booth, "A signed binary multiplication algorithm", Quart J. Mech. Appl. Math., **4**, Rt/2, p.246 (1951).
3) C. S. Wallace : "A suggestion for a fast multiplier", IEEE Tr. **EC-13**, 1, p.14 (1964).
4) S. Vangal, et al. : "A 5 GHz floating point multiply-accumulator in 90 nm dual V_T CMOS", IEEE International Solid-State Circuits Conference, **46**, pp.334-335 (Feb. 2003).
5) A. Boni, A. Pierazzi and D. Vecchi : "LVDS I/O Interface for Gb/s-per-pin operation in 0.35-μm CMOS", IEEE J. Solid-State Circuits, **36**, pp.706-711 (Apr. 2001).
6) H. Ikeda and H. Inukai : "High-speed DRAM architecture development", IEEE J. Solid-State Circuits, **34**, pp.685-692 (May 1999).
7) A. P. Chandrakasan and R. W. Broderson : Low Power Digital CMOS Design, Kluwer Academic Pub. (1995).
8) J. M. Rabaey, et al. : Low Power Digital VLSI Design, Kluwer Academic Pub. (1995).
9) 嶋　正利：マイクロプロセッサの 25 年，信学誌，**82**, 10, pp.997-1017 (1999).
10) J. L. Hennessy and D. A. Peterson (富田眞治，村上和彰，新實治男訳)：コンピュータアーキテクチャ，日経BP社 (1994).
11) F. Campi, et al. : "A VLIW processor with reconfigurable instruction set for embedded applications", IEEE International Solid-State Circuits Conference, **46**, pp.250-251 (Feb. 2003).
12) S. Naffziger, et al. : "The implementation of a 2-core multi-threaded Itanium(r)-family processor", IEEE International Solid-State Circuits Conference, **48**, pp.182-183 (2005).
13) G. Konstadinidis, et al. : "Implementation of a third-generation 1.1 GHz 64 b microprocessor", IEEE International Solid-State Circuits Conference, **45**, pp.338-339 (2002).
14) H. Ando, et al. : "A 1.3 GHz fifth generation SPARC 64 microprocessor", IEEE International Solid-State Circuits Conference, **46**, pp.246-247 (Feb. 2003).
15) J. Clabes, et al. : "Design and implementation of the POWER 5™ microprocessor", IEEE International Solid-State Circuits Conference, **47**, pp.56-57 (2004).
16) S. Akui, K. Seno, M. Nakai, T. Meguro, T. Seki, T. Kondo, A. Hashiguchi, H. Kawahara, K. Kumano and M. Shimura : "Dynamic voltage and frequency management for a low-power embedded microprocessor", IEEE International Solid-State Circuits Conference, **47**, pp.64-65 (2004).
17) D. Pham, et al. : "The design and implementation of a first-generation CELL processor", IEEE International Solid-State Circuits Conference, **48**, pp.184-185 (2005).
18) C. Yoon, R. Woo, J. Kook, S. Lee, K. Lee and H. Yoo : "An 80/20-MHz 160-mW multimedia processor integrated with embedded DRAM, MPEG-4 accelerator and 3-D rendering engine for mobile applications", IEEE J. Solid-State Circuits, **36**, pp.1758-1767 (2001).
19) M. Mizuno, et al. : "A 1.5-W single-chip MPEG-2 MP@ML video encoder with low power motion estimation and clocking", IEEE J. Solid-State Circuits, **32**, pp.1807-1816 (1997).
20) M. Takahashi, et al. : "A 60-mW MPEG 4 video codec using clustered voltage scaling with variable supply-voltage scheme", IEEE J. Solid-State Circuits, **33**, pp.177?-1780 (1998).
21) T. Yoshimura, et al. : "A 10 Gbase ethernet transceiver (LAN PHY) in a 1.8 V, 0.18 um

SOI/CMOS technology", IEEE Custom Integrated Circuits Conference (May 2002).

(5 章)
1) K.Itoh : VLSI Memory Chip Design, Springer (2001).
2) A.K.Sharma : Advanced Semiconductor Memories, IEEE Press (2002).
3) T. Matano, et al. : "A 1-Gb/s/pin 512-Mb DDRII SDRAM Using a Digital DLL and a Slew-Rate-Controlled Output Buffer", IEEE J. Solid-State Circuits, **38**, 5, 762-768 (2003).
4) K. H. Kyung, et al. : "A 800 Mb/s/pin 2 Gb DDR 2 SDRAM using an 80 nm Triple Metal Technology", Sympo. on LSI Circuits 2005, pp.468-469 (2005).
5) R. Womack and D. Tolsch : "A 16 kb ferroelectric nonvolatile memory with a bit parallel architecture", IEEE International Solid-State Circuits Conference, **32**, pp.242-243 (1989).
6) C. Yoon, R. Woo, J. Kook, S. Lee, K. Lee, and H. Yoo : "An 80/20-MHz 160-mW multimedia processor integrated with embedded DRAM, MPEG-4 accelerator and 3-D rendering engine for mobile applications", IEEE J. Solid-State Circuits, **36**, pp.1758-1767 (2001).

(6 章)
1) 岩田　穆編：CMOS アナログ回路設計，トリケップス (1997).
2) R. van de Plasche : Integrated Analo-to-Digital and Digital-to-Analog Converters, Kluwer (1994).
3) B. Razavi : Principles of Data Conversion System Design, IEEE Press (1995).
4) J. L. McCreary and P. R. Gray : "All-MOS charge redistribution analog- to-digital conversion techniques-Part I", IEEE J. Solid-State Circuits, **10**, pp.371-379 (1975).
5) A. Iwata et al. : "A single-chip codec with switched-capacitor filters", IEEE J. Solid-State Circuits, **16**, pp.315-321 (1981).
6) H. Kimura, A. Matsuzawa, T. Nakamura and S. Sawada : "A 10-b 300-MHz interpolated-parallel A/D converter", IEEE J. Solid-State Circuits, **28**, pp.438-446 (1993).
7) K. Kusumoto, A. Matsuzawa and K. Murata : "A 10-b 20-MHz 30-mW pipelined interpolating CMOS ADC", IEEE J. Solid-State Circuits, **28**, pp.1200-1206 (1993).
8) B. Cho and P. Gray : "A 10 b, 20 Msample/s, 35 mW Pipline A/D Converter", IEEE J. Solid-State Circuits, **30**, 3, pp.166-172 (1995).
9) M. Yoshioka, et al. : "A 10 b 125 MS/s 40 mW pipelined ADC in $0.18\,\mu$m CMOS", IEEE International Solid-State Circuits Conference, **48**, pp.282-283 (2005).
10) S. R. Norsworthy, R. Schreier and G. C. Temes (Editotrs) : Delta-Sigma Data Converters, IEEE Press (1997).
11) J. Candy and G. Temes (Editotrs) : Oversamping Delta-Sigma Data Converters, IEEE Press (1992).
12) Y. Matsuya, et al. : "A 16-bit oversampling A-to-D conversion technology using triple-integration noise shaping", IEEE J. Solid-State Circuits, **22**, pp.921-929, (Dec. 1987).
13) Y. Matsuya, et al. : "A 17-bit oversampling D-to-A conversion technology using multistage noise shaping", IEEE J. Solid-State Circuits, **24**, pp.969-975 (Aug. 1989).

14) I. Fujimori, et al.: "A 90-dB SNR 2.5-MHz output-rate ADC using cascaded multibit delta-sigma modulation at 8 × oversampling ratio", IEEE J. Solid-State Circuits, **35**, pp. 1820-1828 (2000).

15) I. Fujimori, et al.: "A multibit delta-sigma audio DAC with 120-dB dynamic range", IEEE J. Solid-State Circuits, **35**, pp.1066-1073 (2000).

16) J. Koh, Y. Choi and G. Gomez: "A 66 dB-DR 1.2 V 1.2 mW Single-Amplifier Double-Sampling 2 nd-order delta sigma ADC for WCDMA in 90 nm CMOS", IEEE ISSCC, **48**, pp. 170-171 (2005).

17) L. Luh, J. Choma Jr. and J. Draper: "A 400 MHz 5 th-order CMOS continuous-time switched-current $\Sigma\Delta$ modulator, Proc.of the 26 th European Solid-State Circuits Conference (2000).

18) S. Paton, et al.: "A 70-mW 300-MHz CMOS continuous-time $\Sigma\Delta$ ADC with 15-MHz bandwidth and 11 bits of resolution", IEEE J. Solid-State Circuits, **39**, pp.1056-1063 (2004).

19) K. Nguyen, B. Adams, K. Sweetland, H. Chen and K. McLaughlin: "A 106 dB SNR Hybrid Oversampling ADC for Digital Audio", IEEE ISSCC, pp.176-177 (2005).

20) I. Mehr and D. R. Welland: "A CMOS Continuous-Time Gm-C Filter for PRMLRead Channel Applications at 150 Mb/s and Beyond", IEEE J. Solid-State Circuits, **32**, 4, pp. 499-513 (1997).

21) B. J. Hostika, R. W. Brodersen and P.Gray: "MOS Sampled Data Recursive Filters Using Switched Capacitor Integrators", IEEE J. Solid-State Circuits, **SC-12**, 6, pp.600-608 (1977).

(7 章)

1) B. Razavi: RF Microelectronics, Prentice Hall (1998).

2) 伊藤信之：RF CMOS 回路設計技術，トリケップス (2002).

3) A. Abidi: "RF CMOS Comes of Age", IEEE J. Solid-State Circuits, **39**, 4, 2004 pp.549-561 (2004).

4) A. Abidi: "Direct-Conversion Radio Transceivers for Digital Communications", IEEE J. Solid-State Circuits, **30**, 12, pp.1399-1410 (1995).

5) A. Hajimiri and T. H. Lee: "A general theory of phase noise in electrical oscillators", IEEE J. Solid-State Circuits, **33**, pp.179-194 (Feb. 1998).

6) L. Dai and R. Harjani: Design of High-performance CMOS Voltage Controlled Oscillators, Kluwer Academic Publisher (2003).

7) B. Rzavi Edt.: monolithic Phase Locked Loops and Clock Recovery Circuits, IEEE Press (1996).

8) R. B. Staszewski, et al.: "All-Digital TX Frequency Synthesizer and Discrete-Time Receiver for Bluetooth Radio in 130-nm CMOS", IEEE J. Solid-State Circuits, **39**, 12, pp. 2278-2291 (2004).

9) S. Mehta 1, et al.: "A 1.9 GHz Single-Chip CMOS PHS Cellphone", IEEE ISSCC, **49**, pp. 484-485 (2006).

10) R. Bagheri, et al.: "An 800 MHz to 5 GHz Software-Defined Radio Receiver in 90 nm CMOS", IEEE ISSSCC, **49**, pp.480-481 (2006).

(8 章)
1) 寺井秀一：VLSI デザインオートメーション入門，コロナ社（1999）．
2) W. Wolf : Modern VLSI Design System-on-Chip Design, Prentice Hall (2002).
3) J. Berge, O. Levia and L. Rouillard : Hardware/Software Co-Design and Co-Verification, Kluwer (1997).
4) G. Hachtel and F. Somenzi : Logic Synthsis AND Verification Algorothms, Kluwer (1996).
5) J. Rozenblit and K. Buchenrieder : Codesign Computer-Aided Software / Hardware Engineering, IEEE Press (1995).
6) D. D. Gajski, J. Zhu, R. Domer, A. Gerstlauer and S. Zhao : SPECC ; Specification Language and methodology, Kluwer (2000).
7) 三浦道子，名野隆夫，盛　健次：回路シミュレーション技術と MOSFET モデリング，サイペック（2003）．
8) N. K. Verghese and D. J. Allstot : "Computer-Aided Design Considerations forMixed-Signal Coupling in RF Integrated Circuits", IEEE J. Solid-State Circuits, **33**, 3, pp.314-323 (1998).
9) M. Nagata, J. Nagai, K. Hijikata, T. Morie and A. Iwata : "Physical design guides for substrate noise reduction in CMOS digital circuits", IEEE J. Solid-State Circuits, **36**, pp. 539-549 (2001).

(9 章)
1) 石川光昭監修：VLSI 試験・故障解析技術，トリケップス（1992）．

索引

【あ】
アウトオブオーダ制御 ……65
アクセス時間 ……80
アクティブ負荷型差動アンプ 92
アナログVLSI ……6

【い】
位相雑音電力密度 ……123
位相雑音特性 ……116
位相同期ループ ……57, 69
位相比較器 ……126
位相補償 ……93
位相余裕 ……93
イベントドリブン方式 ……138
イメージリジェクション
　ミクサ ……120
インバータチョッパ型
　コンパレータ ……103
インバータのしきい電圧 ……30

【う】
渦電流損 ……122

【お】
オーバサンプリング比 ……105
オペレーショナル伝達
　コンダクタンスアンプ ……109
折返し雑音 ……98
折返しダブルバランス
　ミクサ ……120
音声ディジタル処理 ……68
温度計コード ……103

【か】
外部バスインタフェース ……63
回路記述 ……139
拡散層プログラム ……81
加減算回路 ……54
加　数 ……52
カスケードドライバ ……39
カスコードアンプ ……88
カスタムLSI ……3
活性化率 ……44
活性領域 ……13
過渡解析 ……139

可変容量素子 ……122
カレントミラー ……88
貫通電流 ……42

【き】
記憶キャパシタ ……77
寄生素子抽出プログラム ……141
機能合成 ……137
機能シミュレーション ……138
揮発性メモリ ……72
基板効果 ……15
キャッシュメモリ ……67
キャプチャーレンジ ……127
キャリー ……52
キャリールックアヘッド
　加算回路 ……54
行アドレスデコーダ ……73
強誘電体メモリ ……73
局部発振器 ……116
キルビー ……2

【く】
空乏状態 ……12
空乏層 ……12
組合せ回路 ……46
組立て ……135
クロストーク雑音 ……142

【け】
計数型A-D変換 ……109
ゲート ……12
ゲート基板間容量 ……17
ゲート酸化膜 ……12
ゲート接地アンプ ……88
ゲート-ソース間容量 ……17
ゲート-チャネル間容量 ……17
ゲート-ドレーン間容量 ……17
ゲートトンネル電流 ……43
ゲートレベル記述 ……138
桁上げ ……52

【こ】
交流解析 ……139
コンタクト ……25
コンタクトプログラム ……81
コンピュータ支援試験 ……135

コンピュータ支援設計 ……132

【さ】
サイクル時間 ……80
サイクルベース方式 ……138
雑音指数 ……119
雑音余裕 ……31
サブスレッショルド電流 15, 43
サブスレッショルド領域 ……15
3次ひずみインタセプション
　ポイント ……119
算術演算ユニット ……62
サンプリング周波数 ……98
サンプリングレート ……98

【し】
シーケンシャルアクセス
　メモリ ……72
シート抵抗 ……20
しきい値プログラム ……81
自己試験 ……157
システムオンチップ ……3, 147
システムオンパッケージ ……147
ジッタ ……125
シフト加算による乗算回路 ……55
遮断領域 ……14
縦続型A-D変換器 ……104
集中RCモデル ……41
集中定数モデル ……41
順序回路 ……46
ショックレー ……2
ショットキーダイオード ……20
シリアライザ ……69

【す】
スイッチトキャパシタ ……111
スイッチング頻度 ……43
スーパスカラ ……64
スーパパイプライン ……64
スーパヘテロダイン方式 ……116
スキャンパス手法 ……155
スキュー ……46
スタックキャパシタ ……79
スタティックRAM ……72
スタンダードセル設計方式 ……145
スタンバイリーク電流 ……43

スパイラルインダクタ ……122
スループット ………………59
スルーレート ………………93
スレッド ……………………66

【せ】
製造歩留り …………………134
接合リーク電流 ……………43
セットアップ時間 …………46
セットリング時間 …………93
セルジェネレータ …………141
セルベース設計 ……………145
全加算回路 …………………52
線形領域 ……………………14
全差動演算増幅器 …………91
センスアンプ ………………74
選択用スイッチ ……………77

【そ】
ソース-基板間容量 …………18
ソース結合差動アンプ ……88
ソース接地アンプ …………88
ソースホロワ ………………88

【た】
ダイナミック D-FF ………46
ダイナミック RAM ………72
ダイナミックランダムアクセス
　メモリ ……………………4
ダイナミック論理 …………38
タイミングの偏差 …………46
ダイレクトコンバージョン
　方式 ………………………117
ダウンサイジング …………8
ダブルバランスミクサ ……120
単チャネル型 TG …………33

【ち】
蓄積状態 ……………………12
チャージポンプ ……………126
チャネル長 …………………14
チャネル幅 …………………14
直流解析 ……………………139

【て】
抵抗負荷型 SRAM セル ……76
ディジタル信号処理 ………3
デコーダ ……………………58
デザインルール ……………140
デシリアライザ ……………69
電荷再分布原理 ……………99
電源電圧抑圧比 ……………94
伝達コンダクタンス ……14,15
電流抵抗損 …………………122

電流モード論理回路 ………38
電流モデル …………………15

【と】
同期カウンタ ………………48
動作レベル記述 ……………137
同相帰還回路 ………………94
動的再構成技術 ……………147
トップダウン設計 …………133
ドレーン-基板間容量 ………18
ドレーンコンダクタンス …14
ドレーン接地アンプ ………88
トレンチキャパシタ ………79
トンネル接合 ………………81
トンネル電流 ………………83

【に】
二層ポリシリコン容量 ……22
二層メタル容量 ……………22
2の補数 ……………………54
2の補数演算回路 …………54

【の】
ノイズシェーピング ………106

【は】
パイプラインステージ ……59
パイプライン動作 …………103
パイプラインレジスタ ……58
バウンダリスキャン
　レジスタ ……………156,157
破壊読出し …………………79
薄膜トランジスタ …………76
バックアノテーション ……141
バックゲートの伝達
　コンダクタンス …………15
反転層 ………………………12
汎用レジスタ ………………62

【ひ】
被加算数 ……………………52
非準静的効果 ………………19
ビスマス層状ペロブスカイト
　SBT ………………………84
非同期カウンタ ……………48
評価試験 ……………………150
標本化 ………………………98
ピンチオフ …………………14

【ふ】
ファンアウト数 ……………39
ブースアルゴリズム ………55
ブートストラップ回路 ……97
負帰還回路構成 ……………92

不揮発性メモリ ……………72
符号化 ………………………98
浮動小数点積和演算器 ……58
符復号化 ……………………102
浮遊ゲート …………………81
浮遊ゲートデバイス ………72
フラットバンド電圧 ………13
プリチャージ ………………38
フリッカ雑音 ………………88
不良検出率 …………………152
フリンジ容量 ………………26
フル CMOS-SRAM セル …75
プレーナ技術 ………………2
フロアプラン ………………141
プログラマブルロジック
　デバイス …………………146
プログラムカウンタ ……58,63

【へ】
平均命令実行クロック数 …63
並行平板容量 ………………26
平面型キャパシタ …………79
並列乗算回路 ………………54
ペロブスカイト構造 ………83
変復調装置 …………………68

【ほ】
飽和領域 ……………………14
ホールド時間 ………………48
ホモダイン方式 ……………117

【ま】
マイクロプロセッサ ………4
マクロセル設計 ……………145
マルチコアプロセッサ技術 …66
マルチスレディング技術 …65
マルチプレクサ ……………35
マンチェスタ型加算回路 …52

【み】
ミラー容量 …………………90

【め】
命令レジスタ ……………58,62
メモリバンド幅 ……………80
メモリ VLSI ………………4

【よ】
容量アレー …………………99
容量モデル …………………17

【ら】
ラッチ回路 …………………96
ランダムアクセスメモリ …72

【り】

リードオンリーメモリ ……… 72
リードライトメモリ ……… 72
リザベーションステーション 65
リネーミング技術 ……… 65
リピータ ……… 41
リプルキャリー加算器 ……… 53
リフレッシュ ……… 79
量子化 ……… 98
量子化雑音 ……… 98

良品選別試験 ……… 150

【る】

ループフィルタ ……… 126

【れ】

レイテンシー ……… 59
列アドレスデコーダ ……… 73
レベルセンシティブ ……… 156

【ろ】

ロックレンジ ……… 127

論理 LSI ……… 4
論理 VLSI テスタ ……… 153
論理合成 ……… 138
論理合成ツール ……… 138
論理シミュレーション ……… 138
論理スタンダードセル ……… 141

【わ】

和 ……… 52
ワード線 ……… 73
ワレスツリー ……… 55

【A】

AC 解析 ……… 139
AGC ……… 121
AND-NOR 型複合ゲート ……… 36

【B】

Bluetooth 方式 ……… 118
BPSK ……… 116

【C】

CAD ……… 132
CAT ……… 135
CISC ……… 63
CLA 回路 ……… 54
CML ……… 38
CMOS-SRAM セル ……… 74
CMOS 型 TG ……… 34
CODEC ……… 102
CPI ……… 63
CT-$\Delta\Sigma$A-D 変換器 ……… 108

【D】

DBM ……… 120
DC 解析 ……… 139
D-FF ……… 45
DRAM ……… 4, 72
DRC ……… 141
D タイプフリップフロップ ……… 45
$\Delta\Sigma$A-D 変換器 ……… 105

【E】

EEPROM ……… 72, 81
EPROM ……… 72, 81
EXOR ……… 35

【F】

FeRAM ……… 73, 83

【G】

g_m-C フィルタ ……… 109
GO/NO-GO 試験 ……… 150

【H】

hard-soft co-design ……… 134
H ツリー ……… 57

【I】

IF アンプ ……… 121

【L】

LAN ……… 116
LC 線路モデル ……… 41
Lesson のモデル ……… 123
LOCOS ……… 24
LNA ……… 116
LPE ……… 141
LSI テスタ ……… 153
LVDS ……… 61

【M】

MASH ……… 106
MODEM ……… 68
MOS ……… 12
MOS 容量 ……… 13
MPEG-1 ……… 69
MPEG-2 ……… 69
MPEG-4 ……… 68, 69
MT-CMOS ……… 44

【N】

NAND 型フラッシュメモリ ……… 82, 83
n-MOS ……… 13
NOR 型フラッシュメモリ ……… 82
n チャネル型 MOS ……… 13

【O】

OR-NAND 型複合ゲート ……… 36
OSR ……… 105
OTA ……… 109
OTA-C フィルタ ……… 109

【P】

PLD ……… 146
p-MOS ……… 13
pn 接合ダイオード ……… 20
p チャネル型 MOS ……… 13

【R】

Razavi の式 ……… 124
RC アクティブフィルタ ……… 109
RC ラダーモデル ……… 41
RISC ……… 64
RLC 線路モデル ……… 41
RTL 記述 ……… 137

【S】

SAR ……… 102
SDR ……… 129
SerDes ……… 69
SOC ……… 147
SOI ……… 25
SOP ……… 147
SPICE ……… 139
SRAM ……… 72
STI ……… 24

【T】

TR 解析 ……… 139

【V】

VLIW ……… 65
VT-CMOS ……… 45

―― 著者略歴 ――

岩田　穆（いわた　あつし）
1970年　名古屋大学大学院工学研究科修士課程修了（電子工学専攻）
1994年　工学博士（名古屋大学）
現在，広島大学教授，ナノデバイス・システム研究センター長

VLSI工学――基礎・設計編――
VLSI Technology――Fundamentals and Design――
　　　　　　　　　　　　　　　Ⓒ 社団法人　電子情報通信学会　2006

2006年10月10日　初版第1刷発行

検印省略	編　者	社団法人 電子情報通信学会 http://www.ieice.org/
	著　者	岩　田　　　穆
	発行者	株式会社　コロナ社 代表者　牛来辰巳

112-0011　東京都文京区千石4-46-10
発行所　株式会社　コロナ社
CORONA PUBLISHING CO., LTD.
Tokyo Japan　　Printed in Japan
振替 00140-8-14844・電話(03)3941-3131(代)
http://www.coronasha.co.jp

ISBN 4-339-01877-5
印刷：壮光舎印刷／製本：グリーン

無断複写・転載を禁ずる
落丁・乱丁本はお取替えいたします

電子情報通信学会 大学シリーズ

(各巻A5判)

■(社)電子情報通信学会編

記号	配本順	書名	著者	頁	定価
A-1	(40回)	応用代数	伊藤 正己／理重 夫悟 共著	242	3150円
A-2	(38回)	応用解析	堀内 和夫 著	340	4305円
A-3	(10回)	応用ベクトル解析	宮崎 保光 著	234	3045円
A-4	(5回)	数値計算法	戸川 隼人 著	196	2520円
A-5	(33回)	情報数学	廣瀬 健 著	254	3045円
A-6	(7回)	応用確率論	砂原 善文 著	220	2625円
B-1	(57回)	改訂 電磁理論	熊谷 信昭 著	340	4305円
B-2	(46回)	改訂 電磁気計測	菅野 允 著	232	2940円
B-3	(56回)	電子計測(改訂版)	都築 泰雄 著	214	2730円
C-1	(34回)	回路基礎論	岸 源也 著	290	3465円
C-2	(6回)	回路の応答	武部 幹 著	220	2835円
C-3	(11回)	回路の合成	古賀 利郎 著	220	2835円
C-4	(41回)	基礎アナログ電子回路	平野 浩太郎 著	236	3045円
C-5	(51回)	アナログ集積電子回路	柳沢 健 著	224	2835円
C-6	(42回)	パルス回路	内山 明彦 著	186	2415円
D-2	(26回)	固体電子工学	佐々木 昭夫 著	238	3045円
D-3	(1回)	電子物性	大坂 之雄 著	180	2205円
D-4	(23回)	物質の構造	高橋 清 著	238	3045円
D-5	(58回)	光・電磁物性	多田 邦雄／松本 俊 共著	232	2940円
D-6	(13回)	電子材料・部品と計測	川端 昭 著	248	3150円
D-7	(21回)	電子デバイスプロセス	西永 頌 著	202	2625円
E-1	(18回)	半導体デバイス	古川 静二郎 著	248	3150円
E-2	(27回)	電子管・超高周波デバイス	柴田 幸男 著	234	3045円
E-3	(48回)	センサデバイス	浜川 圭弘 著	200	2520円
E-4	(36回)	光デバイス	末松 安晴 著	202	2625円
E-5	(53回)	半導体集積回路	菅野 卓雄 著	164	2100円
F-1	(50回)	通信工学通論	畔柳 功／塩谷 芳光 共著	280	3570円
F-2	(20回)	伝送回路	辻井 重男 著	186	2415円

番号	(回)	書名	著者	頁	価格
F-4	(30回)	通信方式	平松啓二著	248	3150円
F-5	(12回)	通信伝送工学	丸林元著	232	2940円
F-7	(8回)	通信網工学	秋山稔著	252	3255円
F-8	(24回)	電磁波工学	安達三郎著	206	2625円
F-9	(37回)	マイクロ波・ミリ波工学	内藤喜之著	218	2835円
F-10	(17回)	光エレクトロニクス	大越孝敬著	238	3045円
F-11	(32回)	応用電波工学	池上文夫著	218	2835円
F-12	(19回)	音響工学	城戸健一著	196	2520円
G-1	(4回)	情報理論	磯道義典著	184	2415円
G-2	(35回)	スイッチング回路理論	当麻喜弘著	208	2625円
G-3	(16回)	ディジタル回路	斉藤忠夫著	218	2835円
G-4	(54回)	データ構造とアルゴリズム	斎藤信男・西原清一共著	232	2940円
H-1	(14回)	プログラミング	有田五次郎著	234	2205円
H-2	(39回)	情報処理と電子計算機（「情報処理通論」改題新版）	有澤誠著	178	2310円
H-3	(47回)	電子計算機 I ―基礎編―	相磯秀夫・松下温共著	184	2415円
H-4	(55回)	改訂 電子計算機 II ―構成と制御―	飯塚肇著	258	3255円
H-5	(31回)	計算機方式	高橋義造著	234	3045円
H-7	(28回)	オペレーティングシステム論	池田克夫著	206	2625円
I-3	(49回)	シミュレーション	中西俊男著	216	2730円
J-1	(52回)	電気エネルギー工学	鬼頭幸生著	312	3990円
J-3	(3回)	信頼性工学	菅野文友著	200	2520円
J-4	(29回)	生体工学	斎藤正男著	244	3150円
J-5	(45回)	改訂 画像工学	長谷川伸著	232	2940円

以下続刊

C-7	制御理論	D-1	量子力学
F-3	信号理論	F-6	交換工学
G-5	形式言語とオートマトン	G-6	計算とアルゴリズム
J-2	電気機器通論		

定価は本体価格+税5％です。
定価は変更されることがありますのでご了承下さい。

図書目録進呈◆

電子情報通信レクチャーシリーズ

■(社)電子情報通信学会編　　　　　　　　　　　　　　（各巻B5判）
白ヌキ数字は配本順を表します。

				頁	定価
⑭	A-2	電子情報通信技術史 —おもに日本を中心としたマイルストーン—	「技術と歴史」研究会編	276	4935円
⑥	A-5	情報リテラシーとプレゼンテーション	青木由直著	216	3570円
⑨	B-6	オートマトン・言語と計算理論	岩間一雄著	186	3150円
①	B-10	電　磁　気　学	後藤尚久著	186	3045円
④	B-12	波　動　解　析　基　礎	小柴正則著	162	2730円
②	B-13	電　磁　気　計　測	岩﨑　俊著	182	3045円
⑬	C-1	情報・符号・暗号の理論	今井秀樹著	220	3675円
③	C-7	画像・メディア工学	吹抜敬彦著	182	3045円
⑪	C-9	コンピュータアーキテクチャ	坂井修一著	158	2835円
⑧	C-15	光・電磁波工学	鹿子嶋憲一著	200	3465円
⑫	D-8	現代暗号の基礎数理	黒澤・尾形共著	198	3255円
⑤	D-14	並　列　分　散　処　理	谷口秀夫著	148	2415円
⑯	D-17	VLSI工学—基礎・設計編—	岩田　穆著	182	3255円
⑩	D-18	超高速エレクトロニクス	中村・三島共著	158	2730円
⑦	D-24	脳　　工　　学	武田常広著	240	3990円
⑮	D-27	VLSI工学—製造プロセス編—	角南英夫著	204	3465円

以下続刊

共通
A-1	電子情報通信と産業	西村吉雄著
A-3	情報社会と倫理	辻井重男著
A-4	メディアと人間	原島・北川共著
A-6	コンピュータと情報処理	村岡洋一著
A-7	情報通信ネットワーク	水澤純一著
A-8	マイクロエレクトロニクス	亀山充隆著
A-9	電子物性とデバイス	益　一哉著

基礎
B-1	電気電子基礎数学	大石進一著
B-2	基　礎　電　気　回　路	篠田庄司著
B-3	信号とシステム	荒川　薫著
B-4	確率過程と信号処理	酒井英昭著
B-5	論　理　回　路	笹尾　勤著
B-7	コンピュータプログラミング	富樫　敦著
B-8	データ構造とアルゴリズム	今井　浩著
B-9	ネットワーク工学	仙石・田村共著
B-11	基礎電子物性工学	阿部正紀著

基盤
C-2	ディジタル信号処理	西原明法著
C-3	電　子　回　路	関根慶太郎著
C-4	数　理　計　画　法	福島・山下共著
C-5	通信システム工学	三木哲也著
C-6	インターネット工学	後藤滋樹著
C-8	音声・言語処理	広瀬啓吉著
C-10	オペレーティングシステム	徳田英幸著
C-11	ソフトウェア基礎	外山芳人著
C-12	データベーススシステム	田中克己著
C-13	集積回路設計	浅田邦博著
C-14	電子デバイス	舛岡富士雄著
C-16	電　子　物　性　工　学	奥村次徳著

展開
D-1	量　子　情　報　工　学	山崎浩一著
D-2	複　雑　性　科　学	松本・相澤共著
D-3	非　線　形　理　論	香田　徹著
D-4	ソフトコンピューティング	山川　烈著
D-5	モバイルコミュニケーション	中川・大槻共著
D-6	モバイルコンピューティング	中島達夫著
D-7	デ　ー　タ　圧　縮	谷本正幸著
D-9	ソフトウェアエージェント	西田豊明著
D-10	ヒューマンインタフェース	西田・加藤共著
D-11	結像光学の基礎	本田捷夫著
D-12	コンピュータグラフィックス	山本　強著
D-13	自　然　言　語　処　理	松本裕治著
D-15	電波システム工学	唐沢好男著
D-16	電磁環境工学	徳田正満著
D-19	量子効果エレクトロニクス	荒川泰彦著
D-20	先端光エレクトロニクス	大津元一著
D-21	先端マイクロエレクトロニクス	小柳光正著
D-22	ゲ　ノ　ム　情　報　処　理	高木利久著
D-23	バ　イ　オ　情　報　学	小長谷明彦著
D-25	生　体・福　祉　工　学	伊福部達著
D-26	医　用　工　学	菊地　眞著

定価は本体価格+税5%です。
定価は変更されることがありますのでご了承下さい。

図書目録進呈◆